普通高等教育土建类规划教材

建筑施工组织与管理

主　编　高跃春
副主编　王春红
参　编　刘　伟　崔燕伟　孙　炜
主　审　苏义坤

机 械 工 业 出 版 社

本书系统介绍建筑施工组织与管理的基本内容，内容简明、新颖、实用，以帮助学生了解流水施工的组织、施工组织设计和施工管理的方法。本书在编写时，充分考虑课程的特点，按照32~48学时的教学计划编写。本书分为六章，主要内容包括施工组织概述、建筑工程流水施工、网络计划技术、施工组织总设计、单位工程施工组织设计和建设项目管理等。本书为普通高等教育土建类规划教材之一，可供应用型本科层次的土木工程、工程管理、工程造价专业的学生使用，也可供建筑类高职高专的学生和土木工程施工技术人员参考。教师在教学过程中可以根据不同专业和学时有所侧重选学不同内容。

图书在版编目（CIP）数据

建筑施工组织与管理/高跃春主编．—北京：机械工业出版社，2011.8（2023.1重印）
普通高等教育土建类规划教材
ISBN 978-7-111-34341-7

Ⅰ.①建… Ⅱ.①高… Ⅲ.①建筑工程-施工组织-高等学校-教材②建筑工程-施工管理-高等学校-教材
Ⅳ.①TU7

中国版本图书馆CIP数据核字（2011）第095046号

机械工业出版社（北京市百万庄大街22号 邮政编码100037）
策划编辑：马军平 责任编辑：马军平 臧程程 任正一
版式设计：张世琴 责任校对：胡艳萍
封面设计：张 静 责任印制：单爱军
北京虎彩文化传播有限公司印刷
2023年1月第1版·第5次印刷
184mm×260mm·11.5印张·282千字
标准书号：ISBN 978-7-111-34341-7
定价：25.00元

电话服务	网络服务
客服电话：010-88361066	机 工 官 网：www.cmpbook.com
010-88379833	机 工 官 博：weibo.com/cmp1952
010-68326294	金 书 网：www.golden-book.com
封底无防伪标均为盗版	机工教育服务网：www.cmpedu.com

前　言

本书是结合了编者长期教学实践的经验，按照教育部新颁布的本科土木工程专业目录施工组织与管理包含的内容编写的。本书系统介绍了流水施工的组织、施工组织设计和施工管理的方法。力求科学地反映当前建筑施工管理的高科技水平。在编写时，充分考虑了专业的特点，注重培养应用型人才，强调实践性、实用性。

本书可作为土木工程专业、工程管理及相关专业学生的教材，也可作为从事有关土木工程设计、施工管理等工作的工程技术人员的参考书。还可作为测绘工程、道路桥梁与渡河工程、城市规划等专业选修课教材使用。

全书分六章，参加本书编写工作的有黑龙江工程学院高跃春、刘伟；合肥学院王春红；河南城建学院崔燕伟，陕西理工学院孙炜。本书由黑龙江工程学院高跃春主编，东北林业大学苏义坤教授审阅了书稿，提出了许多建设性的意见和建议，在此深表感谢。

本书编写过程中参阅了一些优秀文献，均在参考文献中列出，在此向文献的作者表达诚挚的谢意。

由于编者理论知识和实践水平有限，书中难免有不妥之处，还望广大读者及同行专家不吝赐教。

编　者

目 录

第一章　施工组织概论

随着社会经济的发展和建筑技术的进步，现代建筑施工过程已成为一项十分复杂的生产活动。一个大型的建设项目施工安装工作，不但包括组织成千上万的各种专业建筑工人和数量众多的各类建筑机械、设备有条不紊地投入工程施工中，而且还包括组织种类繁多的几十甚至几百吨级的建筑材料、制品和构配件的生产、运输、贮存和供应工作，组织施工机具的供应、维修和保养工作，组织施工现场临时供水、供电、供热，以及安排施工现场的生产和生活所需要的各种临时建筑物工作。这些工作的组织与协调，对于多快好省地进行工程建设具有十分重要的意义。

建筑施工组织就是针对工程施工的复杂性，来研究工程建设的统筹安排与系统管理的客观规律的一门学科，它研究如何组织、计划一项拟建工程的全部施工，寻求最合理的组织与方法。具体地说，施工组织的任务是根据建筑产品生产的技术经济特点，以及国家基本建设方针和各项具体的技术政策，实现工程建设计划和设计的要求，提供各阶段的施工准备工作内容，对人力、资金、材料、机械和施工方法等进行科学合理的安排，协调施工中各施工单位、各工种之间、资源与时间之间、各项资源之间的合理关系。在整个施工过程中，按照客观的技术、经济规律，做出科学、合理的安排，使工程施工取得相对最佳的效果。

现阶段建筑施工组织学科的发展特点是广泛利用数学方法、网络技术和计算技术等定量性方法。应用现代化的计算手段——电子计算机，采用各种有效手段，对整个工程的施工进行工期、成本、质量的控制，达到工期短、质量好和成本低的目的。

组织管理者必须充分认识施工过程的特点，对所有环节要做到精心组织、严格管理，全面协调好施工中的各种关系。对于特殊、复杂的施工过程，要进行科学的分析，弄清主次矛盾，找出关键线路，有的放矢地采取措施，合理组织各种资源的投入顺序、数量、比例，进行科学的工程排队，组织平行交叉流水作业，提高对时间、空间的利用，这样才能取得全面的经济效益和社会效益。

施工组织设计的对象是千差万别的，施工过程当中内部工作与外部联系是错综复杂的，没有一种固定不变的组织管理方法可运用于一切工程，因此，对不同的施工对象需采取不同的管理方式。

第一节　土木工程产品及其生产特点

一、土木工程产品在空间上的固定性及其生产的流动性

土木工程产品根据建设单位（土木工程产品的需要者）的要求，在满足城市规划的前提下，在指定地点进行建造。土木工程产品基本上是单个“定做”而非“批量”生产。这就要求土木工程产品生产活动在该产品固定的地点进行，形成了土木工程产品在空间上的固定性。

由于土木工程产品的固定性，造成施工人员、材料和机械设备等随产品所在地点的不同而进行流动。每变更一次施工地点，就需要筹建一次必要的生产条件，即施工的准备工作。随着土木工程产品施工部位的变化，由于施工空间的有限性，也需要施工人员随工种的不同进行流动作业。

由于产品的固定性，其生产需要适应当地的自然条件、环境条件，需要安排相应的施工队伍，需要选择相应的施工方法，需要安排合理的施工方案，要考虑到技术问题，冬期、雨期施工问题，人工、材料、机械的调配问题，地质、气象条件问题等，总之，其施工组织工作比一般工业产品的生产要复杂得多。

二、土木工程产品的多样性及其生产的单件性

由于使用功能的不同，产品所处地点、环境条件的不同，形成了产品的多样性。产品的不同，对施工单位来讲，其施工准备工作、施工工艺、施工方法、施工设备的选用也不尽相同，因而，导致其组织标准化生产难度大，形成了生产的单件性。

三、土木工程产品体形大、生产周期长

土木工程产品同一般工业产品比较，其体形庞大，建造时耗用的人工、材料、机械设备等资源众多，也由于其体形庞大，施工阶段允许在不同的空间施工，形成了多专业化工种，多道工序，同时生产的综合性活动，这样就需要有组织地进行协调施工。

土木工程产品的露天作业，受季节、气候以及劳动条件影响，形成了施工周期长的特点。

综上所述，土木工程产品的固定性、流动性、多样性、单件性、体形庞大、周期长的特点，形成了施工组织的复杂性。针对这些特点，充分发挥人的主观能动性，随着工业化的发展，期望土木工程产品工厂化，批量生产，从而简化施工现场。但每个建筑产品的基础工程、土方工程、安装工程等仍需要现场生产。

第二节　基本建设与基本建设程序

一、基本建设与基本建设程序

1. 基本建设

基本建设是指国民经济各部门实现新的固定资产生产的一种经济活动，也是进行设备购置、安装和建筑的生产活动以及与其联系的其他有关工作。

基本建设包括：固定资产的建筑和安装、固定资产的购置、其他基本建设工作。具体形式体现为：新建、扩建、改建、恢复和迁建等。

2. 基本建设程序

基本建设程序就是建设项目在整个建设过程中各项工作必须遵循的先后顺序，也是建设项目在整个建设过程中必须遵循的客观规律。包括建设项目可行性研究、计划任务书、设计文件、建设准备、建设计划安排、建筑安装施工、生产准备、竣工验收和交付生产八个步骤。

二、基本建设项目及其组成

基本建设项目简称建设项目，凡是按一个总体设计组织施工，建成后具有完整的系统，可以独立地形成生产能力或使用价值的建设工程，称为一个建设项目。如一个学校的建设是一个独立的建设项目。

（一）基本建设项目分类

基本建设项目分类方法有以下几种：

1）按项目规模的大小，可分为大型建设项目、中型建设项目、小型建设项目。

2）按建设项目的性质，可分为新建建设项目、扩建建设项目、改建建设项目、恢复建设项目、迁建建设项目等。

3）按建设项目的投资主体，可分为国家投资建设项目、地方政府投资建设项目、企业投资建设项目、合资企业以及各类投资主体联合投资建设项目。

4）按建设项目的用途，可分为生产性建设项目和非生产性建设项目。

（二）基本建设项目组成

按其复杂程度建设项目由以下工程内容组成：单项工程、单位工程、分部工程和分项工程。

（1）单项工程　单项工程是指具有独立的设计文件，并能独立组织施工，建成后可以独立发挥生产能力或使用效益的工程。是建设项目的组成部分。如一所学校教学楼的建设是一个单项工程。

（2）单位工程　单位工程是指具有单独设计的施工图样和单独编制的施工图预算，可以独立组织施工及单独作为成本核算对象，但建成后一般不能单独发挥生产能力或使用效益的工程。单位工程是单项工程的组成部分。如一所学校教学楼土建工程建设是一个单位工程，消防系统的建设是一个单位工程。

（3）分部工程　分部工程是把单位工程中性质相近且所用工具、工种、材料大体相同的部分组合在一起的工程，是单位工程的组成部分。如混凝土工程、楼地面工程、门窗工程、墙面工程等。也可以按照工程的部位分为土方工程、基础工程、主体工程、屋面工程、装饰工程等。

（4）分项工程　分项工程（施工过程）是按选用的施工方法、材料和结构构件规模、构造不同等因素而划分的。如楼地面工程由抛光砖工程、水磨石工程等分项工程组成。

三、基本建设程序

所谓建设程序是指一项建设工程从设想、提出、决策，经过设计、施工，直至投产或交付使用的整个过程中应遵循的内在规律。

按我国现行规定，一般大中型及限额以上项目的建设程序各阶段主要内容如下：

1. 项目建议书阶段

项目建议书是向国家提出建设某一项目的建议性文件，是对拟建项目的初步设想。项目建议书应根据国民经济发展规划、区域综合规划、专业规划、市场条件，结合矿藏、水利等资源条件和现有生产力布局状况，按照国家产业政策和国家有关投资建设方针进行编制，主要论述建设的必要性、建设条件的可行性和获益的可能性。

（1）作用　项目建议书的主要作用是通过论述拟建项目的建设必要性、可行性，以及获利、获益的可能性，向有关主管部门推荐建设项目以供选择并确定是否进行下一步工作。

（2）内容　不同行业项目建议书的具体内容不尽相同，主要内容包括：①建设项目提出的必要性和依据；②产品方案、市场前景、拟建规模和建设地点的初步设想；③资源情况、建设条件、协作关系等初步分析；④投资估算和资金筹措初步设想；⑤项目进度初步安排；⑥项目经济效益和社会效益的初步估计。

（3）审批　项目建议书的编制一般由建设单位委托有相应资格的咨询、设计单位承担，并根据拟建项目规模和审批权限报送有关部门审批。

项目建议书批准后，项目即可列入项目建设前期工作计划，可以进行下一步可行性研究工作。

2. 可行性研究阶段

可行性研究是指在项目决策之前，通过调查、研究、分析与项目有关的工程、技术、经济等方面的条件和情况，对可能的多种方案进行比较论证，同时对项目建成后的经济效益进行预测的一种投资决策分析研究方法和科学分析活动。

（1）作用　可行性研究是从项目建设和生产经营全过程分析项目的可行性，主要解决项目建设是否必要，技术方案是否可行，生产建设条件是否具备，项目建设是否经济合理等问题。可行性研究的主要作用是为建设项目投资决策提供依据，同时也为建设项目设计、银行贷款、项目评估等提供依据。

（2）内容　可行性研究的具体内容因项目所属行业的不同而不同，一般要求具备的基本内容包括：市场研究、技术研究、财务评价、经济评价、社会评价、环境评价、可持续性分析等内容。其中市场研究是项目可行的前提，主要解决项目投资的必要性问题；技术研究，具体说明项目的厂址、主要技术、设备、所需资源、对环境的影响、生产组织等，该部分内容解决项目在技术上的可行性问题；财务与经济评价是可行性研究的核心部分，阐述项目经济上的合理性，可行性研究的成果是可行性研究报告。

（3）审批　国家对建设项目的立项实行审批、核准、备案三个层次的管理制度，项目主管部门对可行性研究报告的批准，是项目最终立项的标志。可行性研究报告经批准后，若在建设规模、产品方案、主要协作关系等方面有调整以及突破投资控制数额时，应经原批准机关复审同意。

3. 设计阶段

可行性研究报告批准后，进入工程设计阶段。我国大中型建设项目的设计阶段，一般是采用两阶段设计，即初步设计、施工图设计。重大项目和特殊项目，实行初步设计、技术设计、施工图设计三阶段设计。

（1）初步设计

1）作用。初步设计根据批准的可行性研究报告和必要的设计基础资料，对设计对象进行通盘研究和总体安排，规定项目的各项基本技术参数，编制项目总概算。经批准的初步设计和总概算，是编制施工图设计文件或技术设计文件，确定建设项目总投资，编制基本建设投资计划，签订工程总承包合同和贷款合同，控制工程贷款，组织主要设备订货，进行施工准备和推行经济责任制的依据。

2）内容。不同性质建设项目的初步设计，内容不尽相同，就工业建设项目而言，其主要内容一般包括：①设计依据和设计指导思想；②建设规模、产品方案、原材料、燃料和动力的用量和来源；③工艺流程、主要设备选型和配置；④主要建筑物、构筑物、公用辅助设施和生活区的建设；⑤占地面积和土地使用情况；⑥总图运输；⑦外部协作、配合条件；⑧综合利用、环境保护和抗震及人防措施；⑨生产组织、劳动定员和各项技术经济指标；⑩设备清单及总概算。

3）审批。对于列入审批范围的建设项目，大型项目，由主管部委或省、自治区、直辖市组织审查、提出意见，报国家发改委审批。其中重大项目的初步设计，由国家发改委组织聘请有关部门的工程技术和经济专家参加审查，报国务院审批；中小型项目，按隶属关系由主管部委或省、自治区、直辖市发改委审批。初步设计经审查批准后，若涉及总平面布置、主要工艺流程、建筑面积、建筑标准、总概算等方面的修改，需报经原审批机关批准。

（2）技术设计　技术设计是为了进一步解决初步设计中所采用的工艺流程和建筑、结构上尚存在的技术问题，对一些技术复杂或有特殊要求的建设项目所增加的一个设计阶段。技术设计应根据批准的初步设计文件编制，我国不同行业（如水利水电）对技术设计的范围与内容、深度有专门规定。

（3）施工图设计

1）作用。施工图设计是把初步设计（或技术设计）中确定的设计原则和设计方案根据建筑安装工程或非标准设备制作的需要，进一步具体化、明确化，把工程和设备各构成部分的尺寸、布置和主要施工方法，以图样及文字的形式加以确定的设计文件，是进行设备加工制作和现场施工安装的直接依据。

2）内容。施工图设计根据批准的初步设计或技术设计文件编制，主要内容包括：①建筑总平面；②建筑、结构及各设备专业设计说明书；③各层建筑平面、各个立面及必要的剖面、建筑构造节点详图等；④ 结构与各设备专业施工图；⑤结构及各设备专业计算书；⑥工程预算书。

3）审查。根据《建设工程质量管理条例》规定，建设单位应将施工图设计文件报县级以上人民政府建设行政主管部门或其他有关部门审查，未经审查批准的施工图设计文件不得使用。

4. 施工准备阶段

施工准备工作主要内容有：①施工现场的拆迁，办理报建手续；②编制具体的建设实施方案，制订年度工作计划；③组织设备和物资采购等服务；④组织建设监理和工程施工招标，办理施工许可证或开工报告；⑤完成施工用水、电、通信、路和场地平整、临时设施等；⑥组织建筑材料、施工机械进场等。

5. 施工安装阶段

在施工准备就绪，具备了开工条件后，建设单位必须向建设行政主管部门申请施工许可证（或开工报告），取得施工许可证（或开工报告）后才能开工。

在施工安装阶段，施工承包单位应认真做好图样会审工作，参加设计交底，了解设计意图，明确质量要求；选择合适的材料供应商；合理组织土建施工、设备安装和装饰装修；建立并落实技术管理、质量管理体系和质量保证体系；严格把好各分项、分部工程的中间验收环节的质量关。

6. 生产准备阶段

生产准备阶段是由建设阶段转入生产经营阶段的重要衔接阶段，是项目投产前所要进行的一项重要工作。生产准备的主要内容有：

1）生产组织准备，主要包括组建管理机构，制定有关制度和规定；招聘并培训生产管理人员，组织有关人员参加设备安装、调试，为顺利衔接基本建设和生产经营阶段做好准备。

2）生产技术准备，主要包括技术资料的汇总、运行技术方案的制定、岗位操作规程的制定和新技术准备，掌握好生产技术和工艺流程。

3）生产物资准备，主要是签订供货及运输协议、落实投产运营所需要的原材料、协作产品、燃料、水、电、气和工器具、备品备件和其他协作配合条件。

4）其他需要做好的有关工作。

7. 竣工验收交付使用阶段

建设项目完成设计文件和合同约定的各项内容并做好工程内外必要的清理工作，符合验收标准后，由建设单位或根据项目隶属关系由项目主管部门组织竣工验收。工程验收合格后，方可交付使用。

根据《中华人民共和国建筑法》及国务院《建设工程质量管理条例》等相关法规规定，交付竣工验收的工程，必须具备下列条件：

1）完成建设工程设计和合同约定的各项内容。

2）有完整的技术档案和施工管理资料。

3）有工程使用的主要建筑材料、建筑构配件和设备的进场试验报告。

4）有勘察、设计、施工、工程监理等单位分别签署的质量合格文件。

5）有施工单位签署的工程保证书。

竣工验收的依据包括经批准的可行性研究报告，初步设计或技术设计、施工图和设备技术说明书以及现行施工验收规范和主管部门（公司）有关审批、修改、调整的文件等。

建设工程竣工验收后，因勘察、设计、施工、材料等原因造成的质量缺陷，由责任方承担修复费用。保修期限、保修责任和损害赔偿应遵照《建设工程质量管理条例》的规定。

8. 项目后评价阶段

建设项目的后评价是我国基本建设程序中的一项重要内容，建设项目竣工投产运营一段时间，要进行一次系统的项目后评价。通过建设项目的后评价以达到肯定成绩、总结经验、研究问题、吸取教训、提出建议、改进工作、不断提高项目决策水平和投资效果的目的。

项目后评价一般分为项目法人的自我评价、项目行业的评价、计划部门（或主要投资方）的评价三个层次。主要内容包括：项目目标实现程度的评价、项目建设过程的评价、项目效益评价、项目可持续评价等。

为规范工程建设活动，国家通过审批、审查、监督、备案等措施加强项目建设程序的贯彻和执行力度。除对上述建设程序的项目建议书、可行性研究报告、初步设计等文件的审批外，对项目建设用地、工程规划等实行审批制度；对建筑抗震、环境保护、消防、绿化等实行专项审查；对工程质量与安全实行监督制度；对竣工验收实行备案制度。

四、建筑施工程序

建筑施工程序是指工程建设项目在整个施工过程中各项工作必须遵循的先后顺序。是过去施工实际经验的总结，是施工过程中客观规律的必然反映。一般程序如下：

1）承接施工任务。

2）签订施工合同。

3）做好施工准备、提出书面报告。

4）组织施工。

5）竣工验收、交付使用。

第三节　工程的施工准备

工程的施工准备工作是指施工前从组织、技术、资金、劳动力、物资、生活等方面做好各项工作。实践证明，凡是重视和认真做好施工前的各项准备工作，为施工创造一切必备的条件，施工过程就能顺利地进行；反之，如果忽视施工准备，工程仓促开工，又没有及时在施工进展中提前做好后继施工的准备工作，在施工过程中将导致缺材料，少构件，施工机具不配套，各工种之间配合不协调，施工中做做停停，处处被动，延误工期，甚至被迫停工，欲速则不达等情况的发生。这样，虽有加快施工进度的主观愿望，但往往造成事与愿违的客观结果。另外，施工准备工作并非是一劳永逸的事，要贯穿在施工全过程之中，并且分阶段进行，即上一阶段要为下一阶段的施工创造好条件，使整个施工过程处于有计划、有准备的连续地、均衡地、有节奏地进行的状态之中。

一、施工准备工作的任务

施工准备工作就是要掌握工程的特点和有关进度要求，摸清施工的客观条件，合理部署施工力量。从技术、物资、人力和组织等方面为建筑安装施工创造一切必要的条件。

二、施工准备工作的主要内容

施工准备工作的内容很多，归纳起来主要有以下三个方面：

1. 施工技术准备

施工技术准备主要工作，包括熟悉和审查图样、收集资料、编制施工组织设计、编制施工预算等工作。

（1）熟悉和审查图样　施工的依据是施工图样。要“按图施工”，就必须在施工前熟悉施工图样中各项设计要求和构造做法。在熟悉施工图样的基础上，由建设、施工、设计三家共同对施工图样进行会审，一般由建设单位组织，先由设计人员对设计图样中有关技术问题和做法作介绍和交底。在此基础上，对施工图样中不合理的地方以及施工单位就目前条件还达不到的某些技术或工艺要求，提出来进行商讨，最后形成一致意见，作出必要的修改或补充说明。

（2）调查研究、收集资料　施工准备不仅要从已有的施工图样、说明书等文件资料中了解施工要求，还要对现场情况进行实地调查，特别是对构造、主体结构、施工现场位置条件、材料的供应状况、协作单位、工人的操作技能等进行了解，以便制定出切实可行的施工组织设计，合理地进行施工。

（3）编制施工组织设计　施工组织设计是指导即将开工工程进行施工准备和具体组织施工的技术经济文件，是施工准备和组织施工的重要依据。编制时必须根据国家有关施工技术法规、业主要求、设计图样和组织施工的基本原则，从工程全局出发，结合工程特点，合理组织施工，在劳动组织、材料供应、专业协调、空间布置和时间安排方面进行科学地、合理地、有效地组织，安排好人力、物力。在时间和空间安排上实现速度快、工期短；在质量上达到规范标准要求、效果好；在经济上实现耗工少、造价低、利润高。应根据工程实际情况和实际需要，编制相应的施工组织设计。其内容主要有以下几个方面：①工程概况及其施工特点分析；②施工方案的选择；③施工准备工作计划；④施工进度计划表；⑤各种资源需要量计划；⑥施工平面图等。

（4）编制施工预算　工程施工预算是指在施工阶段，在施工图预算的控制下，根据施工图计算的分项工程量、施工定额、施工组织设计等资料，通过工料分析，计算和确定工程所需的人工、材料、机具消耗量及其相应费用的经济文件。其作用有以下几个方面：

1）它是施工企业实行计划管理，编制施工进度、材料、劳动力等计划的依据。

2）它是控制工料消耗和施工中成本支出和用工及限额领料的依据。

3）它是项目经理向班组下达施工任务和在施工过程中检查与督促的依据。

4）它是开展造价分析和经济对比的依据。施工企业为了搞好经济核算，经常采用对施工预算与施工图预算进行对比、互审，从中发现矛盾并及时分析原因予以纠正，防止多算或漏算。这不仅有利于对经济效益的预测与控制，又可使人工、材料、机具等资源需要量计划的编制工作更准确。

5）它是保证降低成本技术措施计划完成的重要因素。因为在计算和确定工程预算的工程量、人工、材料数量时，已将降低成本技术措施对施工预算所产生的影响考虑了进去，所以在施工管理中按照施工任务书规定的内容，加强检查和督促，就能保证降低成本技术措施计划的实现。

2. 施工现场及物资准备

施工现场及物资准备工作主要是根据设计文件及已编制的施工组织设计中的有关各项要求进行，为施工创造良好条件和物资保证。一般包括以下工作：

1）进行施工项目工程测量，定位放线，必要时应设置临时或永久性坐标等。

2）做好施工现场清理工作，水、电、运输道路等三通一平工作。

3）临时设施的准备。如生产、生活需要的临时设施，为施工而必备的临时仓库、办公室，以及必要的建筑材料与预制构件的加工制作场地等。

4）施工机具和物资准备。根据施工方案中所确定的施工机具需要量，认真进行准备，按计划、按时进场安装、检验和调试。还要根据施工组织设计，详细计算所需的材料、半成品，预制构件的数量、质量、品种与规格按物资供应计划落实货源，按时进场。

3. 施工队伍的集结与后勤准备

根据编制的劳动力需用量计划，建立施工项目指挥机构，组织好施工力量，对地方劳动力和特殊工种要签订好劳动合同，必要时应做好技术培训，并对工人进行技术和施工安全教育。在大批施工人员进入现场之前，必须做好后勤保障工作，如工人的住、食、行等问题都要在施工准备工作中全面考虑，具体落实。

由于工程量、施工规模、复杂程度以及地区条件的不同，施工准备工作也有所不同。在具体实施时，可以从实际出发进行妥善安排，不必千篇一律。但必须强调，力求周密地搞好施工准备工作，是保证施工进行的一个重要前提。

上述各项工作并不是孤立的，必须加强施工单位与建设单位、设计单位的配合协作。施工准备工作，必须实行统一领导，分工负责的制度。凡属全场性的准备工作，由现场施工总包单位负责全面规划和日常管理。单位工程的准备工作，应由单位工程分包单位负责组织。队组作业准备由施工队组织进行。

必须坚持没有做好施工准备不准开工的原则。建立开工报告审批制度。

单位工程开工必须具备下列条件：

1）施工图样经过会审；图样中存在的问题和错误已经得到纠正。

2）施工组织设计或施工方案已经批准并进行交底。

3）施工图样预算已经编制和审定，并已签订工作合同。

4）场地已经“三通一平”。

5）暂设工程已能满足连续施工要求。

6）施工机械已进场，并经过试车。

7）材料、构配件均能满足连续施工。

8）劳动力已调集，并经过安全、消防教育培训。

9）已办理开工许可证。

第四节　施工组织设计文件

一、施工组织设计的任务和作用

施工组织设计是为完成具体施工任务创造必要的生产条件，制定先进合理的施工艺所作的规划设计，它是指导一个拟建工程进行施工准备和施工的基本技术经济文件。施工组织设计的根本任务是，使项目在一定的时间和空间内，得以实现有组织、有计划、有秩序的施工，以期在整个工程施工上达到最佳的效果。根据土木工程产品的特点，从人力、资金、材料、机械设备和施工方法五个方面进行科学合理地安排，以保证按规定又好、又快、又省、又安全地完成任务。

施工组织设计是对施工活动实行科学管理的重要手段，它具有战略部署和战术安排的双重作用。它体现了实现基本建设计划和设计的要求，提供了各阶段的施工准备工作内容，协调施工过程中各施工单位、各施工工种、各项资源之间的相互关系。通过施工组织设计，可以根据具体工程的特定条件，拟定施工方案，确定施工顺序、施工方法、技术组织措施，可以保证拟建工程按照预定的工期完成，可以在开工前了解到所需资源的数量及其使用的先后顺序，可以合理安排施工现场布置。因此，施工组织设计应从施工全局出发，充分反映客观实际，符合国家或合同要求。统筹安排施工活动有关的各个方面，施工就可以有条不紊地进行，将能达到多、快、好、省的目的。

二、施工组织设计的内容

施工组织设计的内容，要结合工程对象的实际，一般包括以下基本内容：

(1) 工程概况　包括本建设工程的性质、内容、建设地点、建设总期限、建设面积、分批交付生产或使用的期限、施工条件、地质气象条件、资源条件、建设单位的要求等。

(2) 施工方案选择　根据工程情况，结合人力、材料、机械设备、资金、施工方法等条件，全面安排施工顺序，对拟建工程可能采用的几个施工方案，选择最佳方案。

(3) 施工进度计划　施工进度计划反映了最佳施工方案在时间上的安排，采用先进的计划理论和计算方法，综合平衡进度计划，使工期、成本、资源等通过优化调整达到既定目标。在此基础上，编制相应的人力和时间安排计划、资源需要计划、施工准备计划。

(4) 施工平面图　施工平面图是施工方案和进度在空间上的全面安排，它把投入的各项资源、材料、构件、机械、运输、工人的生产、生活活动场地及各种临时工程设施合理地布置在施工现场，使整个现场能有组织地进行文明施工。

(5) 主要技术经济指标　技术经济指标用以衡量组织施工的水平，它是对施工组织设计文件的技术经济效益进行全面评价的依据。

三、施工组织设计的分类

施工组织设计的各阶段是与工程设计的各阶段相对应的，根据设计阶段，编制广度、深度和具体作用的不同，可分为施工组织总设计、单位工程施工组织设计和分部（分项）工程作业设计。

一般情况下，一个大型工程项目，首先应编制包括整个建设工程的施工组织设计，作为对整个建设工程施工的指导性文件。然后，在此基础上对各单位工程，分别编制单位工程施工设计，若需要，还须编制某些分部工程的作业设计，用以指导具体施工。

(1) 施工组织总设计　施工组织总设计是以建设项目（如群体工程、一个工厂、建筑群、一条完整的道路（包括桥梁）、生产系统等）为对象编制的，在有了批准的初步设计或扩大初步设计之后方可进行编制，目的是对整个工程施工进行通盘考虑，全面规划。一般应以主持该项目的总承建单位为主，建设、设计和分包单位参加，编制施工组织总设计。它是建设项目的总的战略部署，用以指导全场性的施工准备和有计划地运用施工力量，开展施工活动。

(2) 单位工程施工组织设计　它是以单位工程（如一幢工业厂房、构筑物、公共建筑、民用建筑、一段路、一座桥等）为对象进行编制的，用以直接指导单位工程施工。在施工组织总设计的指导下，由直接组织施工的单位根据施工图设计进行单位工程施工组织编制，并作为施工单位编制分部作业和月、旬施工计划的依据。

(3) 分部（分项）工程施工组织设计　对于工程规模大、技术复杂、施工难度大的或者缺乏施工经验的分部（分项）工程，在编制单位工程施工组织设计之后，需要编制作业设计（如复杂的基础工程、大型构件吊装工程、有特殊要求的装修工程等），用以指导施工。

施工组织设计的编制，对施工的指导是卓有成效的，必须坚决执行，但是，在编制上必须符合客观实际，在施工过程中，由于某些因素的改变，必须及时调整，以求施工组织的科学性、合理性、减少不必要的浪费。

第五节 施工组织的基本原则

一、搞好项目排队、保证重点、统筹安排

土木工程施工的根本目的在于把建设项目迅速建成，使之尽早地交付生产或使用，因此，应根据拟建项目的轻重缓急和施工条件落实情况，对工程项目进行排队，把有效的资源投入到国家重点工程上，使其早日投产，发挥效益。同时，也应照顾一般工程，资金的投入不应过分集中，以免造成人力物力的损失。总之，应保证重点，统筹安排，集中力量打歼灭战；且又要注意主要项目和辅助项目的有机结合，注意主体工程和配套工程的相互关系，重视准备项目、施工项目、收尾项目和竣工投产项目的关系，做到协调一致，保证工期，充分发挥其最大效益。

二、科学合理安排施工顺序、优化施工

土木工程施工活动由其特点所决定，在同一场地上不同工种交叉作业，其施工的先后顺序反映了客观要求，而平行交叉作业则反映了人们争取时间的主观努力。

施工顺序的科学、合理，能够使施工过程在时间、空间上得到最优统筹安排，尽管施工顺序随工程性质、施工条件不同而变化，但经过优化施工过程，合理安排施工顺序还是可以找到其规律性：

1）先准备，后施工。即准备工作满足一定的施工条件方可开工，以防造成现场混乱。

2）先全面，后单项。即施工首先进行全场性工程，而后进行各个单项工程，如路通、水通、电通、场地平整应先进行，有利于现场平面管理，又如地下工程先深后浅，场地工程先场外后场内，先主干后分支等。

3）先后勤，后施工。即施工前应先建设施工期间使用的永久性建筑（如住宅、办公室、食堂、仓库等）。具有完善的后勤保障，才能有不可战胜的施工队伍。

4）先土建，后设备。即土建工程要为设备安装和试运行创造条件，并要考虑配套投料试车要求。

5）平行、流水、立体交叉同时考虑。即在考虑各工种的施工顺序的同时，要考虑空间顺序，既解决工种时间上搭接的问题，又解决施工流向问题，以保证各专业机构、各工种工人和施工机构能够不间断地、有次序地进行施工，尽快从一个项目转移到另一个项目上去。这就必须做到保证质量，工种之间相互创造条件，充分利用工作面，争取时间。

应当指出，施工顺序不是固定不变的，伴随着不同的技术措施，可以采用不同的施工顺序。总之，在保证质量的前提下，尽量做到施工的连续性、均衡性、紧凑性，充分利用时间、空间上的优势发挥其最大效益，这也是我们追求的目标。

三、确保工程质量和安全施工

质量第一、安全第一是基本建设的百年大计，质量直接影响建筑产品的寿命和使用效果。因此，必须以对人民负责、对国家负责、对建设事业负责的态度，严格按设计要求组织

施工，确保工程质量。安全是顺利开展建设工程的保障，也体现党对人民生命财产的关怀。安全事故的发生，不仅耽误工期，也会造成难以弥补的损失，因此，提高效益，优化施工过程等必须建立在保证质量，安全生产的基础之上，二者不可分割。

施工过程中的质量，安全教育必不可少，规章、制度必须健全，质量、安全检查和管理要经常性进行，做到以预防为主。

四、加快施工进度、缩短工期

土木工程产品只有在该项目建成投产后才能有效益，因此，缩短建设周期是提高效益的重要措施。

在施工过程中，合理使用人工、机械设备、节约材料，在最短工期（合理工期）内完成任务，提高工效是关键。

五、采用先进科学技术、发展产品工业化生产、简化现场施工工艺

先进的科学技术是提高劳动生产率，加快施工速度，降低工程成本，提高工程质量的基础。产品工业化生产是先进科学技术在土木工程施工中的一种体现，是工程工业现代化的发展方向。

由于产品的固定性和生产的流动性，多种作业在有限空间内流动作业，造成工效降低，工期延长，要改变这种传统的落后施工工艺，就必须简化现场施工工艺，如采用定型设计、标准构件，实行全装配化或部分装配化施工等。这样不仅可以扩大作业空间，争取平行作业时间，而且可以改善劳动条件，提高工效，加速施工。这就需要发展机械化施工和工厂化生产。

六、采用先进的施工技术和科学组织方法

结合具体施工条件，广泛采用国内外先进的施工技术，吸收先进的施工经验，是提高效益的重要因素，在拟定施工方案时，应选择技术上先进，经济上合理，又能确保工程质量和安全生产的施工技术，并采用科学、合理的组织方法。这些对缩短工期，节约投资，是有效的。

复习思考题

1. 建筑施工具有哪些特点？
2. 施工准备工作有哪些主要内容？试述施工准备工作的重要意义。
3. 施工组织设计有几种类型，其基本内容有哪些？
4. 搞好施工组织的基本原则有哪些？
5. 建设项目的组成是什么？

第二章　建筑工程流水施工

第一节　流水施工概念与分类

工程建设中的流水作业是组织施工运用的科学的、有效的方法。它能使工程连续和均衡施工，使工地的整个施工过程安排较合理，可以降低工程成本和提高经济效益，是施工组织设计中编制施工进度计划、劳动力调配、提高建筑施工组织与管理水平的理论基础。

一、流水施工的概念

建筑工程的施工是由许多个过程组成的，流水施工是所有的施工过程按一不定的时间间隔依次施工，使同一施工过程的专业队保持连续、均衡施工，相邻两专业队能最大限度地搭接施工。

二、流水施工与其他施工组织方式的比较

考虑工程项目的施工特点、工艺流程、资源利用等要求，组织施工一般有依次施工、平行施工和流水施工三种方式。

为说明三种施工方式，现设拟建三幢同类型建筑物，编号分别为 A、B、C，对其主体框架组织施工。框架可分为支模、扎筋和浇混凝土三个施工过程，试分别用三种方法组织施工。

1. 依次施工

依次施工是施工对象一个接一个地按顺序组织施工的方法，各专业队按顺序依次在各施工对象上工作。这种方式的施工进度计划如图 2-1 所示。依次施工比较简单，投入的劳动力较少，资源需要量不大，适用于规模较小，工作面有限的工程，其突出的问题是各专业队不能连续工作，施工工期长。

图 2-1　依次施工进度计划

2. 平行施工

平行施工是所有施工对象同时开工同时完工的施工方法，各专业队同时在各施工对象上

工作。这种方式的施工进度计划如图 2-2 所示。平行施工可以缩短工期，但劳动力和资源需要尽量集中。这种方法适用于工期要求紧，且工作面允许及资源保证供应的工程。

3. 流水施工

流水施工是各专业队按顺序依次、连续、均衡、有节奏地在各施工对象上工作，就像流水一样从一个施工对象转移到另一个施工对象，这种方式的施工进度计划如图 2-3 所示。流水施工综合了依次施工和平行施工的优点，消除了它们的缺点。流水施工的实质是充分利用时间和空间，从而达到连续、均衡、有节奏的施工目的，缩短了工期，提高了劳动生产率，降低了工程成本。

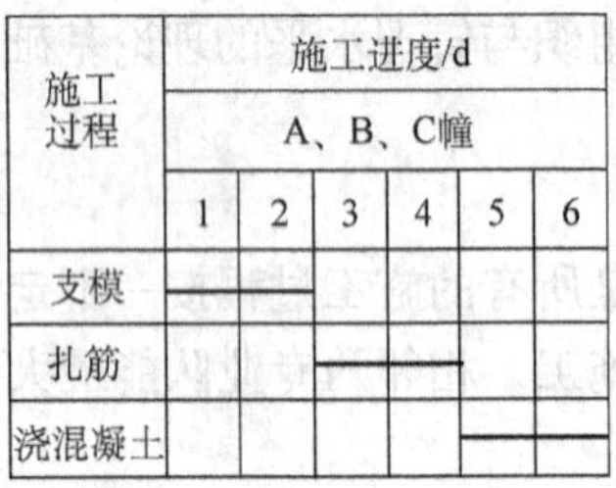

图 2-2　平行施工进度计划

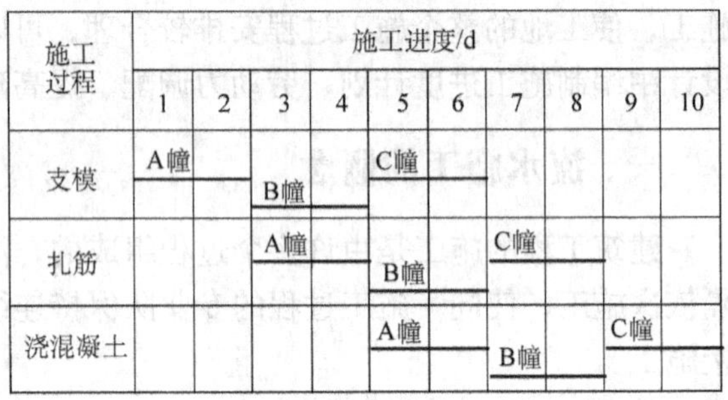

图 2-3　流水施工进度计划

三、流水施工的基本组织原则

1. 划分施工过程

把拟建工程的整个建造过程分解为若干个施工过程。划分施工过程的目的是为了对施工对象的建造过程进行分解，以便于逐一实现局部对象的施工，从而使施工对象整体得以实现。只有这种合理的分解才能组织专业化施工和有效协作。

2. 划分施工段

根据组织流水施工的需要，将拟建工程在平面上或空间上，尽可能地划分为劳动量大致相同的若干个施工段。

3. 每个施工过程组织独立的施工班组

在一个流水组中，每个施工过程尽可能组织独立的施工班组，其形式可以是专业班组，也可以是混合班组。这样可使每个施工班组按施工顺序，依次、连续、均衡地从一个施工段转移到另一个施工段进行相同的操作。

4. 对于主要施工过程必须连续、均衡地施工

主要施工过程是指工程量较大，作业时间较长的施工过程，对于主要施工过程，必须连续、均衡地施工；对于其他次要施工过程，可考虑与相邻的施工过程合并。如不能合并，为缩短工期，可安排间断施工。

5. 不同施工过程尽可能组织平行搭接施工

根据施工顺序，不同的施工过程，在有工作面的条件下，除必要的技术和组织间歇时间外，应尽可能组织平行搭接施工。

四、流水施工分类

流水施工方法根据流水施工节拍的特征不同，可分为有节奏流水施工和无节奏流水施工两种。

1. 有节奏流水施工

有节奏流水施工可分为以下三种形式：

1）全等节拍流水施工。

2）成倍节拍流水施工。

3）不等节拍流水施工。

2. 无节奏流水施工

有些工程由于结构比较复杂，平面轮廓不规则，不易划分劳动量大致相等的施工段，无法组织有节奏流水施工方式。在这种情况下，只能组织无节奏流水施工。无节奏流水施工本身没有规律性，只是在保持工作均匀和连续的基础上进行施工安排。无节奏流水施工方式是建筑工程流水施工的普遍方式。

第二节　流水施工参数

在组织流水施工时，用以表达流水施工在工艺流程、空间布置和时间排列方面开展状态的参数，称为流水参数。包括：施工过程、施工段、流水节拍、流水步距、施工工作面和时间间歇等。

一、施工过程

组织建设工程流水施工时，根据施工组织及计划安排需要而将计划任务划分成的子项称为施工过程。施工过程的数目通常用 n 表示。

施工过程划分的数目多少、粗细程度一般与下列因素有关。

1. 施工进度计划的作用

当编制控制性施工进度计划时，其施工过程可以划分得粗一些，施工过程可以是单位工程，也可以是分部工程。当编制实施性施工进度计划时，施工过程可以划分得细一些，施工过程可以是分项工程。对月度作业性计划，有些施工过程还可分解为工序，如安装模板、绑扎钢筋等。

2. 施工方案及工程结构

厂房的柱基础与设备基础挖土，如同时施工，可合并为一个施工过程；如先后施工，可分为两个施工过程。承重墙与非承重墙的砌筑也是如此，砖混结构、装配式框架结构与现浇混凝土框架等不同的结构体系，其施工过程划分及其内容也各不相同。

3. 劳动组织及劳动量大小

施工过程的划分与施工班组及施工习惯有关。如安装玻璃和油漆的施工，可合也可分。因此，有的是混合班组，有的是单一工种的班组。施工过程的划分还与劳动量大小有关。劳动量小的施工过程，当组织流水施工有困难时，可与其他施工过程合并。如垫层劳动量较小时可与挖土合并为一个施工过程。这样，可以使各个施工过程的劳动量大致相等，便于组织流水施工。

4. 劳动内容和范围

施工过程的划分与其劳动内容和范围有关。如直接在施工现场与工程对象上进行的劳动过程，可以划入流水施工过程，而场外劳动内容（如预制加工、运输等）可以不划入流水施工过程。

二、施工段

将施工对象在平面或空间上划分成若干个劳动量大致相等的施工段或流水段。施工段的数目通常用 m 表示，它是流水施工的基本参数之一。

1. 划分施工段的目的

划分施工段的目的就是为了组织流水施工。由于建筑产品体形庞大，可以将其划分成具有若干个施工段、施工层的“批量产品”使其满足流水施工的基本要求。在保证工程质量的前提下，为专业工作队确定合理的空间活动范围，使其按流水施工的原理，集中人力和物力，迅速地、依次地、连续地完成各段任务，为相邻专业工作队尽早地提供工作面，达到缩短工期的要求。

2. 划分施工段的原则

1）同一专业工作队在各个施工段上的劳动量应大致相等，其相差幅度不宜超过10% ~ 15%。

2）每个施工段内要有足够的工作面，以保证相应数量的工人、主导施工机械的生产效率，满足合理的劳动组织要求。

3）施工段的界限应尽可能与结构界限（如沉降缝、伸缩缝等）相吻合，或设在对建筑结构整体性影响小的部位，以保证建筑结构的整体性。

4）施工段的数目要满足合理组织流水施工的要求。施工段过多，会降低施工速度，延长工期；施工段过少，不利于充分利用工作面，可能造成窝工。

5）当组织流水施工的施工对象有层间关系时，为使各专业工作队能够连续工作，每层施工段数目应满足：$m \geqslant n$。当 $m=n$ 时，各专业工作队能连续施工，工作面能充分利用，无停歇现象，也不会产生工人窝工现象，比较理想；当 $m>n$ 时，各专业工作队仍是连续施工，虽然存在停歇的工作面，但不一定是不利的，有时还是必要的。如利用停歇的时间做养护、备料、弹线等工作；当 $m<n$ 时，各个专业工作队不能连续施工，这是组织流水作业所不能允许的。

三、流水节拍

流水节拍是指某个专业工作队在一个施工段上的施工时间。流水节拍通常以“t”表示。流水节拍的大小，可以反映流水速度快慢、资源供应量大小，同时，流水节拍也是区别流水施工组织方式的特征参数。

影响流水节拍的主要因素有：采用的施工方式、投入的劳动力或施工机械的多少以及所采用的工作班次。

流水节拍可按下式确定

$$t_i = \frac{Q_i}{P_i R_i} = \frac{W_i}{R_i} \tag{2-1}$$

式中 t_i——第 i 施工过程的流水节拍；

Q_i——第 i 施工过程在某施工段的工程量；

P_i——第 i 施工过程专业施工队在单位时间内完成的产量（m^3/工日，m^2/工日，m/工日等）；

R_i——第 i 施工过程专业施工队的人数或机械台数；

W_i——第 i 施工过程在某施工段上所需的劳动量或机械台班数。

四、流水步距

流水步距是指组织流水施工时，相邻两个施工过程（或专业工作队）先后开始同一施工段的合理时间间隔。流水步距通常以 K 表示。

流水步距的数目取决于参加流水的施工过程数。如果施工过程数为 n 个，则流水步距的个数为 $n-1$ 个。在施工段不变的情况下，流水步距越大，工期越长；流水步距越小，则工期越短。

确定流水步距的基本要求是：

1）各专业工作队尽可能保持连续施工。

2）各施工过程按各自流水速度施工，始终保持工艺先后顺序。

3）相邻两个施工过程（或专业工作队）在满足连续施工的条件下，能最大限度地实现合理搭接。

五、施工工作面

工作面是指供某专业工种的工人或某施工机械进行施工的活动空间，工作面的大小表明能安排施工人数或机械台数多少。每个作业的工人或每台施工机械年需工作面的大小，取决于单位时间内完成的工程量和安全施工的要求。工作面确定的合理与否，直接影响专业工作队的生产效率，因此必须合理确定工作面。

六、时间间歇

1. 技术间歇

在工程施工中某些施工过程之间由于技术上或者组织上的原因不能连续施工，便出现了时间间隔，将其称为技术间歇。它是由建筑材料或现浇构件性质决定的间歇时间，如现浇混凝土构件养护时间以及砂浆抹面和油漆的干燥时间。技术间歇通常以 Z 表示。

2. 组织间歇

它是由施工组织原因而造成的间歇时间，如砌砖墙前墙身位置弹线，回填前地下管道检查验收，以及其他作业前的准备工作。组织间歇通常以 G 表示。

七、平行搭接

为了缩短工期，在工作面允许的条件下，有时在同一施工段中，当前一个专业工作队完成部分施工任务后，后一个专业工作队可以提前进入，两者形成平行搭接施工，这个搭接的时间称为平行搭接时间，平行搭接通常以 C 表示。

第三节　流水施工的组织

建筑工程的流水施工要求有一定的节拍，才能步调和谐，配合得当。流水施工的节拍是由流水节拍所决定的。由于建筑工程的多样性，各分部分项工程量差异大，要将所有的流水施工都组织成统一的流水节拍是很困难的。在大多数情况下，各施工过程流水节拍不一定相等，甚至一个施工过程本身在各施工段上的流水节拍也不相等。因此，就形成了不同节拍特征的流水施工，它可分为有节奏流水和无节奏流水两大类。

一、有节奏流水

有节奏流水是指同一施工过程中各施工段上的流水节拍都相等的一种流水施工方式。根据不同施工过程之间的流水节拍是否相等，可分为等节奏流水和异节奏流水。

1. 等节奏流水

等节奏流水是指同一施工过程在各施工段上的流水节拍都相等，并且不同施工过程之间的流水节拍也相等的一种流水施工方式。即各施工过程的流水节拍等于常数，故称全等节拍流水，它根据流水步距不同有下列两种情况：

（1）等节拍等步距流水　它是指各流水步距值均相等，且等于流水节拍值。等节拍等步距流水施工的工期的计算式为

$$T=(n+m-1)K \tag{2-2}$$

或

$$T=(n+m-1)t \tag{2-3}$$

【例 2-1】　某工程划分为三个施工过程，每个施工过程分四个施工段，流水节拍为 2d，该工程等节拍等步距流水施工进度计划安排如图 2-4 所示，其工期计算如下：

$$T=(n+m-1)t=(3+4-1)\times 2\mathrm{d}=12\mathrm{d}$$

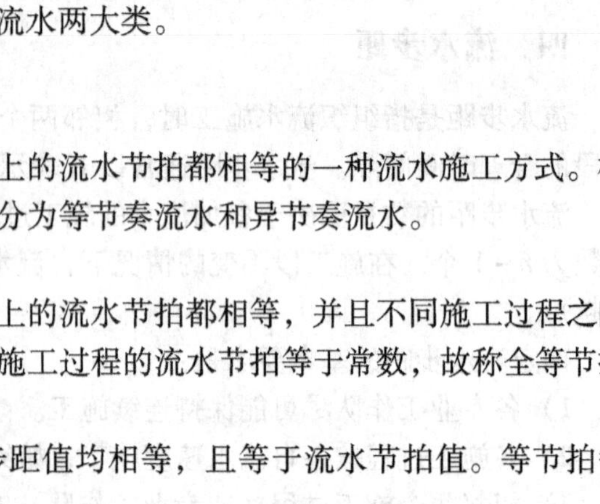

图 2-4　等节拍等步距流水施工

（2）等节拍不等步距流水　它是指各施工过程的流水节拍全部相等，但流水步距不相等。这是由在各施工过程之间要有技术与组织间歇时间，以便安排搭接施工所造成的。这种流水施工的工期可由下式计算

$$T=(n+m-1)t+\sum t_{\mathrm{j}}-\sum t_{\mathrm{d}} \tag{2-4}$$

式中　$\sum t_{\mathrm{j}}$——所有间歇时间之和；

$\sum t_{\mathrm{d}}$——所有搭接时间之和。

【例 2-2】　某工程划分为四个施工过程，每个施工过程分四个施工段，各施工过程的流水节拍为 2d。其中，施工过程 A 与 B 之间有 1d 间歇时间，施工过程 C 和 D 搭接 1d。该工程等节拍不等步距流水施工进度安排如图 2-5 所示，其工期计算如下：

$$T=(n+m-1)t+\sum t_{\mathrm{j}}-\sum t_{\mathrm{d}}=(4+4-1)\times 2\mathrm{d}+1\mathrm{d}-1\mathrm{d}=14\mathrm{d}$$

全等节拍流水施工适用工程规模小、比较简单、施工过程不多的流水施工。其组织方法是：首先划分施工过程，应将劳动量小的施工过程合并到相邻的施工过程中去；使各流水节拍相等；其次确定主要施工过程的施工班组人数，计算其流水节拍；最后根据已定流水节拍，确定其他施工过程班组人数及其组成。

2. 异节奏流水

异节奏流水是指同一施工过程在各施工段上的流水节拍相等，但在不同施工过程之间的流水节拍不完全相等的一种流水施工方式。异节奏流水可分为成倍节拍流水和不等节拍流水两种流水施工方式。

（1）成倍节拍流水　它是指同一施工过程在各个施工段的流水节拍相等，不同施工过程之间的流水节拍不完全相等，但各施工过程的流水节拍均为其中最小流水节拍的整倍数的流水施工方式。为了充分利用工作面，加快施工进度，在流水节拍大的施工过程中相应增加施工班组数，每个施工过程所需的施工班组数可由下式确定

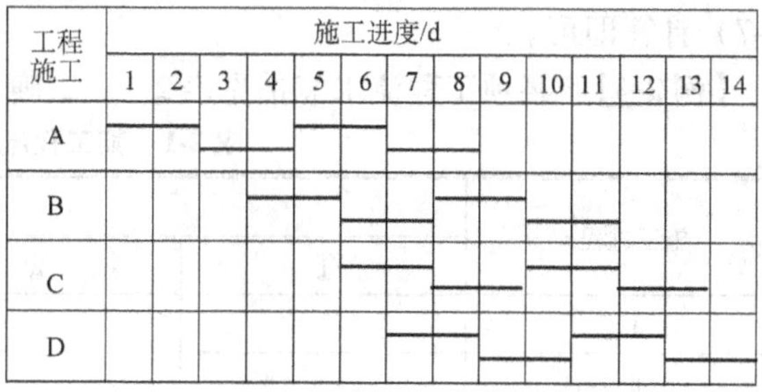

图 2-5　等节拍不等步距流水施工

$$b_i = t_i / t_{\min} \tag{2-5}$$

式中　t_i——某施工过程的流水节拍；

$t_{\min}$——所有流水节拍的最小流水节拍。

在成倍节拍流水施工中，流水步距等于所有流水节拍中的最小流水节拍，即

$$K = t_{\min} \tag{2-6}$$

成倍节拍流水施工的工期按下式计算

$$T = (m + n' - 1)t_{\min} \tag{2-7}$$

式中　n'——施工班组总数，$n' = \sum b_i$。

【例 2-3】　已知某建筑工程划分为六个施工段和三个施工过程，各施工过程的流水节拍分别为 $t_1 = 1\text{d}$，$t_2 = 3\text{d}$，$t_3 = 2\text{d}$。试组织成倍节拍流水施工。

【解】　因为 $t_{\min} = 1\text{d}$

则 $b_1 = t_1/t_{\min} = 1$ 个，$b_2 = t_2/t_{\min} = 3/1 = 3$ 个，$b_3 = t_3/t_{\min} = 2/1 = 2$ 个。

施工班组总数为 $n' = b_1 + b_2 + b_3 = (1+3+2)$个$=6$个

该工程流水步距为 $K = t_{\min} = 1\text{d}$

该工程的工期为 $T = (m + n' - 1)t_{\min} = (6+6-1)\times 1 = 11\text{d}$

由以上计算出的流水参数绘制施工进度列于图 2-6。

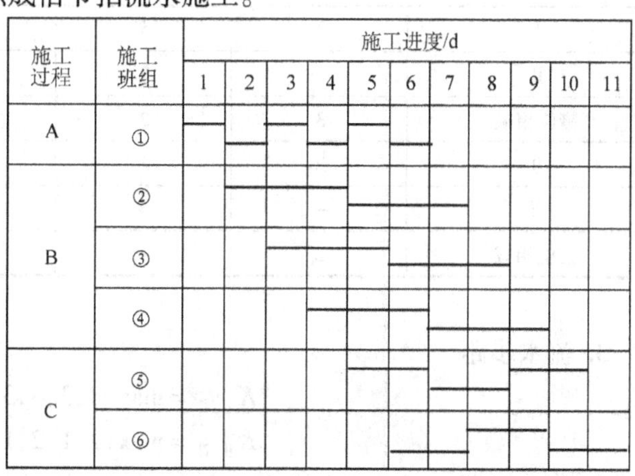

图 2-6　成倍节拍流水施工

（2）不等节拍流水　它是指同一施工过程在各个施工段的流水节拍相

等，不同施工过程之间的流水节拍既不相等也不成倍的流水施工方式。组织不等节拍流水的基本要求是：各施工班组尽可能依次在各施工段上连续施工，允许有些施工段出现空闲，但不允许多个施工班组在同一施工段上交叉作业，更不允许发生工艺顺序颠倒的现象出现。

二、无节奏流水

无节奏流水是指同一施工过程在各施工段上的流水节拍不完全相等的一种流水施工方式。无节奏流水的基本要求是保证各施工过程的工艺顺序合理和各施工班组尽可能依次在各施工段上连续施工。它的流水流水步距按“累加数列错位相减取大差”法确定，工期按式（2-7）计算即可。

【例 2-4】 某项工程流水节拍见表 2-1，试确定流水步距。

表 2-1　某工程流水节拍表　（单位：d）

施工过程	施工段			
	①	②	③	④
Ⅰ	3	2	4	2
Ⅱ	2	3	3	2
Ⅲ	4	2	3	2

【解】 1. 求各施工过程流水节拍的累加数列（表 2-2）

表 2-2　某工程流水节拍的累加数　（单位：d）

施 工 过 程	流水节拍的累加数			
Ⅰ	3	5	9	11
Ⅱ	2	5	8	10
Ⅲ	4	6	9	11

2. 相邻施工过程流水节拍累加数错位相减（表 2-3）

表 2-3　相邻施工过程流水节拍累加数错位相减

Ⅰ	3	5	9	11	—
Ⅱ	—	2	5	8	10
错位相减	3	3	4	3	—
Ⅱ	2	5	8	10	—
Ⅲ	—	4	6	9	11
错位相减	2	1	2	1	—

3. 流水步距

$$K_{Ⅰ,Ⅱ} = \max\{3,3,4,3\} = 4\text{d}$$
$$K_{Ⅱ,Ⅲ} = \max\{2,1,2,1\} = 2\text{d}$$

4. 施工工期

流水施工工期可按下式计算

$$T = \sum K_{i,i+1} + \sum t_n + \sum Z + \sum G - \sum C \tag{2-8}$$

式中　T——流水施工工期；

$\sum t_n$——最后一个施工过程在各个施工段流水节拍之和。

其余符号含义参照前述流水施工参数。

【例 2-5】 某工程有三个施工过程，划分四个施工段，流水节拍值列于表 2-4。试计算流水步距和工期，并绘制流水施工进度图。

表 2-4　某工程流水节拍值　（单位：d）

施工过程	施工段			
	①	②	③	④
A	3	4	3	2
B	3	4	4	3
C	4	3	4	3

【解】 1. 求各施工过程在各段的流水节拍累加数（表 2-5、表 2-6）

表 2-5　施工过程 A 和施工过程 B 在各段的流水节拍累加数

施工过程	施工段			
	①	②	③	④
A	3	7	10	12
B	3	7	11	14

表 2-6　施工过程 B 和施工过程 C 在各段的流水节拍累加数

施工过程	施工段			
	①	②	③	④
B	3	7	11	14
C	4	7	11	14

2. 计算流水步距

采用“累加数列错位相减取大差”法计算。第一步是将每个施工过程的流水节拍逐段累加；第二步是按数列错位相减；第三步取差值之大者作为流水步距。计算结果分别见表 2-7、表 2-8。

表 2-7　施工过程 A 和施工过程 B 的流水节拍累加数错位相减

A	3	7	10	12	—
B	—	3	7	11	14
错位相减	3	4	3	1	—

取差值最大值 4，即为施工过程 A 和 B 之间的流水步距 $K=4$。

表 2-8　施工过程 B 和施工过程 C 的流水节拍累加数错位相减

B	3	7	11	14	—
C	—	4	7	11	14
错位相减	3	3	4	3	—

取差值最大值 4，即为施工过程 B 和 C 之间的流水步距 $K=4$。

3. 计算工期

$$T = \sum K_{i,i+1} + T_n = (4+4+4+3+4+3)\,\mathrm{d} = 22\mathrm{d}$$

4. 绘制出该工程施工进度安排（图 2-7）

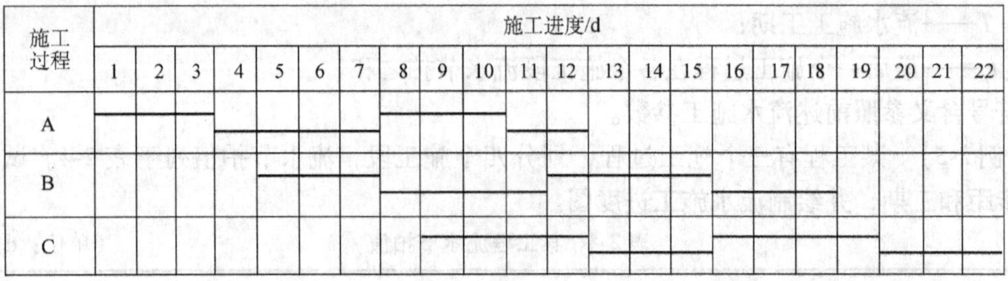

图 2-7　无节奏流水施工进度安排

第四节　流水施工工程应用实例

流水施工是一种科学的施工组织方法。编制施工进度计划时，应根据施工对象的特点，选择适当的流水施工方式组织施工，以达到均衡、连续、有节奏的施工目的。下面用两个比较常见的工程实例来阐述流水施工的应用。

【实例 1】　某六层单元混合结构住宅的基础工程

施工过程分为：

1. 土方开挖（采用一台挖土机）
2. 铺设垫层
3. 绑扎钢筋
4. 浇捣混凝土
5. 砌筑砖基础
6. 回填土（也采用一台挖土机）

各施工过程的工程量及每一日（或台班）产量定额见表 2-9。

表 2-9　施工过程工程量及产量定额

施工过程	工程量	单位	产量定额	人数/台班	流水节拍/d
挖土	560	m^3	65	1 台	2
垫层	32	m^3	—	—	—
绑扎钢筋	7600	kg	450	2	2
浇混凝土	150	m^3	1.5	12	2
砌砖基础	220	m^3	1.25	22	2
回填土	300	m^3	65	1 台	—

分析表 2-9 所给的条件，可以看出铺设垫层施工过程的工程量较少；回填土也采用挖土机，与挖土相比，工程量少得多。因此，为简化计算，可将铺设垫层和回填这两个施工过程所需要的时间作为组织间歇时间来处理，各自预留 1d 时间，总的组织间歇为 $\sum G = 2\text{d}$。

另外，浇捣混凝土和砌基础墙之间的技术间歇也留 2d，即 $\sum Z = 2\text{d}$。从而该基础工程的施工过程数可按 $n = 4$ 进行计算。

显然，这个基础工程能组织成全等节拍流水施工。但是在施工段的划分上，应使各施工过程的劳动量在各段上基本相等。首先，根据建筑物的特征，可按房屋单元分界，划分四个施工段即 $m=4$。接着，找出其中的主导施工过程，一般应取工程量大的，施工组织条件（即配备的劳动力或机械设备）已经确定的施工过程作为主导施工过程。本例土方开挖由一台挖土机完成，这是确定的条件，所以可列为主导施工过程。其流水节拍为

$$t=t_1=\frac{Q}{P_1R_1}=\frac{560}{65\times4}=2.15\approx2$$

其余施工过程，可根据主导施工过程所确定的流水节拍，反算出所需要的人数。

绑扎钢筋：$\dfrac{7600}{450\times2\times4}=2.11\approx2$

浇混凝土：$\dfrac{150}{1.5\times2\times4}=12.5\approx12$

砌砖基础：$\dfrac{220}{1.25\times2\times4}=22$

根据计算所求的施工人数，应复核施工段的工作面是否够，不够应重新考虑。

该基础工程的流水施工工期为 $T=(4+4-1)\times2\text{d}+2\text{d}+2\text{d}=18\text{d}$

绘制流水进度计划，如图 2-8 所示。

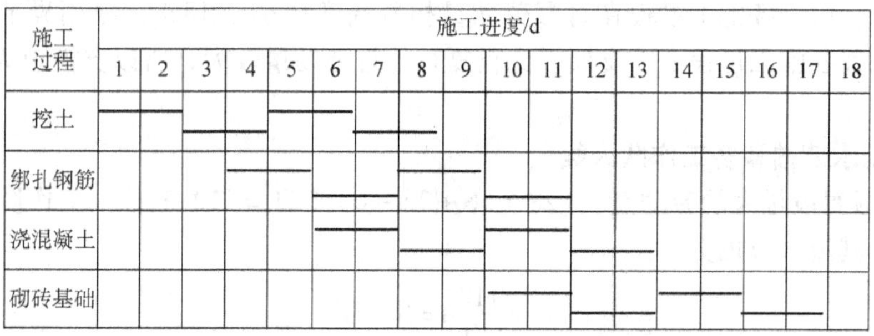

图 2-8　流水施工进度计划

【**实例 2**】 某 2 层钢筋混凝土框架结构的主体结构工程

本工程主体结构劳动量见表 2-10。

表 2-10　某框架主体结构劳动量一览表

结构部分	分项名称		每层每个温度区段的劳动量/工日	
			1 层	2 层
框架	支模板	柱	28	26
		梁	56	56
		板	22	22
	绑扎钢筋	柱	26	26
		梁	28	28
		板	26	26
	浇混凝土	柱	68	63
		梁板	122	122

（续）

结构部分	分项名称	每层每个温度区段的劳动量/工日	
		1层	2层
楼梯	支模板	6	—
	绑扎钢筋	3	—
	浇混凝土	15	—

1. 具体组织施工方法

本工程框架结构采用以下施工顺序：绑扎柱钢筋、支主梁模板、支次梁模板、支板模板、支柱模板、绑扎梁钢筋、浇筑柱混凝土、浇筑梁和板混凝土。

根据施工顺序和劳动组织，划分以下四个施工过程：绑扎柱钢筋（A）、支模板（B）、绑扎梁板钢筋（C）和浇筑混凝土（D）。各施工过程中均包括楼梯间部分。

2. 划分施工段

考虑结构的整体性，利用温度缝作为分界线，每层划分为三个施工段，此时 $m<n$，工作队会出现窝工现象。所以，本例将主导施工过程连续施工，其余工作队与其他的工地统一考虑调度安排。由于各施工过程在每层劳动量相差幅度均小于15%，故用异节奏流水法组织施工。该工程各施工过程中，支模板比较复杂，且劳动量较大，所以支模板为主导施工过程。

3. 确定流水节拍和各工作队人数

1）支模板每段量大的劳动量：(28+56+22+6)工日=112工日，工作队人数30人，采用一班制，其流水节拍为

$$t_1=\frac{112}{30}\text{d}=3.73\text{d}$$

取为4d。

2）绑扎柱钢筋每段最大的劳动量为26工日，工作队人数为15人，采用一班制，其流水节拍为

$$t_2=\frac{26}{15}\text{d}=1.73\text{d}$$

取为2d。

3）绑扎梁板钢筋每段最大的劳量为：(28+26+3)工日=57工日，工作队人数20人，采用一班制，其流水节拍为

$$t_3=\frac{57}{20}\text{d}=2.85\text{d}$$

取为3d。

4）浇筑混凝土每段最大的劳量为：(68+122+15)工日=205工日，工作队人数50人，为了保证浇筑的连续性，可采用2班制，其流水节拍为

$$t_4=\frac{205}{50\times2}\text{d}=2.05\text{d}$$

取为2d，且D施工过程采用2班制。

4. 确定施工工期

本例需采用分析计算法。本例使绑扎梁板钢筋与支模板搭接施工 2d，混凝土养护间歇时间 1d。

5. 绘制流水施工进度计划（图 2-9）

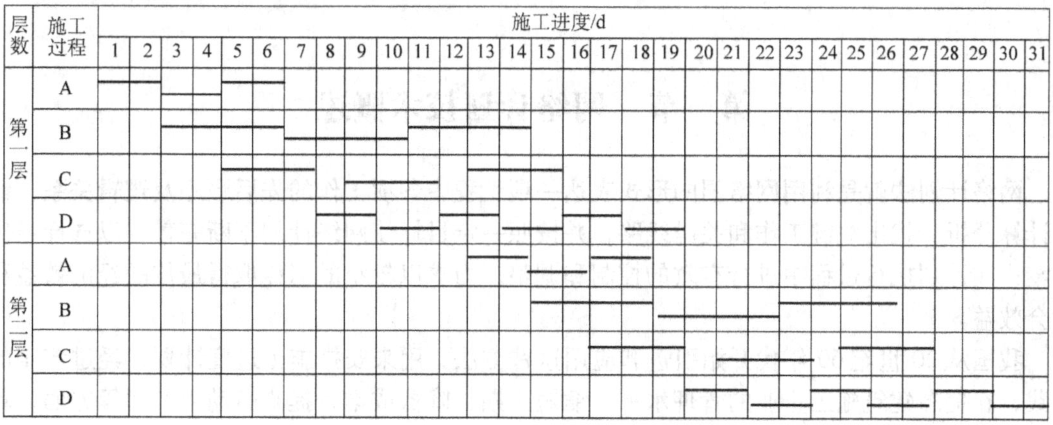

图 2-9　流水施工进度计划

复习思考题

1. 组织施工有哪几种方式？试述各自的特点。
2. 试述流水施工的特点。
3. 流水施工有哪些主要参数？
4. 施工过程的确定与哪些因素有关？
5. 如何正确划分流水节拍？什么叫流水步距？
6. 某工程有 A、B、C 三个施工过程，每个施工过程均划分为四个施工段，设流水节拍 $t_A=2d$，$t_B=4d$，$t_C=3d$。请分别绘制出依次施工、平行施工、流水施工的施工进度计划。
7. 已知某工程有三个施工过程，即 $n=3$，各施工过程的流水节拍分别为 $t_1=2d$、$t_2=1d$、$t_3=2d$，试组织成倍节拍流水施工，并计算总工期、绘制出进度计划表。
8. 根据表 2-11 所示数据，试计算：(1) 各流水步距和工期；(2) 绘制出流水施工进度计划。

表 2-11　各施工过程的流水节拍值　　（单位：d）

施工过程	施工段			
	①	②	③	④
A	2	3	4	5
B	2	4	3	4
C	3	4	3	4
D	4	3	4	3

第三章 网络计划技术

第一节 网络计划技术概述

网络计划法就是利用网络图的形式表达一项工程中各项工作的先后顺序及逻辑关系，经过计算分析，找出关键工作和关键线路，并按照一定目标使网络计划不断完善，以选择最优方案；在计划执行过程中进行有效的控制和调整，力求以较小的消耗取得最佳的经济效益和社会效益。

我国从 20 世纪 60 年代开始引进和应用这种方法，用来安排施工进度计划，经过多年的实践，在提高建筑施工企业的管理水平，缩短工期，降低成本，提高劳动生产率等方面，均取得了显著的成效。下面介绍网络计划的几个基本概念：

1. 网络图

网络图是由箭线和节点按照一定规则组成的、用来表示工作流程的、有向有序的网状图形。网络图分为双代号网络图和单代号网络图两种形式，由一条箭线与其前后两个节点来表示一项工作的网络图称为双代号网络图；而由一个节点表示一项工作，以箭线表示工作顺序的网络图称为单代号网络图。

2. 网络计划与网络计划技术

用网络图表达任务构成、工作顺序并加注工作的时间参数的进度计划，称为网络计划。用网络计划对任务的工作进度进行安排和控制，以保证实现预定目标的科学的计划管理技术，称为网络计划技术。

一、横道计划与网络计划的表达形式及特点

横道计划的表达形式是将整个工程任务的每个分部分项施工过程结合时间坐标线，用一系列横向条形线段分别表达各施工过程起止时间和先后或平行搭接的施工顺序。

网络计划是在网络图上加注各项工作的时间参数而形成的工作进度计划。

如某工程项目有 A、B、C 三个施工过程，每个施工过程划分三个施工段，其流水节拍分别为 $t_A = 3d$、$t_B = 2d$、$t_C = 1d$。该工程项目用横道图表示的进度计划，即横道计划，如图 3-1 所示；用网络图表示的网络计划，如图 3-2 所示。

由图 3-1、图 3-2 可以看出，其工程计划内容完全相同，但表达形式则完全不一样，使它们所发挥的作用各有不同的特点。

（一）横道计划的优缺点

由图 3-1 可知，横道计划具有编制比较容易、绘图简便、形象直观的特点。它用时间坐标把施工起讫时间，作业持续时间，工作进度，搭接方式，总工期都表示得清楚明确，便于统计劳动力、材料、机具的需用量等。但它的缺点是不能全面地反映整个施工活动中各工序之间的联系和相互依赖与制约的逻辑关系，不便于各种时间计算；不能明确反映影响工期的

关键工序，使人抓不住工作重点；看不到计划中的潜力所在，不便于电算对计划进行科学地调整和优化。

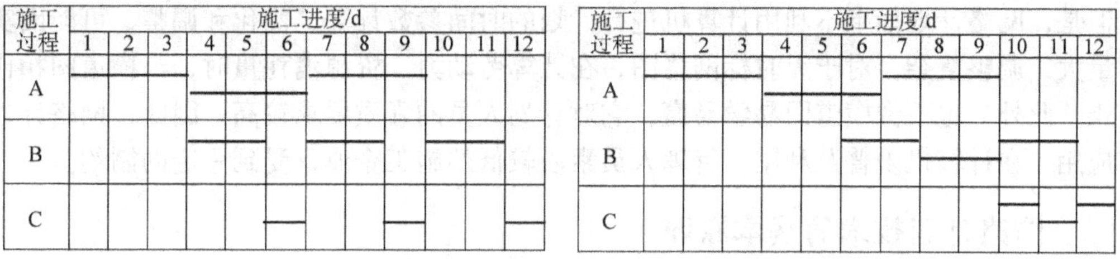

a)　　b)

图 3-1　横道计划图

a）部分施工过程间断施工　b）各施工过程连续施工

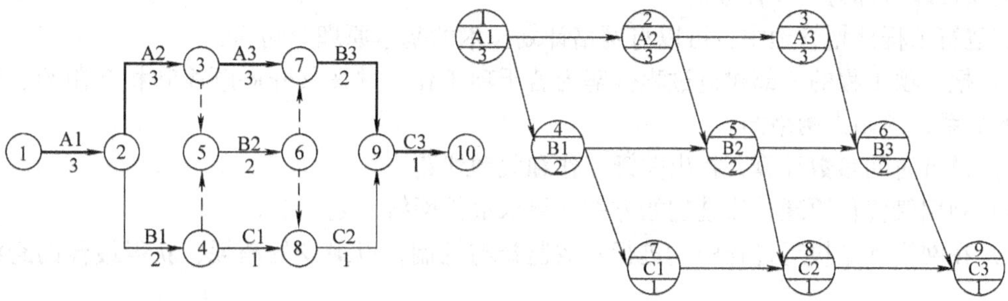

a)　　b)

图 3-2　网络计划图

a）双代号网络图　b）单代号网络图

（二）网络计划的优缺点

由图 3-2 可知，网络计划与横道计划相比，具有以下优点：

1）网络图把施工过程中的各有关工作组成了一个有机的整体，能全面而明确地表达出各项工作开展的先后顺序和反映出各项工作之间的相互制约和相互依赖的关系。

2）能进行各种时间参数的计算。

3）在名目繁多、错综复杂的计划中找出决定工程进度的关键工作，便于计划管理者集中力量抓主要矛盾，确保工期，避免盲目施工。

4）通过优化，能够从许多可行方案中，选出最优方案。

5）在计划的执行过程中，某一工作由于某种原因推迟或者提前完成时，可以预见到它对整个计划的影响程度，而且能根据变化的情况迅速进行调整，保证自始至终对计划进行有效的控制与监督。

6）利用网络计划中反映出的各项工作的时间储备，可以更好地调配人力、物力，以达到降低成本的目的。

7）可以利用电子计算机进行时间参数计算和优化、调整。它的出现与发展使现代化的计算工作——计算机在建筑施工计划管理中的应用更广泛。

网络计划技术可以为施工管理提供许多信息，有利于加强施工管理，既是一种编制计划的方法，又是一种科学的管理方法。它有助于管理人员全面了解、重点掌握、灵活安排、合理组织、多快好省地完成计划任务，不断提高管理水平。

但是，网络计划如果不利用计算机进行计划的时间参数计算、优化和调整，可能因实际计算量大，调整复杂，对于无时标网络图，在计算劳动力、资源消耗量时，与横道图相比较为困难。此外，也不像横道图易学易懂，它对计划人员的素质要求较高。因此，网络计划的推广应用，在计算机未普及利用、管理人员素质较低的施工企业，受到一定的制约。

二、网络计划技术的基本原理

网络计划技术的基本原理是用网络计划对任务的工作进度进行安排和控制，以保证实现预定目标的科学的计划管理技术。需要说明的是，这里所说的任务是指计划所承担的有规定目标及约束条件（时间、资源、成本、质量等）的工作总和，如规定有工期和投资额的一个工程项目即可称为一项任务。

在建筑工程计划管理中，可以将网络计划技术的基本原理归纳为：

1）把一项工程的全部建造过程分解为若干项工作，并按其开展顺序和相互制约、相互依赖的关系，绘制出网络图。

2）进行时间参数计算，找出关键工作和关键线路。

3）利用最优化原理，改进初始方案，寻求最优网络计划方案。

4）在网络计划执行过程中，进行有效监督与控制，以最少的消耗，获得最佳的经济效果。

三、工程网络计划的类型

JGJ/T 121—1999《工程网络计划技术规程》推荐的常用的工程网络计划类型包括：双代号网络计划、单代号网络计划、双代号时标网络计划、单代号搭接网络计划。

1. 双代号网络图

双代号网络图是以箭线及其两端节点的编号表示工作的网络图，如图 3-2a 所示。

2. 单代号网络图

单代号网络图是以节点及其编号表示工作，以箭线表示工作之间逻辑关系的网络图，如图 3-2b 所示。

3. 双代号时标网络计划

双代号时标网络计划是以时间坐标为尺度编制的网络计划，如图 3-3 所示。时标网络计划中应以实箭线表示工作，以虚箭线表示虚工作，以波形线表示工作的自由时差。双代号时标网络计划是在双代号网络计划基础上发展的有时间坐标的网络计划。它的优点是容易识别各项目工作何时开始和何时结束。但当一个工程较大且较复杂时，双代号时标网络计划并不是太适用。当前一般都用网络计划的软件进行网络计划时间参数的计算，计算机可打印网络图

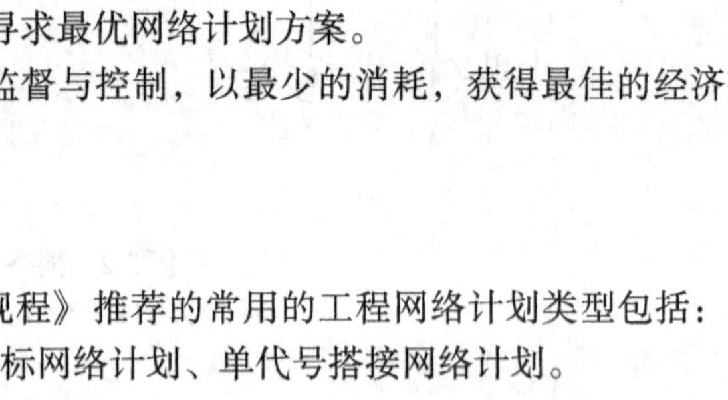

图 3-3　双代号时标网络计划

和相应的横道图。

4. 单代号搭接网络计划

单代号搭接网络计划是前后工作之间有多种逻辑关系的肯定型网络计划，如图 3-4 所示。前后工作之间的多种逻辑关系包括：

STS_{i-j}——i—j 两项工作开始到开始的时距；

FTF_{i-j}——i—j 两项工作完成到完成的时距；

STF_{i-j}——i—j 两项工作开始到完成的时距；

FTS_{i-j}——i—j 两项工作完成到开始的时距。

国际上，工程网络计划有许多名称，如 CPM、PERT、CPA、MPM 等。工程网络计划的类型有不同的划分方法

1）工程网络计划按工作持续时间的特点划分为：肯定型问题的网络计划；非肯定型问题的网络计划；随机网络计划等。

2）工程网络计划按工作和事件在网络图中的表示方法划分为：事件网络——以节点表示事件的网络计划；工作网络以箭线表示工作的网络计划（JGJ/T 121—1999 称为双代号网络计划）；以节点表示工作的网络计划（JGJ/T 121—1999 称为单代号网络计划）。

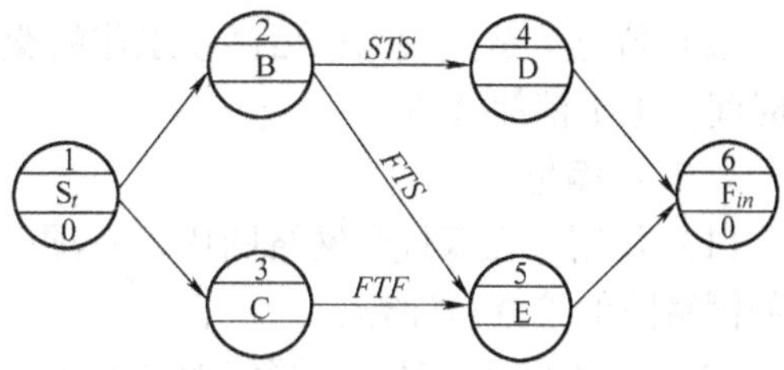

图 3-4　单代号搭接网络计划

3）工程网络计划按计划平面的个数划分为：单平面网络计划；多平面网络计划（多阶网络计划，分级网络计划）。

第二节　双代号网络计划

双代号网络计划是用双代号网络图表达任务构成、工作顺序，并加注工作时间参数的进度计划。双代号网络图是由若干个表示工作项目的箭线和表示事件的节点所构成的网状图形，是我国建筑业应用较为广泛的一种网络计划表达形式。

一、双代号网络图的组成

双代号网络图由箭线、节点、节点编号、虚箭线、线路等五个基本要素组成。对于每一项工作而言，其基本形式如图 3-5 所示。

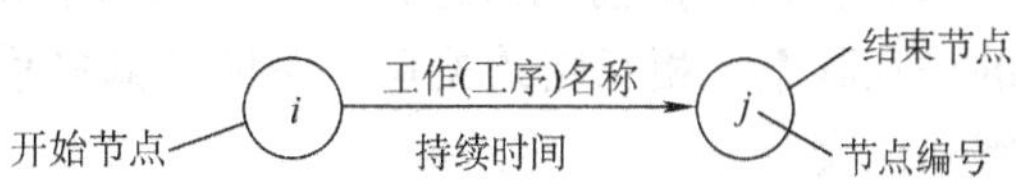

图 3-5　双代号网络图表示一项工作基本形式

1. 箭线

（1）作用　在双代号网络图中，一条箭线表示一项工作，又称工序、作业或活动，如砌墙、抹灰等。而工作所包括的范围可大可小，既可以是一道工序，也可以是一个分项工程或一个分部工程，甚至是一个单位工程。

（2）特点　每项工作的进行必然要占用一定的时间，往往也要消耗一定的资源（如劳动力、材料、机械设备）。对于不消耗资源，仅占用一定时间的施工过程，也应视为一项工作。如墙面刷涂料前抹灰层的“干燥”，这是由于技术上的需要而引起的间歇等待时间，虽然不消耗资源，但在网络图中也可作为一项工作，以一条箭线来表示。

(3) 表达形式与要求

1) 在无时标的网络图中，箭线的长短并不反映该工作占用时间的长短。箭线的形状可以是水平直线，也可以是折线或斜线，但最好画成水平直线或带水平直线的折线。在同一张网络图上，箭线的画法要统一。

2) 箭线所指的方向表示工作进行的方向，箭线的尾端表示该项工作的开始，箭头端则表示该项工作的结束。工作名称应标注在水平箭线的上方或垂直箭线的左侧，工作的持续时间（也称作业时间）则标注在水平箭线的下方或垂直箭线的右侧，如图 3-5 所示。

2. 节点

(1) 作用　在双代号网络图中，节点代表一项工作的开始或结束，用圆圈表示。箭线尾部的节点称为该箭线所示工作的开始节点，箭头处的节点称为该箭线所示工作的结束节点。在一个完整的网络图中，除了最前的起点节点和最后的终点节点外，其余任何一个节点都具有双重含义，既是前面工作的结束点，又是后面工作的开始点。

(2) 特点　节点仅为前后两项工作的交接点，只是一个“瞬间”概念，因此它既不消耗时间，也不消耗资源。

3. 节点编号

(1) 作用　在双代号网络图中，一项工作可以用其箭线两端节点内的号码来表示，以方便网络图的检查与计算。

(2) 编号要求　对一个网络图中的所有节点应进行统一编号，不得有缺编和重号现象。对于每一项工作而言，其箭头节点的号码应大于箭尾节点的号码，即顺箭线方向由小到大，如图 3-5 中，j 应大于 i。

(3) 编号方法　编号宜在绘图完成、检查无误后，顺着箭头方向依次进行。当网络图中的箭线均为由左向右和由上至下时，可采取每行由左向右，由上至下逐行编号的水平编号法；也可采取每列由上至下，由左向右逐列编号的垂直编号法。为了便于修改和调整，可隔号编号。

4. 虚箭线

虚箭线又称虚工作，它表示一项虚拟的工作，用带箭头的虚线表示。由于是虚拟的工作，故没有工作名称和工作延续时间。箭线过短时可用实箭线表示，但其工作延续时间必须用“0”标出。

(1) 特点　由于是虚拟的工作，所以它既不消耗时间，也不消耗资源。

(2) 作用　虚箭线可起到联系、区分和断路作用，是双代号网络图中表达一些工作之间的相互联系、相互制约关系，保证逻辑关系正确的必要手段。这在后面的绘图中，很容易理解和体会。

5. 线路

在网络图中，从起点节点开始，沿箭线方向连续通过一系列箭线与节点，最后到达终点节点所经过的通路叫线路。线路可依次用该通路上的节点代号来记述，也可依次用该通路上的工作名称来记述。如图 3-6 所示网络图的线路有：

①→②→④→⑥　　(8d)；

①→②→③→④→⑥　　(10d)；

①→②→③→⑤→⑥　　(9d)；

①→③→④→⑥　　　　　　(14d)；
①→③→⑤→⑥　　　　　　(13d)，共 5 条线路。

每条线路都有自己确定的完成时间，它等于该线路上各项工作持续时间的总和，也是完成这条线路上所有工作的计划工期。其中，第四条线路耗时（14d）最长，对整个工程的完工起着决定性的作用，称为关键线路；第五条线路（13d）称为次关键线路；其余的线路均称为非关键线路。处于关键线路上的各项工作称为关键工作，关键工作完成的快慢将直接影响整个计划工期的实现。关键线路上的箭线采用粗箭线、双箭线或其他颜色箭线表示。

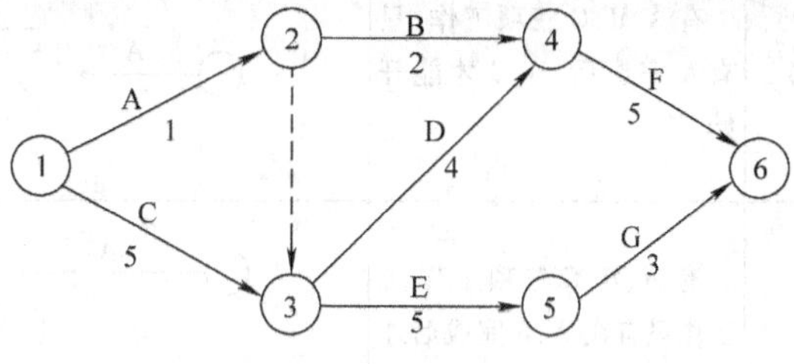

图 3-6　双代号网络图

关键线路并不是一成不变的，在一定条件下，关键线路和非关键线路可以互相转化。当采取了一定的技术与组织措施，缩短了关键线路上各工作的持续时间时，就有可能使关键线路发生转移，从而使原来的关键线路变成非关键线路，而原来的非关键线路却变成关键线路。

位于非关键线路上的工作除关键工作外，都称为非关键工作，它们都有机动时间（即时差）；非关键工作也不是一成不变的，它可以转化成关键工作；利用非关键工作的机动时间可以科学地、合理地调配资源和对网络计划进行优化。

二、双代号网络图的绘制

网络计划技术是土木工程施工中编制施工进度计划和控制施工进度的主要手段。因此，在绘制网络图时必须遵循一定的基本规则和要求，使网络图能正确地表达整个工程的施工工艺流程和各工作开展的先后顺序以及它们之间相互制约、相互依赖的逻辑关系。

（一）绘制网络图的基本规则

1）必须正确地表达各项工作之间的先后顺序和逻辑关系。在绘制网络图时，要根据施工顺序和施工组织的要求，正确地反映各项工作之间的先后顺序和相互制约、相互依赖的关系。这些关系是多种多样的，常见的几种表示方法见表 3-1。

表 3-1　双代号网络图中各项工作之间逻辑关系的表示方法

序号	工作之间的逻辑关系	网络图中的表示方法	说　明
1	A 工作完成后进行 B 工作	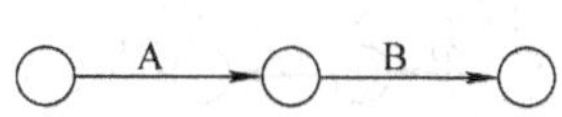	A 工作制约着 B 工作的开始，B 工作依赖着 A 工作
2	A、B、C 三项工作同时开始	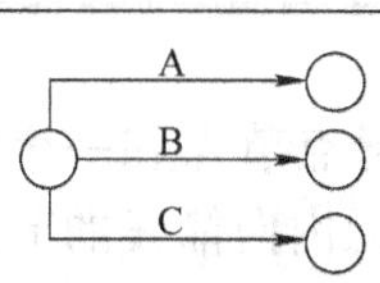	A、B、C 三项工作称为平行工作
3	A、B、C 三项工作同时结束	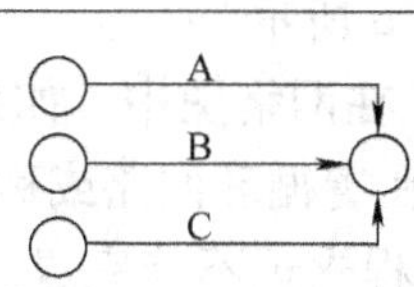	A、B、C 三项工作称为平行工作

（续）

序号	工作之间的逻辑关系	网络图中的表示方法	说　明
4	有A、B、C三项工作，只有A完成后，B、C才能开始	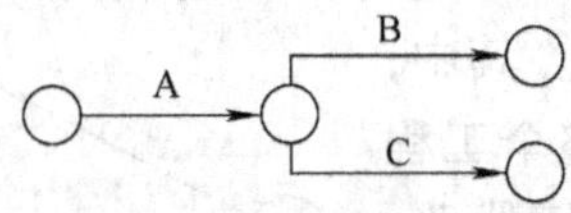	A工作制约着B、C工作的开始，B、C为平行工作
5	有A、B、C三项工作，C工作只有在A、B完成后才能开始	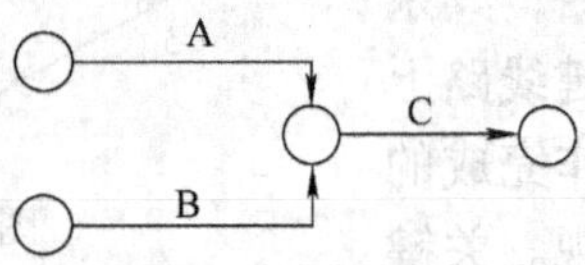	C工作依赖着A、B工作，A、B为平行工作
6	有A、B、C、D四项工作，只有当A、B完成后，C、D才能开始	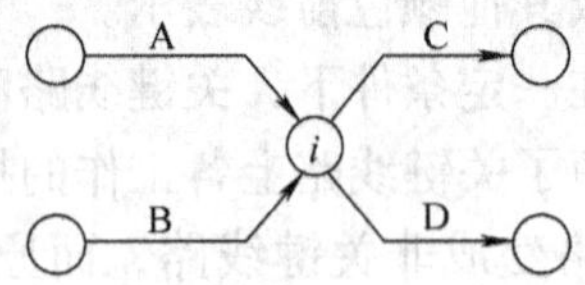	通过中间节点i正确地表达了A、B、C、D工作之间的关系
7	有A、B、C、D四项工作，A完成后C才能开始，A、B完成后D才能开始	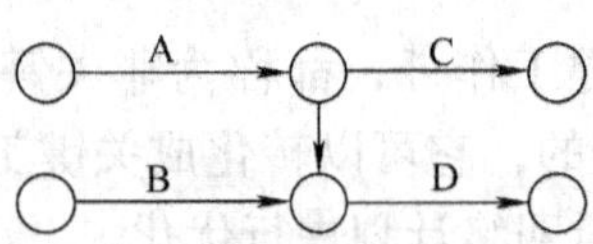	D与A之间引入了逻辑连接（虚工作），从而正确地表达了它们之间的制约关系
8	有A、B、C、D、E五项工作，A、B完成后C才能开始，B、D完成后E才能开始	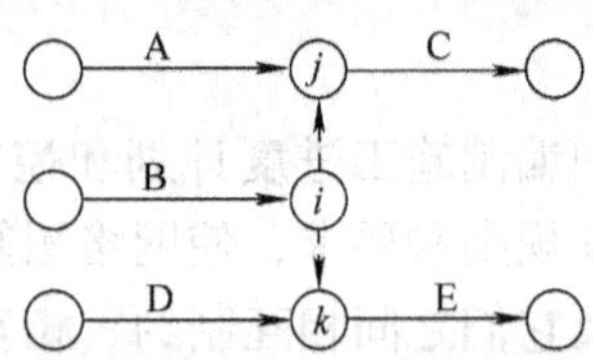	虚工作 i—j 反映出C工作受到B工作的制约；虚工作 i—k 反映出E工作受到B工作的制约
9	有A、B、C、D、E五项工作，A、B、C完成后D才能开始，B、C完成后E才能开始	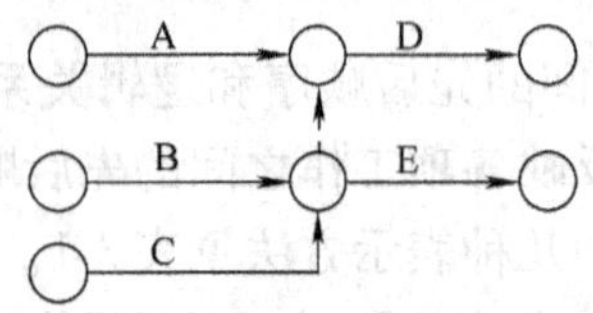	虚工作反映出D工作受到B、C工作的制约
10	A、B两项工作分三个施工段，平行施工	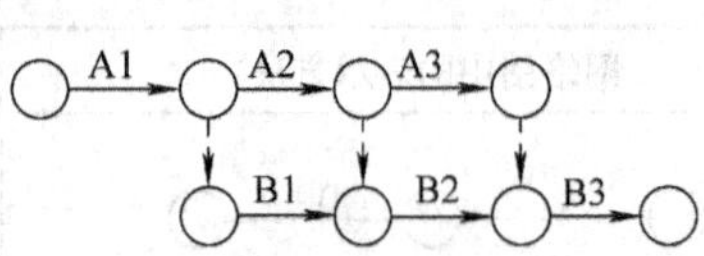	每个工种工程建立专业工作队，在每个施工段上进行流水作业，虚工作表达了工种间的工作面关系

2）在一个网络图中，只能有一个起点节点和一个终点节点。否则，不是完整的网络图。所谓起点节点是指只有外向箭线而无内向箭线的节点如图3-7a所示，终点节点则是只有内向箭线而无外向箭线的节点如图3-7b所示。

3）网络图中不允许出现循环回路。在网络图中，如果从一个节点出发沿着某一条线路移动，又可回到原出发节点，则图中存在着循环回路或称闭合回路，如图3-8所示。中的②→③→④→②即为循环回路，它使得工程永远不能完成。如果工作B和D是多次反复进行时，则每次部位不同，不可能在原地重复。应使用新的箭线表示。

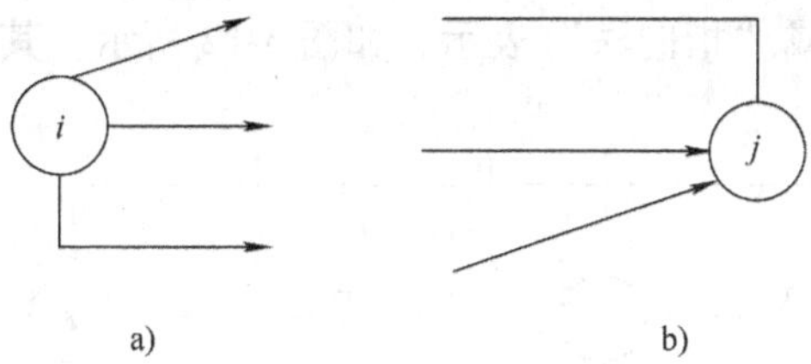

图 3-7　起点节点和终点节点

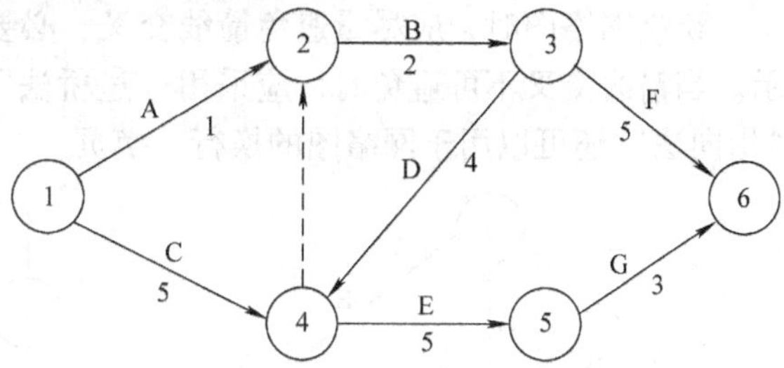

图 3-8　有循环回路错误的网络图

4）网络图中不允许出现相同编号的工作。在网络图中，两个节点之间只能有一条箭线并表示一项工作，以两个节点的编号即可代表这项工作。如砌隔墙与埋隔墙内的电线管同时开始、同时结束，如图 3-9a 所示。这两项工作的编号均为③→④，出现了重名现象，容易造成混乱。遇到这种情况，应增加一个节点和一条虚箭线，从而既表达了这两项工作的平行关系，又区分了它们的代号，如图 3-9b、c 所示。

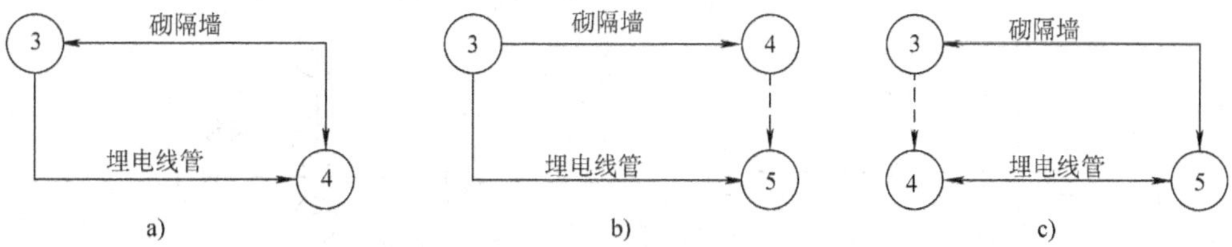

图 3-9　不允许出现相同编号工作示意图

a）错误　b）正确　c）正确

5）不允许出现无开始节点或无结束节点的工作。如图 3-10a 所示，“抹灰”为无开始节点的工作，其意图是表示“砌墙”进行到一定程度时，开始抹灰。但反映不出“抹灰”的准确开始时刻，也无法用代号代表抹灰工作，这在网络图中是不允许的。正确的画法是：将“砌墙”工作划分为两个施工段，引入了一个节点，使抹灰工作有了开始节点，如图 3-10b 所示。同理，在无结束节点时，也可采取同样方法进行处理。

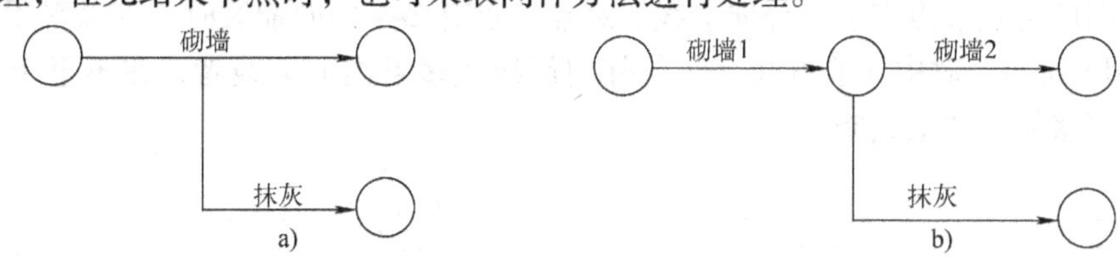

图 3-10　不允许出现无开始节点工作示意图

a）错误　b）正确

以上是绘制网络图的基本规则，在绘图时必须严格遵守。

（二）绘制网络图的要求与方法

1. 网络图要布局规整、条理清晰、重点突出

绘制网络图时，应尽量采用水平箭线和垂直箭线而形成网格结构，尽量减少斜箭线，使网络图规整、清晰。其次，应尽量把关键工作和关键线路布置在中心位置，尽可能把密切相连的工作安排在一起，以突出重点，便于使用。

2. 交叉箭线的处理方法

绘制网络图时，应尽量避免箭线交叉，必要时可通过调整布局达到目的，如图 3-11 所示。当箭线交叉不可避免时，应采用“过桥法”或“指向法”表示，如图 3-12 所示。其中“指向法”还可以用于网络图的换行、换页。

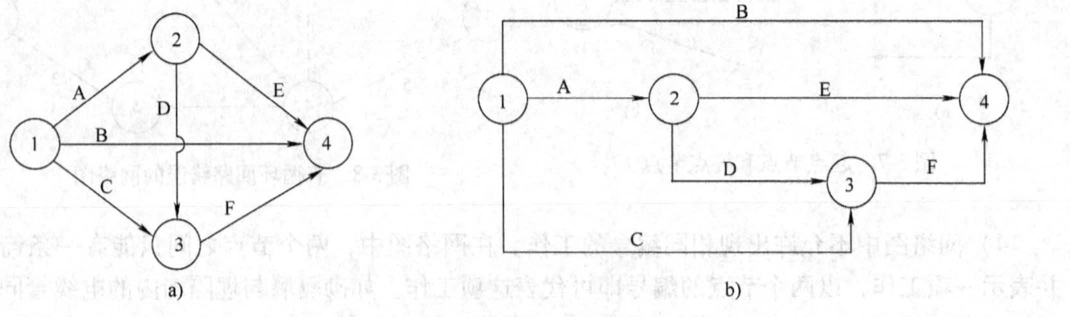

图 3-11　箭线交叉及其调整方法

a）有交叉和斜向箭线的网络图　b）调整后的网络图

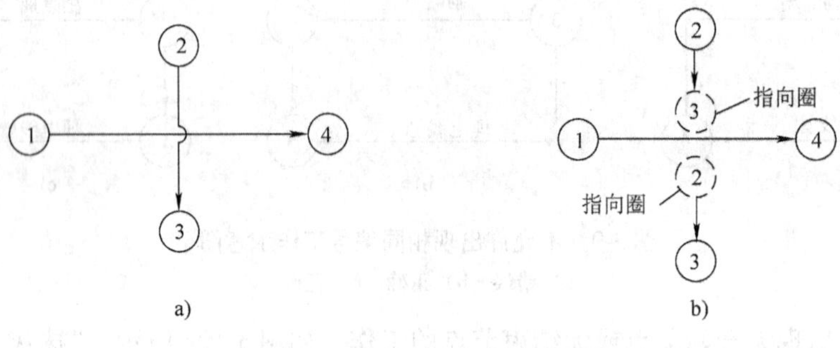

图 3-12　箭线交叉的处理方法

a）过桥法　b）指向法

3. 起点节点和终点节点的“母线法”

在网络图的起点节点有多条外向箭线、终点节点有多条内向箭线时，可以采用母线法绘图，如图 3-13 所示。对中间节点处有多条外向箭线或多条内向箭线者，在不至于造成混乱的前提下也可采用母线法绘制。

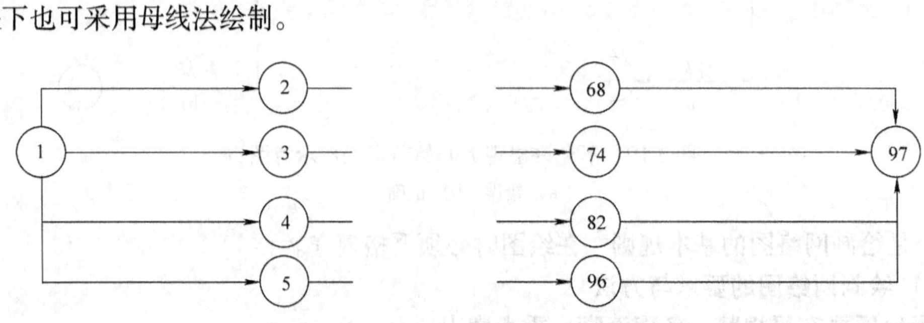

图 3-13　母线法示意图

a）起点节点母线法　b）终点节点的母线法

4. 网络图的排列方法

为了使网络计划更形象、更清楚地反映出建筑工程施工的特点，绘图时可根据不同的工程情况，不同的施工组织方法和使用要求，采用不同的排列方法。使各工作在工艺上及组织上的逻辑关系准确而清楚，以便于计划的计算、调整和使用。

如果为了突出反映各施工层段之间的组织关系，可以把同一个工种或队组作业的不同施工层段排列在同一水平线上，不但施工组织顺序清楚，而且能明确地反映同一工种或施工队组的连续作业状况，如图 3-14a 所示。如果为了突出反映各施工过程之间的工艺关系，可以把在同一个施工层段上的不同施工过程排列在同一水平线上，不但施工工艺顺序清楚，且同一工作面上各工作队之间的关系明确，如图 3-14b 所示。

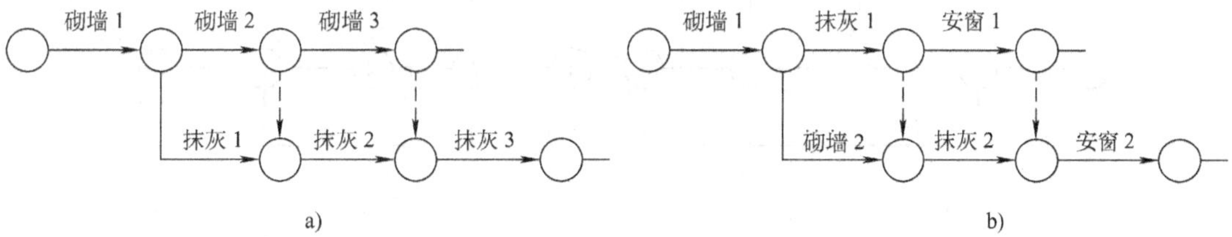

图 3-14　网络图的排列方法

a）水平方向表示组织关系　b）水平方向表示工艺关系

除了以上按组织关系和按工艺关系排列以外，还可以将一个栋号内的各单位工程、一个单位工程中的各分部工程或一个部位的各分项工程排列在同一水平线上。形成按栋号排列的网络计划、按单位工程排列的网络计划、按施工部位排列的网计划。绘制网络图时可以根据使用要求，同时选用以上一种或几种排列方法。一般情况下，应尽量使网络图的水平方向长于垂直方向。

5. 尽量减少不必要的箭线和节点

如图 3-15a 所示，此图在施工顺序、流水关系及网络逻辑关系上都是合理的。但这个网络图过于繁琐。对于只有进出两条箭线且其中一条为虚箭线的节点（如③、⑥节点），在取消该节点及虚箭线不会出现相同编号的工作时，即可将这些不必要的虚箭线和节点去掉，如图 3-15b 所示。这既使网络图简单明了，同时又不会改变其逻辑关系。

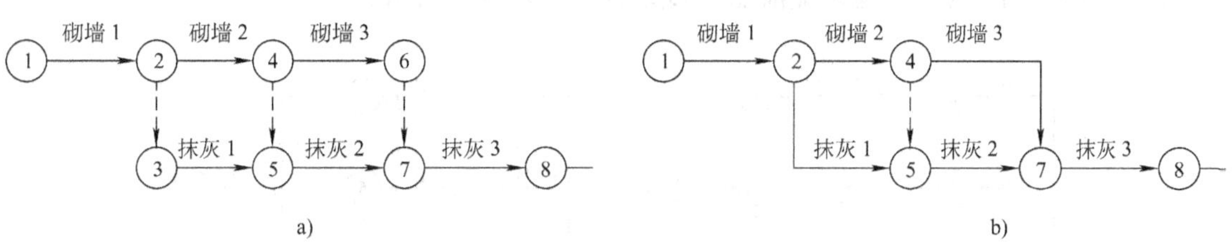

图 3-15　网络图简化示意图

a）有多余节点和虚箭线的网络图　b）简化后的网络图

6. 绘制要求

（1）绘制步骤

1）绘草图，绘制出一张符合逻辑关系的网络计划草图。其步骤是：首先画出从起点节点开始的所有箭线；然后从左到右依次绘出紧接其后的节点和箭线；直到终点节点；最后检查网络图中各施工过程之间的逻辑关系。

2）整理网络图，使网络图条理清楚、层次分明、排列整齐、便于交流。

（2）绘制要求　严格遵循网络图的绘制规则，是保证网络图绘制正确的前提。但为了使网络图图面布置合理、层次分明、重点突出，在绘制时应注意构图形式。

1）网络图绘制时，箭线应以水平线为主，竖线和斜线为辅，不应画成曲线。如图3-16、图3-17所示。

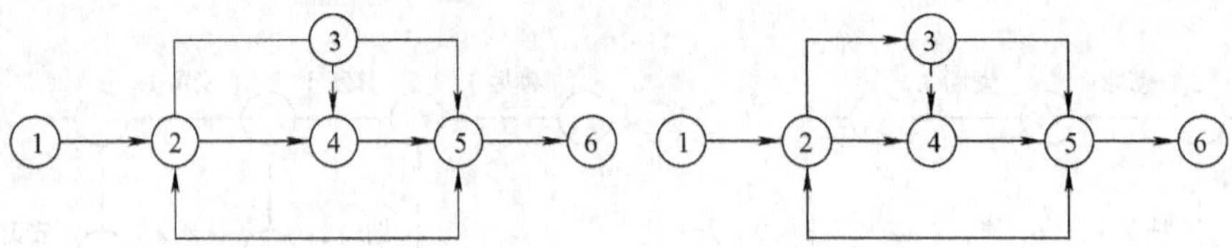

a)　　b)

图3-16　不允许出现双向箭头及无箭头的箭线

a）错误　b）正确

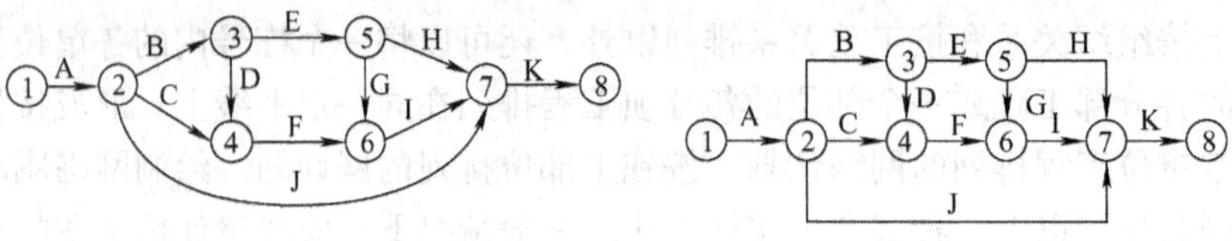

a)　　b)

图3-17　网络图绘制要求（一）

a）较乱　b）较好

2）在网络图中，箭线应保持从左到右方向进行，尽量避免“反向箭线”。

3）在网络图中应正确运用虚箭线，如图3-18、图3-19所示。

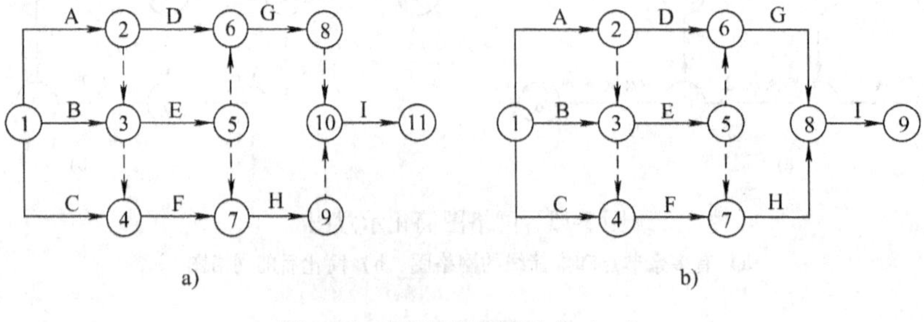

a)　　b)

图3-18　网络图绘制要求（二）

a）较差　b）较好

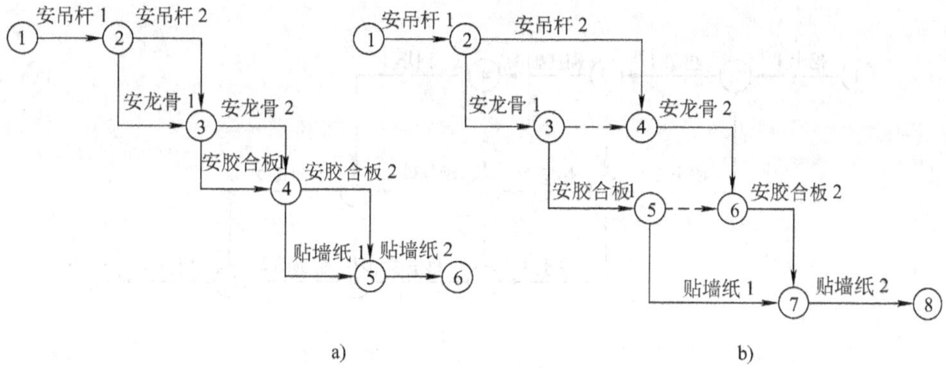

图 3-19 网络图绘制要求（三）

a）错误 b）正确

（三）网络图绘制示例

【例 3-1】 试根据表 3-2 中各施工过程的逻辑关系，绘制出双代号网络图。

表 3-2 某工程各施工过程的逻辑关系

施工过程名称	A	B	C	D	E	F	G	H	I	J	K
紧前施工过程	无	A	A	B	B	E	A	D、C	E	F、G、H	I、J
紧后施工过程	B、C、G	D、E	H	H	F、I	J	J	J	K	K	无

其网络图的绘制步骤如下：

1）从 A 出发绘出其紧后施工过程 B、C、G。

2）从 B 出发绘出其紧后施工过程 D、E。

3）从 C、D 出发绘出其紧后施工过程 H。

4）从 E 出发绘出 F、I。

5）从 F、G、H 出发绘出 J。

6）从 I、J 出发绘 K。

根据以上步骤绘出草图，认真检查调整每个施工过程之间的逻辑关系，最后绘制出排列整齐、条理清楚、层次分明、形象直观的双代号网络图，如图 3-20 所示。

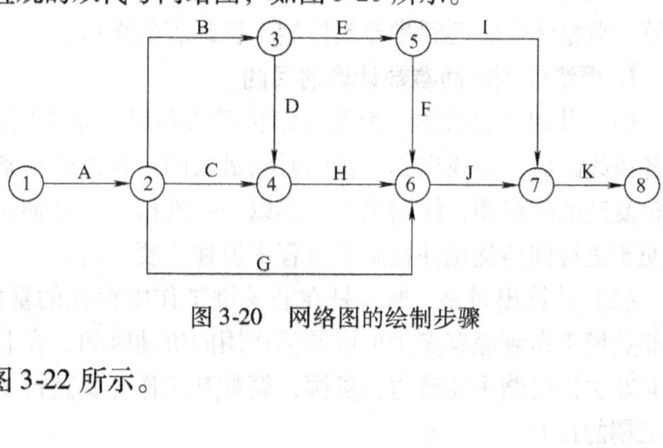

图 3-20 网络图的绘制步骤

【例 3-2】 某基础工程分为三个施工段，四个施工过程，即挖土、垫层、砌基础、回填土。其网络计划如图 3-21 所示，该图则是错误的，因为在进行第三施工段的挖土时，它只与第二施工段的挖土有关系，而与第一施工段的垫层没有关系，所以图中的逻辑关系则是错误的。正确的画法如图 3-22 所示。

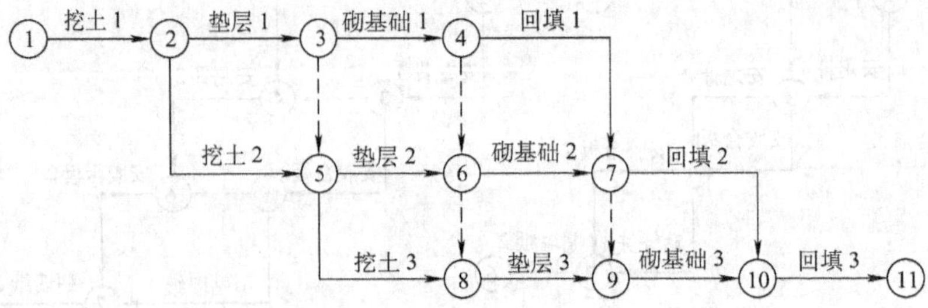

图 3-21　逻辑关系错误的表达图

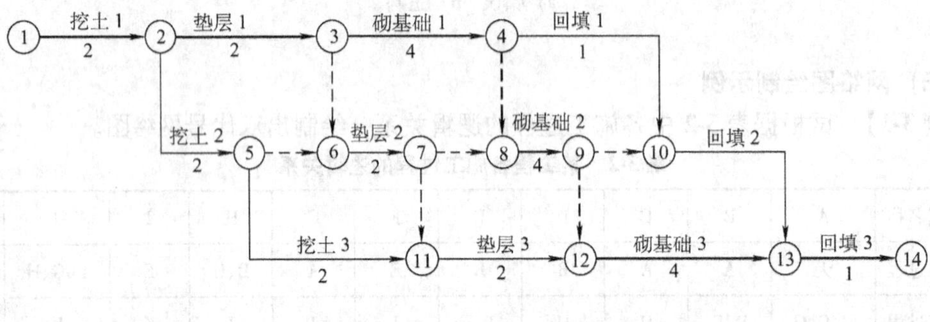

图 3-22　逻辑关系正确的表达图

三、双代号网络计划时间参数计算

掌握了网络图的绘图方法，就能够根据实际工程的需要做出施工进度计划的网络安排。然而正确地绘制出网络图，只能说明我们已把工作之间的逻辑关系，用网络的形式表达出来了。但这个计划安排得是否经济、合理，是否符合有关部门对这项工程在工期、劳动力、材料指标等方面的具体要求，这些都是画图所解决不了的。我们只是为了安排进度，而在一定条件下，通过调整计划，达到节约人力、物力，降低工程成本并使工期合理等目的，如果要使工期提前则力求增加的成本最低。因此画图并不是我们的最终目的，还需要进行时间参数计算、调整优化，起到指导或控制工程施工的作用。

1. 网络计划时间参数计算的目的

（1）找出关键线路　前面介绍关键线路时，是在网络图中先找出从起点至终点节点间的各条线路后，再找出其中所用时间最长的一条或若干条线路，即为关键线路。而对于较大或较复杂的网络图，线路很多，难以一一理出，必须通过计算来找出关键线路和关键工作。以便于进行调整优化并在施工过程中抓住主要矛盾。

（2）计算出时差　时差是在非关键工作中存在的富裕时间。通过计算时差可以看出每项非关键工作到底有多少可以灵活运用的机动时间，在非关键线路上有多大的潜力可挖，以便向非关键线路去要劳力及资源，调整其工作开始及持续的时间，以达到优化网络计划和保证工期的目的。

（3）求出工期　网络图绘制后，需通过计算求出按该计划执行所需的总时间，即计算工期。然后，要结合任务委托合同要求工期，综合考虑各种可能情况等确定出工程的计划工期。因此，计算工期是拟定整个工程计划总工期的基础，也是检查计划合理性的依据。

2. 计算条件

本节只研究肯定型网络计划。因此，其计算必须是在工作、工作的持续时间以及工作之间的逻辑关系都已确定的情况下进行。

3. 计算内容

网络计划的时间参数主要包括：每项工作的最早可能开始和完成时间、最迟必须开始和完成时间、总时差、自由时差等六个参数及计算工期。根据需要不同，对于每项工作有时只计算两个参数、四个参数，或者全部算出。

4. 计算手段与方法

对于较为简单的网络计划，可以采用人工计算，对于复杂的网络计划应采用计算机程序进行编制、绘图与计算。相应的工程项目计划管理软件都具备这种功能。但人工计算是基础，掌握计算原理与方法是理解时间参数的意义、使用计算机软件、优化与调整进度计划、检查与控制施工进度的必要条件。

常用的计算方法有图上计算法、表上计算法、分析计算法等。计算时，可以直接计算出工作的时间参数，也可以先计算出节点的时间参数，再推算出工作的时间参数。

5. 双代号网络计划的有关时间参数

双代号网络图的时间参数可分为节点时间参数、工作时间参数及工作时差三种。节点时间参数根据时间的含义又分为节点最早时间（ET_i）和节点最迟时间（LT_i）、工作最早开始时间（ES_{i-j}）、工作最早结束时间（EF_{i-j}）、工作最迟完成时间（LF_{i-j}）、工作最迟开始时间（LS_{i-j}）、工作时差又分为总时差（TF_{i-j}）和自由时差（FF_{i-j}）。其计算方法有工作计算法和节点计算法。

（一）图上计算法

首先，应明确几个名词，如图3-23所示。对于正在计算的某项工作，称为“本工作”。紧排在本工作之前的工作，都叫本工作的紧前工作；紧排在本工作之后的各项工作，都叫本工作的紧后工作。

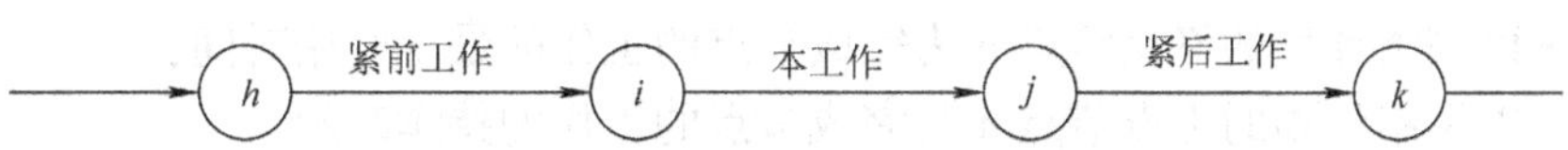

图3-23　本工作的紧前、紧后工作

各工作的时间参数计算后，应标注在水平箭线的上方或垂直箭线的左侧。标注的形式及每个参数的位置，需根据计算参数的个数不同，分别按图3-24的规定标注。

1. 工作计算法

网络图的工作计算法是按公式计算的，它不需要计算节点时间参数。

（1）工作最早开始时间的计算　工作最早开始时间是指在各紧前工作全部完成后，本工作有可能开始的最早时间。工作 $i—j$ 的最早开始时间用 $ES_{i—j}$ 表示。工作最早开始时间应从网络计划的起点节点开始，顺着箭线方向依次向终点节点方向计算。计算步骤如下：

1）以网络计划的起点节点为开始节点的工作的最早开始时间为零，如网络计划起点节点代号为 1，则

$$ES_{1-j}\equiv 0 \tag{3-1}$$

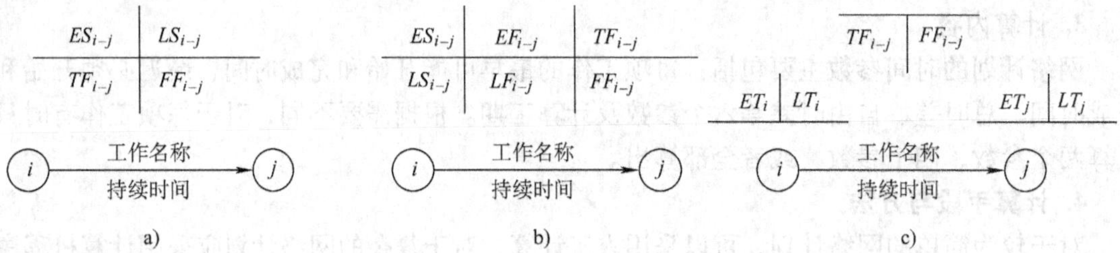

图 3-24　双代号网络时间参数标注形式

a）四参数表示法　b）六参数表示法　c）节点表示法

2）其他工作的最早开始时间等于其紧前工作的最早开始时间加该紧前工作的持续时间所得之和的最大值，即

$$ES_{i—j}=\max\{ES_{h—j}+D_{h—j}\} \tag{3-2}$$

式中　$ES_{i—j}$——工作 $i—j$ 的最早开始时间；

$ES_{h—j}$——工作 $i—j$ 的紧前工作 $h—j$ 的最早开始时间；

$D_{h—j}$——工作 $i—j$ 的紧前工作 $h—j$ 的持续时间。

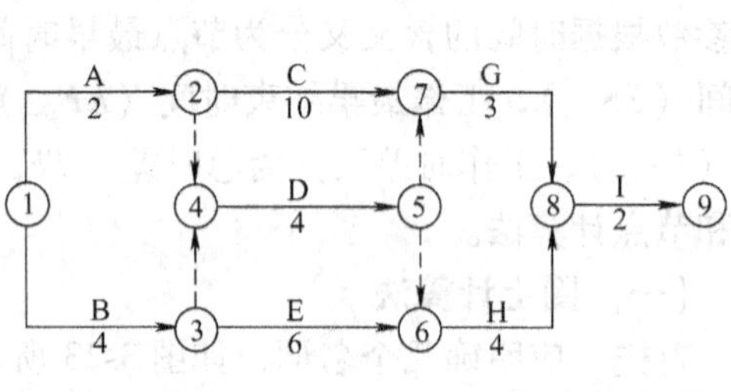

图 3-25　双代号网络图

3）网络计划的计算工期等于以网络计划的终点节点为完成节点的工作的最早开始时间加该工作的持续时间所得之和的最大值，即

$$T_c=\max\{ES_{i—n}+D_{i—n}\} \tag{3-3}$$

式中　T_c——网络计划的计算工期；

$ES_{i—n}$——以网络计划的终点节点 n 为完成节点的工作的最早开始时间；

$D_{i—n}$——以网络计划的终点节点 n 为完成节点的工作的持续时间。

为了进一步理解和应用以上公式，现以图 3-25 为例说明计算的各个步骤。图中箭线下面的数字是工作的持续时间，以 d 为单位。

工作 A：$ES_{1—2}=0$

工作 B：$ES_{1—3}=0$

工作 C：$ES_{2—6}=ES_{1—2}+D_{1—2}=2$

工作 D：$ES_{4—5}=\max\{ES_{1—2}+D_{1—2},ES_{1—3}+D_{1—3}\}=\max\{0+2,0+4\}=4$

工作 E：$ES_{3—7}=ES_{1—3}+D_{1—3}=0+4=4$

工作 G：$ES_{6—8}=\max\{ES_{2—6}+D_{2—6},ES_{4—5}+D_{4—5}\}=\max\{2+10,4+4\}=12$

工作 H：$ES_{7-8}=\max\{ES_{4-5}+D_{4-5},ES_{3-7}+D_{3-7}\}=\max\{4+4,4+6\}=10$

工作 I：$ES_{8-9}=\max\{ES_{6-8}+D_{6-8}，ES_{7-8}+D_{7-8}\}=\max\{12+3，10+4\}=15$

计算工期 $T_c=ES_{8-9}+D_{8-9}=15+2=17$

将以上各数字按工作计算法的要求标注在网络图中，如图 3-26 所示。

（2）工作最迟开始时间　工作最迟开始时间是在不影响整个任务按期完成的条件下，本工作最迟必须开始的时刻，工作 $i—j$ 的最迟开始时间用 LS_{i-j} 表示。工作最迟开始时间应从网络计划的终点节点开始，逆着箭线方向依次计算。计算步骤如下：

1）以网络计划的终点节点为完成节点的工作的最迟开始时间等于网络计划的计划工期减该工作的持续时间，即

$$LS_{i-n}=T_p-D_{i-n} \quad (3\text{-}4)$$

式中　LS_{i-n}——以网络计划的终点节点 n 为完成节点的工作的最迟开始时间；

T_p——网络计划的计划工期；当已规定了要求工期（合同工期）T_r 时，$T_p\leqslant T_r$；当未规定要求工期时，$T_p\leqslant T_c$；

D_{i-n}——以网络计划的终点节点 n 为完成节点的工作的持续时间。

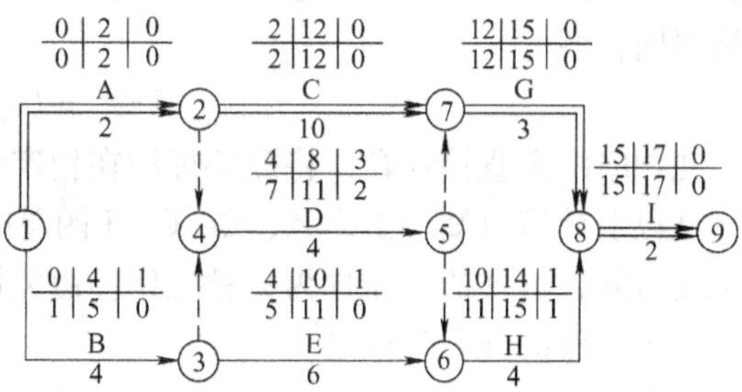

图 3-26　双代号网络图六参数计算图例

2）其他工作的最迟开始时间等于其紧后工作最迟开始时间减本工作的持续时间所得之差的最小值，即

$$LS_{i-j}=\min\{LS_{j-k}-D_{i-j}\} \quad (3\text{-}5)$$

式中　LS_{i-j}——工作 $i—j$ 的最迟开始时间；

LS_{j-k}——工作 $i—j$ 的紧后工作 $j—k$ 最迟开始时间；

D_{i-j}——工作 $i—j$ 的持续时间。

如图 3-25 所示的网络计划：

工作 I　$LS_{8-9}=T_p-D_{8-9}=17-2=15$

工作 H　$LS_{7-8}=LS_{8-9}-D_{7-8}=15-4=11$

工作 G　$LS_{6-8}=LS_{8-9}-D_{6-8}=15-3=12$

工作 E　$LS_{3-7}=LS_{7-8}-D_{3-7}=11-6=5$

工作 D　$LS_{4-5}=\min\{LS_{7-8}-D_{4-5},LS_{6-8}-D_{4-5}\}=\min\{11-4,12-4\}=7$

工作 C　$LS_{2-6}=LS_{6-8}-D_{2-6}=12-10=2$

工作 B　$LS_{1-3}=\min\{LS_{4-5}-D_{1-3},LS_{3-7}-D_{1-3}\}=\min\{7-4,5-4\}=1$

工作 A　$LS_{1-2}=\min\{LS_{2-6}-D_{1-2},LS_{4-5}-D_{1-2}\}=\min\{2-2,7-2\}=0$

（3）工作最早完成时间的计划　工作最早完成时间是在各紧前工作全部完成后，本工作有可能完成的最早时刻。工作 $i-j$ 的最早完成时间用 EF_{i-j} 表示。

工作最早完成时间等于最早开始时间加本工作持续时间，即

$$EF_{i-j}=ES_{i-j}+D_{i-j} \quad (3\text{-}6)$$

在网络图上，如果采用四时标注法时，则不需要计算工作最早完成时间；如果按六时标注法标注时则直接按工作最早开始时间加该工作持续时间所得的数字填在指定的位置上即

可，如图 3-26 所示。

（4）工作最迟完成时间的计算　工作最迟完成时间是在不影响整个任务按期完成的条件下，本工作最迟必须完成的时刻，工作 $i—j$ 的最迟完成时间用 LF_{i-j} 表示。工作最迟完成时间应等于工作最迟开始时间加本工作持续时间，即

$$LF_{i-j} = LS_{i-j} + D_{i-j} \tag{3-7}$$

在网络图上，如按四时标注法标注时不需计算；如按六时标注法标注时则按式（3-7）直接计算后填在指定位置上即可，如图 3-26 所示。

（5）总时差计算及关键线路的判定　总时差是在不影响工期的前提下，工作所具有的机动时间。工作 $i—j$ 的总时差用 TF_{i-j} 表示。工期总时差等于工作最迟开始时间减工作最早开始时间，即

$$TF_{i-j} = LS_{i-j} - ES_{i-j} \tag{3-8}$$

在网络图上直接计算，将数字标注在指定位置上，如图 3-26 所示。

从以上计算可知，工作 A、C、G、I 的总时差为零，即这些工作在计划执行过程中具有零机动时间，这样的工作称为关键工作。由关键工作所组成的线路称关键线路，在网络图上判定关键工作的充分条件是

$$ES_{i-j} = LS_{i-j} \tag{3-9}$$

但必须指出，当工期有规定时，总时差最小的工作为关键工作。关键工作用粗线或双箭线表示在网络图上，如图 3-26 所示。

（6）自由时差的计算　自由时差是在不影响其紧后工作按最早开始时间开始的前提下，工作所具有的机动时间。工作 $i—j$ 的自由时差用 FF_{i-j} 表示。

工作自由时差等于该工作的紧后工作的最早开始时间减本工作最早开始时间再减本工作的持续时间所得之差的最小值。

当工作 $i—j$ 与其紧后工作 $j—k$ 之间无虚工作时

$$FF_{i-j} = \min\{ES_{j-k} - ES_{i-j} - D_{i-j}\} \tag{3-10}$$

当工作 $i—j$ 通过虚工作 $j—k$ 与其紧后工作 $k—l$ 相连时

$$FF_{i-j} = \min\{ES_{k-l} - ES_{i-j} - D_{i-j}\} \tag{3-11}$$

如图 3-26 的网络计算如下：

工作 A　$FF_{1-2} = \min\{(ES_{2-6} - ES_{1-2} - D_{1-2}), (ES_{4-5} - ES_{1-2} - D_{1-2})\}$

$= \min\{(2-0-2), (4-0-2)\} = 0$

工作 B　$FF_{1-3} = \min\{(ES_{3-7} - ES_{1-3} - D_{1-3}), (ES_{4-5} - ES_{1-3} - D_{1-3})\}$

$= \min\{(4-0-4), (4-0-4)\} = 0$

工作 C　$FF_{2-6} = ES_{6-8} - ES_{2-6} - D_{2-6} = 12 - 2 - 10 = 0$

工作 D　$FF_{4-5} = \min\{(ES_{6-8} - ES_{4-5} - D_{4-5}), (ES_{7-8} - ES_{4-5} - D_{4-5})\}$

$= \min\{(12-4-4), (10-4-4)\} = 2$

工作 E　$FF_{3-7} = ES_{7-8} - ES_{3-7} - D_{3-7} = 10 - 4 - 6 = 0$

工作 G　$FF_{6-8} = ES_{8-9} - ES_{6-8} - D_{6-8} = 15 - 12 - 3 = 0$

工作 H　$FF_{7-8} = ES_{8-9} - ES_{7-8} - D_{7-8} = 15 - 10 - 4 = 1$

工作 I　$FF_{8-9}=T_p-ES_{8-9}-D_{8-9}=17-15-2=0$

将以上计算出的数据按工作计算法的要求标注在网络图中，如图 3-26 所示。

2. 节点计算

节点计算法就是先计算节点最早时间和节点最迟时间，再据之计算出其他 6 个时间参数。

（1）节点最早时间　指该节点前面的各项紧前工作全部完成后，该节点后面各项紧后工作的最早时间。工作 $i—j$ 的 i 节点的最早时间表用 ET_i 表示。节点最早时间是从网络计划的起点开始，顺着箭线方向逐个计算。网络计划的起点节点的最早时间如无规定时，其值等于零，即

$$ET_1=0$$

其他节点的最早时间为

$$ET_j=\max\{ET_i+D_{i-j}\}\qquad (i<j\leqslant n)\tag{3-12}$$

式中　ET_j——工作 $i—j$ 的完成节点的最早时间；

ET_i——工作 $i—j$ 的开始节点的最早时间；

D_{i-j}——工作 $i—j$ 的持续时间。

如图 3-25 所示的网络计划：

$ET_1=0$

$ET_2=ET_1+D_{1-2}=0+2=2$

$ET_3=ET_1+D_{1-3}=0+4=4$

$ET_4=\max\{(ET_2+D_{2-4}),(ET_3+D_{3-4})\}=\max\{(2+0),(4+0)\}=4$

$ET_5=ET_4+D_{4-5}=4+4=8$

$ET_6=\max\{(ET_2+D_{2-6}),(ET_5+D_{5-6})\}=\max\{(2+10),(8+0)\}=12$

$ET_7=\max\{(ET_3+D_{3-7}),(ET_5+D_{5-7})\}=\max\{(4+6),(8+0)\}=10$

$ET_8=\max\{(ET_6+D_{6-8}),(ET_7+D_{7-8})\}=\max\{(12+3),(10+4)\}=15$

$ET_9=ET_8+D_{8-9}=15+2=17$

将其结果按节点计算法的标注方法标注在其规定位置上，如图 3-27 所示。

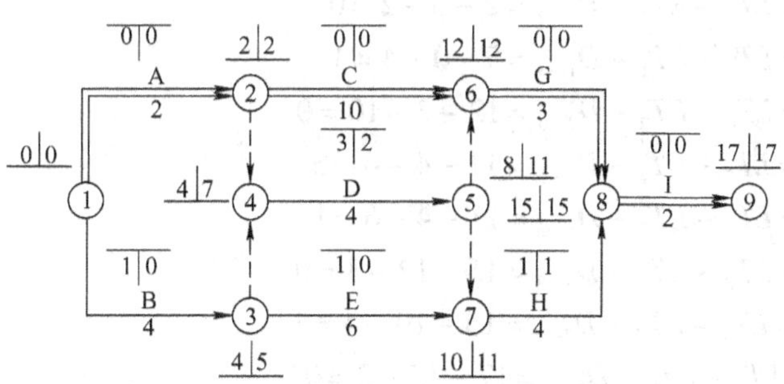

图 3-27　标注有节点时间和时间差的网络图

（2）节点最迟时间　指该节点前面所有工作，在不影响计划工期的前提下，最迟完成任务的时间。工作 $i—j$ 的 j 节点的最迟时间用 LT_j 表示。节点最迟时间是从网络计划的终点

节点开始，逆着箭线方向逐个计算。网络计划的终点的最迟时间，当无任何要求时，它等于网络计划的计算工期，即

$$LT_n = T_c = ET_n \tag{3-13}$$

当工期有规定时（合同工期），它等于网络计划的计划工期，即

$$LT_n = T_p \tag{3-14}$$

其他节点的最迟时间等于完成节点的最迟时间减其工作的持续时间的最小值。即

$$LT_i = \min\{LT_j - D_{i-j}\} \tag{3-15}$$

式中 LT_i——工作 i—j 开始节点的最迟时间；

LT_j——工作 i—j 完成节点的最迟时间；

T_c——网络图的计算工期；

T_p——网络图的计划工期。

如图 3-25 所示的网络计划，无规定工期时，$LT_9 = ET_9 = 17$；当规定工期为 20d 时，则 $LT_9 = T_p = 20$。若本例按无规定工期计算，则以下各节点的最迟时间为：

$LT_8 = LT_9 - D_{8-9} = 17 - 2 = 15$

$LT_7 = LT_8 - D_{7-8} = 15 - 4 = 11$

$LT_6 = LT_8 - D_{6-8} = 15 - 3 = 12$

$LT_5 = \min\{LT_7 - D_{5-7}, LT_6 - D_{5-6}\} = \min\{11 - 0, 12 - 0\} = 11$

$LT_4 = LT_5 - D_{4-5} = 11 - 4 = 7$

$LT_3 = \min\{LT_7 - D_{3-7}, LT_4 - D_{3-4}\} = \min\{11 - 6, 7 - 0\} = 5$

$LT_2 = \min\{LT_6 - D_{2-6}, LT_4 - D_{2-4}\} = \min\{12 - 10, 7 - 0\} = 2$

$LT_1 = \min\{LT_3 - D_{1-3}, LT_2 - D_{1-2}\} = \min\{5 - 4, 2 - 2\} = 0$

计算结果按要求填在规定位置上，如图 3-27 所示。

（3）工作总时间差的计算　工作总时间差等于该工作完成节点的最迟时间减该工作的开始节点的最早时间，再减该工作的持续时间，即

$$TF_{i-j} = LT_j - ET_i - D_{i-j} \tag{3-16}$$

如图 3-25 所示的网络计划：

工作 A　$TF_{1-2} = LT_2 - ET_1 - D_{1-2} = 2 - 0 - 2 = 0$

工作 B　$TF_{1-3} = LT_3 - ET_1 - D_{1-3} = 5 - 0 - 4 = 1$

工作 C　$TF_{2-6} = LT_6 - ET_2 - D_{2-6} = 12 - 2 - 10 = 0$

工作 D　$TF_{4-5} = LT_5 - ET_4 - D_{4-5} = 11 - 4 - 4 = 3$

工作 E　$TF_{3-7} = LT_7 - ET_3 - D_{3-7} = 11 - 4 - 6 = 1$

工作 G　$TF_{6-8} = LT_8 - ET_6 - D_{6-8} = 15 - 12 - 3 = 0$

工作 H　$TF_{7-8} = LT_8 - ET_7 - D_{7-8} = 15 - 10 - 4 = 1$

工作 I　$TF_{8-9} = LT_9 - ET_8 - D_{8-9} = 17 - 15 - 2 = 0$

计算结果如图 3-27 所示。

（4）工作自由时差的计算　工作自由时差等于该工作的完成节点的最早时间减该工作的开始节点的最早时间，再减该工作的持续时间，即

$$FF_{i-j} = ET_j - ET_i - D_{i-j} \tag{3-17}$$

如图 3-25 所示网络计划：

工作 A　$FF_{1-2}=ET_2-ET_1-D_{1-2}=2-0-2=0$

工作 B　$FF_{1-3}=ET_3-ET_1-D_{1-3}=4-0-4=0$

工作 C　$FF_{2-6}=ET_6-ET_2-D_{2-6}=12-2-10=0$

工作 D　$FF_{4-5}=ET_5-ET_4-D_{4-5}=8-4-4=0$

但由于工作 D 后有两个虚工作，与其紧后工作相连的两个节点 6、7 为其实际的完成节点，故自由时差的计算还应考虑 6、7 两个节点，并取算出结果的最小值，即

$$FF_{4-5}=\min\{(ET_6-ET_4-D_{4-5}),(ET_7-ET_4-D_{4-5})\}$$
$$=\min\{(12-4-4),(10-4-4)\}=2$$

工作 E　$FF_{3-7}=ET_7-ET_3-D_{3-7}=10-4-6=0$

工作 G　$FF_{6-8}=ET_8-ET_6-D_{6-8}=15-12-3=0$

工作 H　$FF_{7-8}=ET_8-ET_7-D_{7-8}=15-10-4=1$

工作 I　$FF_{8-9}=ET_9-ET_8-D_{8-9}=17-15-2=0$

将计算结果按节点计算法的标注方法标注在网络图的规定位置上，如图 3-27 所示。按节点计算法的要求，不需要在网络图上标注出工作时间参数，但工作时间参数的计算仍可按如下规定计算：

工作 i—j 的最早开始时间　$ES_{i-j}=ET_i$　(3-18)

工作 i—j 的最早完成时间　$EF_{i-j}=ET_i+D_{i-j}$　(3-19)

工作 i—j 的最迟完成时间　$LF_{i-j}=LT_j$　(3-20)

工作 i—j 最迟开始时间　$LS_{i-j}=LT_j-D_{i-j}$　(3-21)

将总时差为零的工作沿箭头方向连接起来，即为关键线路，并用粗线或双箭头表示，如图 3-27 所示。

总时差具有如下性质：当 $LT_n=ET_n$ 时，总时差为零的工作称为关键工作；此时，如果某工作的总时差为零，则自由时差也必然等于零；总时差不为本工作专有而与前后工作都有关，它为一条线路段所共用。由于关键线路各工作的时差均为零，该线路就必然决定计划的总工期。因此，关键工作完成的快慢直接影响整个计划的完成，而自由时差则具有以下一些主要特点：自由时差小于或等于总时差；使用自由时差对紧后工作没有影响，紧后工作仍可按最早开始时间开始。由于非关键线路上的工作都具有时差，因此可利用时差充分调动非关键工作的人力、物力、资源来确保关键工作的加快或按期完成，从而使总工期的目标能得以实现。另外，在时差范围内改变非关键工作的开始和结束，灵活地应用时差也可达到均衡施工的目的。

【例 3-3】　试按图上计算法计算图 3-28 所示双代号网络计划的各项时间参数。

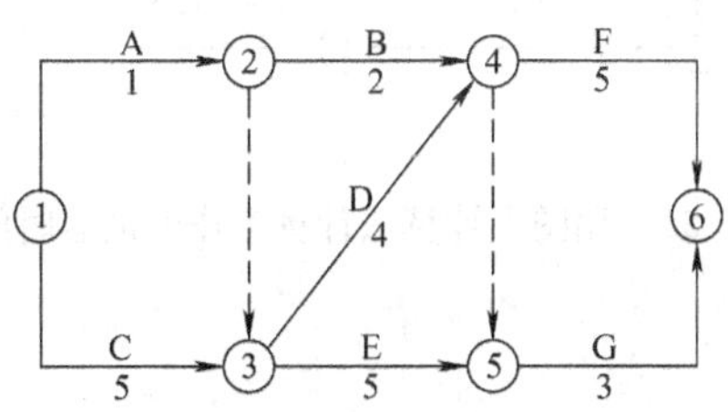

图 3-28　某双代号网络计划图

【解】 1）ES_{i-j}、EF_{i-j}（图 3-29、图 3-30）。

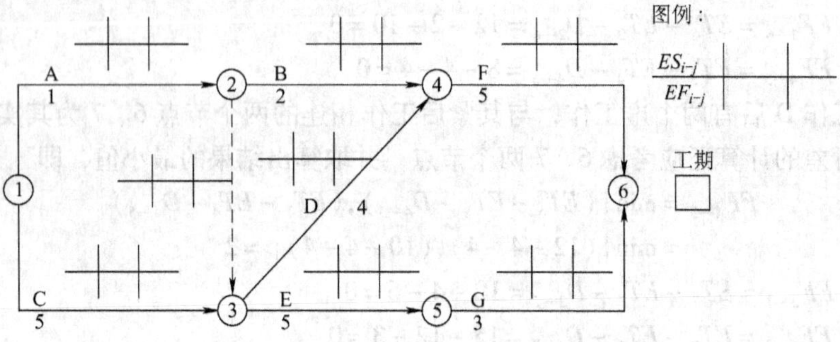

图 3-29　用图上计算法计算工作的最早时间

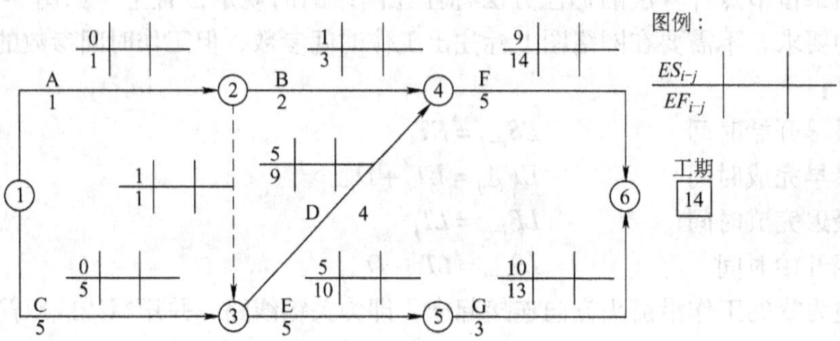

图 3-30　用图上计算法计算工作的最早时间

2）计算 LS_{i-j}、LF_{i-j}（图 3-31）。

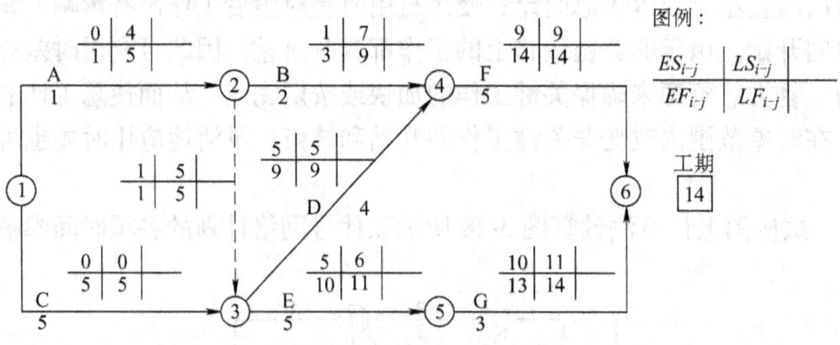

图 3-31　用图上计算法计算工作的最迟时间

3）计算 TF_{i-j}（图 3-32）。

4）计算 FF_{i-j}（图 3-33）。

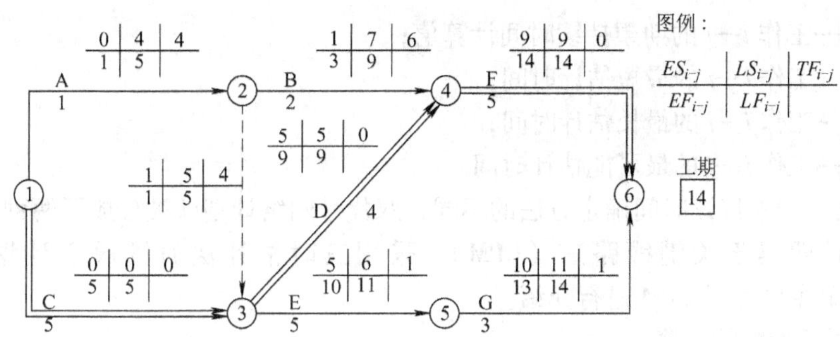

图 3-32　用图上计算法计算工作的总时差

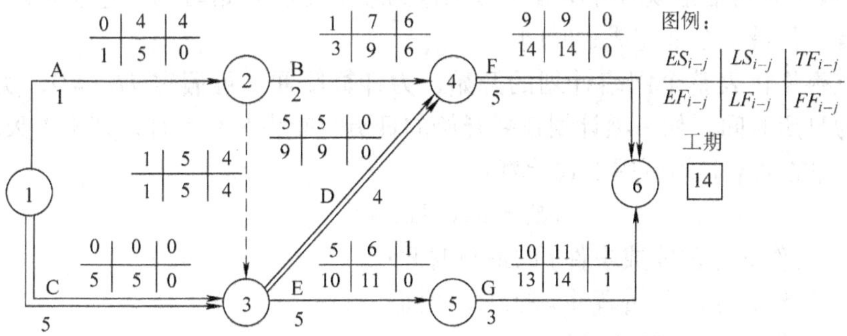

图 3-33　用图上计算法计算工作的时间参数

5）判断关键工作和关键线路。

6）确定计划总工期 $T_p = ET_6 = LT_6 = 14\text{d}$。

（二）分析计算法

分析计算法是根据各项时间参数计算公式，列式计算时间参数的方法。

1. 工作持续时间的计算

在肯定型网络计划中，工作的持续时间是采用单时计算法计算的，其公式如下

$$D_{i-j} = \frac{Q_{i-j}}{S_{i-j}R_{i-j}N_{i-j}} = \frac{P_{i-j}}{R_{i-j}N_{i-j}} \tag{3-22}$$

式中　D_{i-j}——工作 i—j 的持续时间；

Q_{i-j}——工作 i—j 的工程量；

S_{i-j}——完成工作 i—j 的计划产量定额；

R_{i-j}——完成工作 i—j 所需工人数或机械台数；

N_{i-j}——完成工作 i—j 的工作班次；

P_{i-j}——工作 i—j 的劳动量或机械台班数量。

在非肯定型网络计划中，由于工作的持续时间受很多变动因素影响，无法确定出肯定数值，因此只能凭计划管理人员的经验和推测，估计出三种时间，据以得出期望持续时间计算值，即按三时估计法计算，其公式如下

$$D^e_{i-j} = \frac{a_{i-j} + 4m_{i-j} + b_{i-j}}{6} \tag{3-23}$$

式中 D_{i-j}^{e}——工作 i—j 的期望持续时间计算值；

a_{i-j}——工作 i—j 的最短估计时间；

b_{i-j}——工作 i—j 的最长估计时间；

m_{i-j}——工作 i—j 的最可能估计时间。

由于网络计划中持续时间确定方法的不同，双代号网络计划就被分成了两种类型。采用单时估计法时即属于关键线路法（CPM），采用三时估计法时则属于计划评审技术（PERT），这里主要针对 CPM 进行介绍。

2. 事件时间参数的计算

事件时间参数包括事件最早时间 TE 和事件最迟时间 TL。

1）事件最早时间是指该事件所有紧后工作的最早可能开始时刻。它应是以该事件为完成事件的所有工作最早全部完成的时间。

由于起点事件代表整个网络计划的开始，为计算简便，可假定 $TE_1=0$，实际应用时，可将其换算为日历时间。如一项计划任务开始的日历时间为 5 月 5 日，则第 1 天就代表 5 月 5 日。其他事件的最早时间可用下式计算。

$$TE_j=\max\{TE_i+D_{i-j}\} \tag{3-24}$$

式中 TE_j——工作 i—j 的完成事件 j 的最早时间；

TE_i——工作 i—j 的开始事件 i 的最早时间；

D_{i-j}——工作 i—j 的持续时间。

综上所述，事件最早时间应从起点事件开始计算，假定 $TE_1=0$，然后按事件编号递增的顺序进行，直至终点事件为止。

2）事件最迟时间是指该事件所有紧前工作最迟必须结束的时刻，它是一个时间界限，它应是以该事件为完成事件的所有工作最迟必须结束的时刻。若迟于这个时刻，紧后工作就要推迟开始，整个网络计划的工期就要延误。

由于终点事件代表整个网络计划的结束，因此要保证计划总工期，终点事件的最迟时间应等于此工期。若总工期有规定，可令终点事件的最迟时间 TL_n 等于规定总工期 T，即 $TL_n=T$；若总工期无规定，则可令终点事件的最迟时间 TL_n 等于按终点事件最早时间计算出的计划总工期，即 $TL_n=TE_n$。而其他事件的最迟时间可用下式计算。

$$TL_i=\min\{TL_j-D_{i-j}\} \tag{3-25}$$

式中 TL_i——工作 i—j 的开始事件 i 的最迟时间；

TL_j——工作 i—j 的完成事件 j 的最迟时间；

D_{i-j}——工作 i—j 的持续时间。

综上所述，事件最迟时间的计算是从终点事件开始，首先确定 TL_n，然后按照事件编号递减的顺序进行，直到起点事件为止。

3. 工作时间参数的计算

工作的时间参数包括工作最早开始时间 ES 和最早完成时间 EF、工作最迟开始时间 LS 和最迟完成时间 EF。

对于任何工作 i—j 来说，其各项时间参数计算，均受到该工作开始事件的最早时间 TE_i、工作完成事件的最迟时间 TL_j 和工作持续时间 D_{i-j} 的控制。

由于工作最早开始时间 ES_{i-j} 和最早完成时间 EF_{i-j} 反映工作 i—j 与前面工作的时间关

系，受开始事件 i 的最早时间的限制，因此，ES_{i-j} 和 EF_{i-j} 的计算应以开始事件的时间参数为基础；工作的最迟开始时间 LS_{i-j} 和最迟完成时间 LF_{i-j} 反映工作 $i—j$ 与其后面工作的时间关系，受完成事件 j 的最迟时间的限制。因此 LS_{i-j} 和 LF_{i-j} 的计算应以完成事件的时间参数为基础。其计算公式如下

$$ES_{i-j} = TE_i \tag{3-26}$$

$$EF_{i-j} = ES_{i-j} + D_{i-j} \tag{3-27}$$

$$LF_{i-j} = TL_j \tag{3-28}$$

$$LS_{i-j} = LF_{i-j} - D_{i-j} \tag{3-29}$$

4. 工作时差的计算

时差反映工作在一定条件下的机动时间范围。通常分为总时差 TF、自由时差 FF、相关时差 IF 和独立时差 DF。

工作的总时差是指在不影响工期和有关时限的前提下，一项工作可以利用的机动时间。具体地说，它是在保证本工作以最迟完成时间完工的前提下，允许该工作推迟其最早开始时间或延长其持续时间的幅度。工作 $i—j$ 的总时差 TF_{i-j} 计算公式如下

$$TF_{i-j} = TL_j - TE_i - D_{i-j} = LF_{i-j} - EF_{i-j} = LS_{i-j} - ES_{i-j} \tag{3-30}$$

由上式看出，对于任何一项工作 $i—j$ 可以利用的最大时间范围为 $TL_j—TE_i$，其总时差可能有三种情况：

1）$TL_j - TE_i > D_{i-j}$，即 $TF_{i-j} > 0$，说明该项工作存在机动时间，为非关键工作。

2）$TL_j - TE_i = D_{i-j}$，即 $TF_{i-j} = 0$，说明该项工作不存在机动时间，为关键工作。

3）$TL_j - TE_i < D_{i-j}$，即 $TF_{i-j} < 0$，说明该项工作有负时差，计划工期长于规定工期，应采取技术组织措施予以缩短，确保计划总工期。

工作的自由时差是指在不影响其紧后工作最早开始和有关时限的前提下，一项工作可以利用的机动时间。具体地说，它是在不影响紧后工作按最早开始时间开工的前提下，允许该工作推迟其最早开始时间或延长其持续时间的幅度。工作 $i—j$ 的自由时差 FF_{i-j} 的计算公式如下

$$FF_{i-j} = TE_j - TE_i - D_{i-j} = TE_j - EF_{i-j} \tag{3-31}$$

由上式看出，对于任何一项工作$i—j$可以自由利用的最大时间范围为 $TE_j - TE_i$，其自由时差可能出现下面三种情况：

1）$TE_j - TE_i > D_{i-j}$，即 $FF_{i-j} > 0$，说明工作有自由利用的机动时间。

2）$TE_j - TE_i = D_{i-j}$，即 $FF_{i-j} = 0$；说明工作无自由利用的机动时间。

3）$TE_j - TE_i < D_{i-j}$，即 $FF_{i-j} < 0$，说明计划工期长于规定工期，应采取措施予以缩短，以保证计划总工期。

工作的相关时差是指可以与紧后工作共同利用的机动时间。具体地说，它是在工作总时差中，除自由时差外，剩余的那部分时差。工作 $i—j$ 的相关时差 IF_{i-j} 的计算公式如下

$$IF_{i-j} = TF_{i-j} - FF_{i-j} = TL_j - TE_j \tag{3-32}$$

工作的独立时差是指为本工作所独有而其前后工作不可能利用的时差。具体地说，它是在不影响紧后工作按最早开始时间开工的前提下，允许该工作推迟其最迟开始时间或延长其持续时间的幅度。其公式如下

$$DF_{i-j} = TE_j - TL_i - D_{i-j} = FF_{i-j} - IF_{h-i} \tag{3-33}$$

式中 DF_{i-j}——工作 $i—j$ 的独立时差；

IF_{h-i}——紧前工作 $h—i$ 的相关时差。

对于任何一项工作 $i—j$，它可以独立使用的最大时间范围为 $TE_j - TL_i$，其独立时差可能有以下三种情况：

1）$TE_j - TL_i > D_{i-j}$，即 $DF_{i-j} > 0$，说明工作有独立使用的机动时间。

2）$TE_j - TL_i = D_{i-j}$，即 $DF_{i-j} = 0$，说明工作无独立使用的机动时间。

3）$TE_j - TL_i < D_{i-j}$，即 $DF_{i-j} < 0$；此时取 $DF_{i-j} = 0$。

综上所述，四种工作时差的形成条件及其特点如下：

1）工作的总时差与自由时差、相关时差和独立时差之间具有关联关系，总时差对其紧前工作与紧后工作均有影响。

$$TF_{i-j} = FF_{i-j} + IF_{i-j} = IF_{h-i} + DF_{i-j} + IF_{i-j} \tag{3-34}$$

2）一项工作的自由时差只限于本工作利用，不能转移给紧后工作利用，对紧后工作的时差无影响，但对其紧前工作有影响，如动用，将使紧前工作时差减少。

3）一项工作的相关时差对其紧前工作无影响，但对紧后工作的时差有影响，如动用，将使紧后工作的时差减少或消失。它可以转让给紧后工作，变为其自由时差被利用。

4）一项工作的独立时差只能被本工作使用，如动用，对其紧前工作和紧后工作均无影响。

5. 关键线路的确定

关键工作和关键线路的确定方法有如下几种：

（1）通过计算所有线路的线路时间 T 来确定　线路时间最长的线路即为关键线路，位于其上的工作即为关键工作。

（2）通过计算工作的总时差来确定　若 $TF_{i-j} = 0$（$TL_n = TE_n$ 时）或 TF_{i-j} = 规定工期 - 计划工期（TL_n = 规定工期时），则该项工作 $i—j$ 为关键工作，所组成的线路为关键线路。

（3）通过计算事件时间参数来确定　若工作 $i—j$ 的开始事件时间 $TE_i = TL_i$，完成事件时间 $TE_j = TL_j$，且 $TE_j - TL_i = D_{i-j}$时，则该项工作为关键工作，所组成的线路为关键线路。

通常在网络图中用粗实线或双线箭杆将关键线路标出。

（三）表上计算法（表算法）

表上计算法是采用各项时间参数计算表格，按照时间参数相应计算公式和程序，直接在表格上进行时间参数计算的方法。表算法的计算表格有多种形式，表 3-3 所示为常用的一种。

表 3-3　时间参数计算表

工作名称 $i—j$	持续时间 D_{i-j}	最早开始时间 ES_{i-j}	最早完成时间 EF_{i-j}	最迟开始时间 LS_{i-j}	最迟完成时间 LF_{i-j}	总时差 TF_{i-j}	自由时差 FF_{i-j}	相关时差 IF_{i-j}	关键工作
1—2	2	0	2	1	3	1	0	1	
1—3	3	0	3	0	3	0	0	0	✓
2—4	3	2	5	3	6	1	0	1	
3—4	2	3	5	4	6	1	0	1	

（续）

工作名称 $i—j$	持续时间 $D_{i—j}$	最早开始时间 $ES_{i—j}$	最早完成时间 $EF_{i—j}$	最迟开始时间 $LS_{i—j}$	最迟完成时间 $LF_{i—j}$	总时差 $TF_{i—j}$	自由时差 $FF_{i—j}$	相关时差 $IF_{i—j}$	关键工作
3—5	3	3	6	3	6	0	0	0	✓
4—6	2	5	7	7	9	2	2	0	
5—6	3	6	9	6	9	0	0	0	✓

下面以图 3-34 所示网络图为例，说明表算法的计算方法和步骤（见表 3-3）。

1）将紧前工作的工作号码和工作持续时间，按网络图事件编号递增的顺序逐一分别填入表 3-3 的 1、2 列中。

2）自上而下计算各工作的最早开始时间和最早完成时间。

3）自下而上计算各工作最迟完成时间和最迟开始时间。

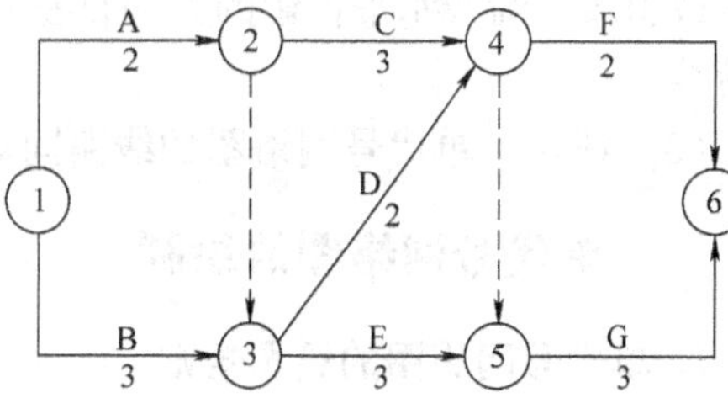

图 3-34　某双代号网络计划图

4）按分析法的计算公式计算时差参数，填入相应表格中。

5）标注关键工作。

双代号网络计划时间参数计算的方法除上述方法外，还有矩阵法和电算法等。矩阵法是根据网络图的事件数目列出一个矩阵表，再按照各项时间参数的计算公式和程序，直接在矩阵表上计算各项时间参数的方法。它适用于工作逻辑关系复杂，而工作项目不很多的网络计划。通常在矩阵表中仅列出事件时间参数的计算结果，工作最早开始和完成时间、最迟开始和完成时间以及工作的各种时差均根据工作的开始事件和结束事件的时间参数，利用分析计算法的公式推得。

第三节　单代号网络计划

单代号网络计划是以节点及其编号表示工作，以箭线表示工作之间逻辑关系的网络图，如图 3-35 所示。单代号网络图是网络计划的另一种表达方式。

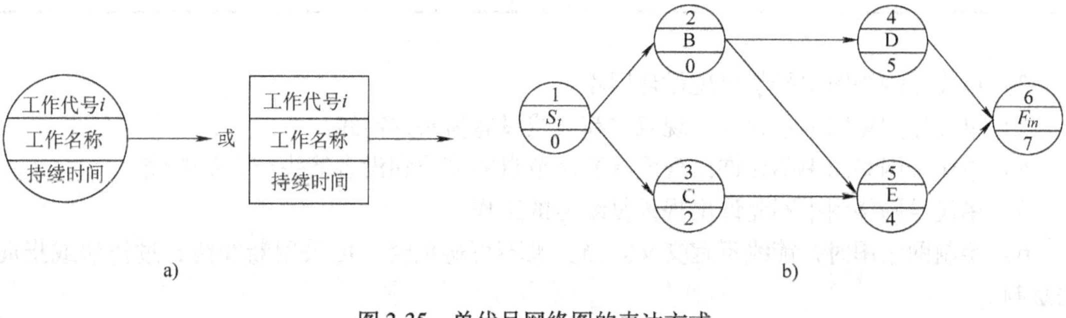

图 3-35　单代号网络图的表达方式

a）工作的表示方法　b）计划（或工程）的表示方法

单代号网络图绘图方便，图面简洁，不必增加虚箭线，因此产生逻辑错误的可能性较小，弥补了双代号网络图的不足，容易被非专业人员所理解且易于修改，所以近年来被广泛应用。

一、单代号网络图的组成

单代号网络图是由节点、箭线和线路三个基本要素组成的。

（1）节点　单代号网络图中每一个节点表示一项工作，宜用圆圈或矩形表示。节点所表示的工作名称、持续时间和工作代号均标注在节点内，如图 3-35a 所示。

（2）箭线　单代号网络图中，箭线表示工作之间的逻辑关系，箭线可以画成水平直线、折线或斜线。箭线水平投影的方向自左向右，表示工作进行的方向。在单代号网络图中没有虚箭线。

（3）线路　单代号网络图的线路同双代号网络图的线路的含义是相同的。

二、单代号网络图的绘制

1. 单代号网络图的绘图规则

1）单代号网络图中各项工作之间的逻辑关系的表示方法，见表 3-4。

表 3-4　单代号网络图中各项工作之间逻辑关系的表示方法

序号	描　述	单代号表达方法
1	A 工序完成后，B 工序才能开始	
2	A 工序完成后，B、C 工序才能开始	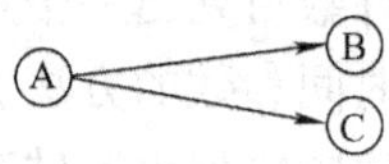
3	A、B 工序完成后，C 工序才能开始	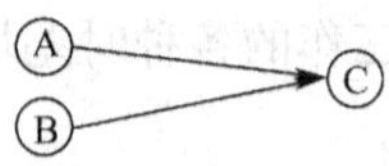
4	A、B 工序完成后，C、D 工序才能开始	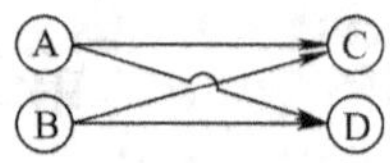
5	A、B 工序完成后，C 工序才能开始，且 B 工序完成后，D 工序才能开始	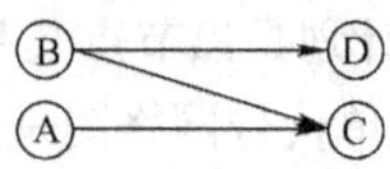

2）单代号网络图中严禁出现循环回路。

3）单代号网络图中不允许出现双向箭线或没有箭头的箭线。

4）单代号网络图中不允许出现没有箭尾节点的箭线和没有箭头节点的箭线。

5）单代号网络图中不允许出现重复编号的工作。

6）绘制网络图时，箭线不宜交叉。当交叉不可避免时，可采用断线法、过桥法或指向法绘制。

2. 绘制规则及注意事项

单代号网络图的绘图规则及注意事项基本同双代号网络图一样，所不同的是：单代号网络图也只能有一个起点节点和一个终点节点，当网络图中有多项起点节点或多项终点节点时，应在网络图的两端分别设置一个虚拟的节点，作为该网络图的起点节点（S_t）和终点节点（F_{in}），如图 3-34b 所示。

3. 绘图示例

【**例 3-4**】 根据表 3-5 中各项工作的逻辑关系，绘制单代号网络图。

表 3-5 某工程各项工作的逻辑关系表

工作代号	A	B	C	D	E	F	G	H
紧前工作	—	—	A	AB	B	CD	D	DE
紧后工作	CD	DE	F	FGH	H	—	—	—
持续时间	3	2	5	7	4	4	10	6

此例题的绘制结果，如图 3-36 所示。

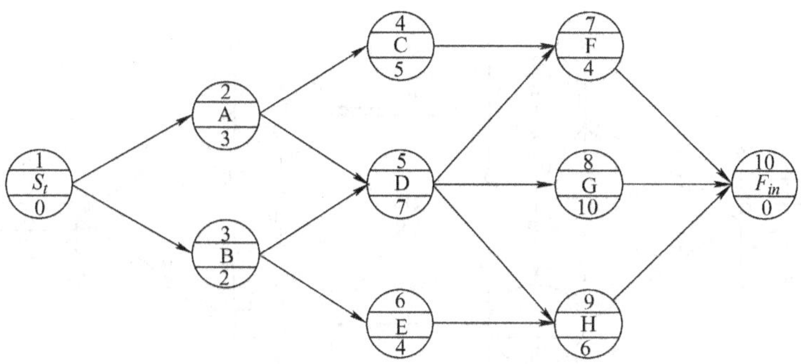

图 3-36 单代号网络图的绘图

三、单代号网络计划时间参数计算

1. 单代号网络计划的各项时间参数及其代表符号

单代号网络计划与双代号网络计划相似，主要包括以下内容：工作持续时间 D_i；工作最早开始时间 ES_i；工作最早完成时间 EF_i；工作最迟开始时间 LS_i；工作最迟完成时间 LF_i；总时差 TF_i；自由时差 FF_i；计算工期 T_c；要求工期 T_r；计划工期 T_p；时间间隔 $LAG_{i,j}$。

2. 单代号网络计划时间参数的标注形式

单代号网络计划时间参数的标注形式，如图 3-37 所示。

3. 单代号网络计划时间参数的计算

以图 3-38 所示为例，用图上计算法（结合分析计算法）介绍单代号网络计划时间参数的计算。

（1）计算工作的最早开始时间和最早完成时间　工作的最早开始时间和最早完成时间，应该从网络计划的起点节点开始，顺着箭线方向自左至右依次逐项进行计算，到终点节点为止。

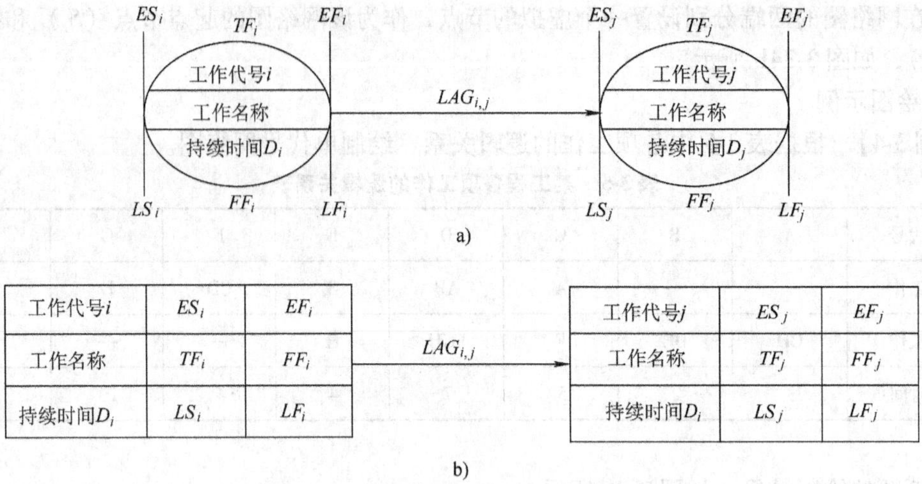

图 3-37　单代号网络计划时间参数的标注形式

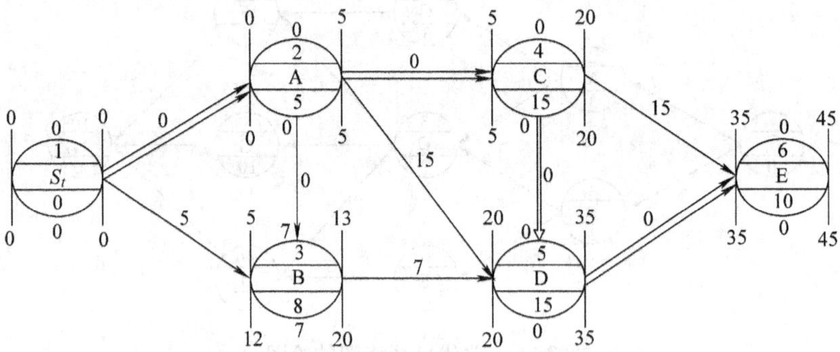

图 3-38　单代号网络计划时间参数的计算图

1）起点节点的最早开始时间。

当未规定其最早开始时间时，不论起点节点代表的是实工作还是虚拟的开始节点，其值均应等于零，即

$$ES_i = 0(i = 1) \tag{3-35}$$

2）其他工作。

当工作 i 只有一项紧前工作 h 时，其最早开始时间应为

$$ES_i = ES_h + D_h \tag{3-36}$$

当工作 i 有多项紧前工作 h 时，其最早开始时间应为

$$ES_i = \max\{ES_h + D_h\} \tag{3-37}$$

3）工作 i 的最早完成时间计算

$$EF_i = ES_i + D_i \tag{3-38}$$

故式（3-36）和式（3-37）可以变为如下形式

$$ES_i = EF_h \tag{3-39}$$

$$ES_i = \max\{EF_h\} \tag{3-40}$$

式中　ES_i——工作 i 的最早开始时间；

EF_i——工作 i 的最早完成时间；

ES_h——工作 i 的各项紧前工作 h 的最早开始时间；

EF_h——工作 i 的各项紧前工作 h 的最早完成时间；

D_i——工作 i 的持续时间；

D_h——工作 i 的各项紧前工作 h 的持续时间。

按式（3-35）、式（3-38）~式（3-40）计算图 3-38 中各工作的最早开始时间和最早完成时间

$ES_1=0$，$EF_l=ES_1+D_1=0+0=0$；

$ES_2=EF_1=0$，$EF_2=ES_2+D_2=0+5=5$；

$ES_3=\max\{EF_1,EF_2\}=\max\{0,5\}=5, EF_3=ES_3+D_3=5+8=13$

其他工作的计算结果直接写在图 3-38 中的相应位置。

（2）网络计划计算工期的计算　网络计划的计算工期应按式（3-41）计算

$$T_c=EF_n \tag{3-41}$$

式中　EF_n——终点节点 n 的最早完成时间。

按式（3-41）计算，则如图 3-38 所示网络计划的计算工期为 $T_c=EF_6=45$。

（3）网络计划计划工期的计算　网络计划计划工期的确定与双代号网络计划相同，即：

1）当已经规定了要求工期 T_r 时

$$T_p \leqslant T_r \tag{3-42}$$

2）当未规定要求工期时

$$T_p=T_c \tag{3-43}$$

如图 3-38 所示网络计划未规定要求工期，则其计划工期按式（3-43）取其计算工期：

$$T_p=T_c=45$$

将计划工期标注在终点节点的右侧，并用方框框起来。

（4）计算工作的最迟完成时间和最迟开始时间　计算工作最迟时间，应从网络计划的终点节点开始，逆着箭线方向依次计算，直至起点节点。

1）终点节点 n 所代表工作的最迟完成时间，应该按网络计划的计划工期 T_p 确定，即

$$LF_n=T_p \tag{3-44}$$

2）其他工作。

当工作 i 只有一项紧后工作 j 时，其最迟完成时间应为

$$LF_i=LF_j-D_j \tag{3-45}$$

当工作 i 有多项紧后工作 j 时，其最迟完成时间应为

$$LF_i=\min\{LF_j-D_j\} \tag{3-46}$$

3）工作 i 的最迟开始时间应按下式计算

$$LS_i=LF_i-D_i \tag{3-47}$$

故式（3-45）和式（3-46）可以变为如下形式

$$LF_i=LS_j \tag{3-48}$$

$$LF_i=\min\{LS_j\} \tag{3-49}$$

式中 LF_n——终点节点 n 所代表工作的最迟完成时间；

LF_i——工作 i 的最迟完成时间；

LF_j——工作 i 的紧后工作 j 的最迟完成时间；

LS_i——工作 i 的最迟开始时间；

LS_j——工作 i 的紧后工作 j 的最迟开始时间；

D_j——工作 i 的紧后工作 j 的持续时间。

按式（3-44）、式（3-47）~式（3-49）计算图 3-38 所示中各工作的最迟开始时间和最迟完成时间

$LF_6 = T_p = 45$，$LS_6 = LF_6 - D_6 = 45 - 10 = 35$；

$LF_5 = LS_6 = 35$，$LS_5 = LF_5 - D_5 = 35 - 15 = 20$；

$LF_4 = \min\{LS_5, LS_6\} = \min\{20, 35\} = 20, LS_4 = LF_4 - D_4 = 20 - 15 = 5$

其他工作的计算结果直接写在图 3-38 中的相应位置。

（5）相邻两项工作 i 和 j 之间的时间间隔 $LAG_{i,j}$ 的计算应符合下列规定：

1）当终点节点为虚拟节点时，其时间间隔应为

$$LAG_{i,n} = T_p - EF_i \tag{3-50}$$

2）其他节点之间的时间间隔应为

$$LAG_{i,j} = ES_j - EF_i \tag{3-51}$$

按式（3-50）和式（3-51）计算图 3-38 所示相邻工作之间的时间间隔

$$LAG_{5,6} = ES_6 - EF_5 = 35 - 35 = 0；\ LAG_{4,6} = ES_6 - EF_4 = 35 - 20 = 15$$

其他工作间的时间间隔的计算结果直接写在图 3-38 中的相应位置。

（6）工作总时差的计算　工作总时差可按式（3-52）计算

$$TF_i = LS_i - ES_i = LF_i - EF_i \tag{3-52}$$

也可以从网络计划的终点节点开始，逆着箭线方向依次按下式计算

$$TF_i = \min\{TF_j + LAG_{i,j}\} \tag{3-53}$$

按式（3-52）计算图 3-38 中各工作的总时差

$$TF_1 = LS_1 - ES_1 = 0 - 0 = 0；\ TF_2 = LS_2 - ES_2 = 0 - 0 = 0$$

其他工作的总时差计算结果直接写在图 3-38 中的相应位置。

（7）工作自由时差的计算

1）终点节点 n 所代表工作的自由时差应为

$$FF_n = T_p - EF_n \tag{3-54}$$

2）其他工作 i 的自由时差应为

$$FF_i = ES_j - EF_i = LAG_{i,j} \tag{3-55}$$

或

$$FF_i = \min\{ES_j - EF_i\} = \min\{LAG_{i,j}\} \tag{3-56}$$

按式（3-45）~式（3-56）计算图 3-38 所示中各工作的自由时差

$FF_6 = T_p - EF_6 = 45 - 45 = 0$；$FF_5 = LAG_{5,6} = 0$；

$FF_4 = \min\{LAG_{4,5}, LAG_{4,6}\} = \min\{0, 15\} = 0$

其他工作的自由时差计算结果直接写在图 3-38 中的相应位置。

（8）关键工作和关键线路的确定

1）关键工作的确定。单代号网络计划关键工作的确定方法与双代号网络计划相同，即

总时差最小的工作为关键工作。由此判断图 3-38 中的关键工作为："1"，"2"，"4"，"5"，"6" 共五项。

2）关键线路的确定。在单代号网络计划中，从起点节点开始到终点节点均为关键工作，且所有工作之间的时间间隔均为零的线路为关键线路。由此可以判断出，图 3-38 的关键线路为：1—2—4—5—6，并用双箭线标出关键线路。

第四节　双代号时标网络计划

一、概念

时标网络计划是指以时间坐标为尺度编制的网络计划。它是综合应用横道图时间坐标和网络计划的原理，吸取了二者的长处，兼有横道图的直观性和网络计划的逻辑性，故在工程中的应用较非时标网络计划更广泛。

时标网络计划绘制在时标计划表中，见表 3-6，时标计划表中部的刻度线宜为细线，为了使图面清楚，此线也可以不画。时标的时间单位应根据需要在编制网络计划之前确定，可为天、周、旬、月或季度等。时间坐标的刻度代表的时间可以是一个时间单位，也可以是时间单位的整数倍，但不应小于一个时间单位。时标可标注在时标计划表的顶部或底部，必要时可以在顶部时标之上或底部时标之下加注日历的对应时间。

表 3-6　时标计划表

日历																		
（时间单位）	1	2	3	4	5	6	7	8	9	10	11	12	13	14	15	16	17	18
网络计划																		
（时间单位）																		

二、双代号时标网络计划的特点与适用范围

1. 时标网络计划的特点

1）在时标网络计划中，各条工作箭线的水平投影长度即为各项工作的持续时间，能明确地表达各项工作的起、止时间和先后施工的逻辑关系，使计划表达形象直观，一目了然。

2）能在时标计划表上直接显示各项工作的主要时间参数，并可以直接判断出关键线路。

3）因为有时标的限制，在绘制时标网络计划时，不会出现"循环回路"之类的逻辑错误。

4）可以利用时标网络直接统计资源的需要量，以便进行资源优化和调整，并对进度计划的实施进行控制和监督。

5）由于箭线受时标的约束，故用手工绘图不容易，修改也较难。使用计算机编制、修改时标网络图则较方便。

2. 时标网络计划的适用范围

1）工作项目较少、工艺过程较为简单的工程，能迅速地边绘图、边计算、边调整。

2）对于大型复杂的工程，可以先绘制局部网络计划，然后再综合起来绘制出比较简明的总网络计划。

3）实施性（或作业性）网络计划。

4）年、季、月等周期性网络计划。

5）使用实际进度前锋线进行进度控制的网络计划。

三、双代号时标网络计划的绘制

1. 绘制的基本要求

1）在时标网络计划中，以实箭线表示实工作，以虚箭线表示虚工作，以波形线表示工作的自由时差，如图3-39所示。

2）时标网络计划中所有符号在时间坐标上的水平投影位置，都必须与其时间参数相对应。节点中心必须对准相应的时标位置，它在时间坐标上的水平投影长度应视为零。

3）虚工作必须以垂直方向的虚箭线表示，有自由时差时加波形线表示。

2. 绘制方法

时标网络计划宜按最早时间编制，不宜按最迟时间编制。在时标网络计划编制前，应该先绘制非时标网络计划草图，绘制方法有间接和直接两种。

（1）间接绘制法　即先计算网络计划的时间参数，再根据时间参数按草图在时标计划表上绘制的方法。现以图3-39为例，介绍间接绘制法的步骤如下。

1）绘制非时标网络计划草图，如图3-39所示。

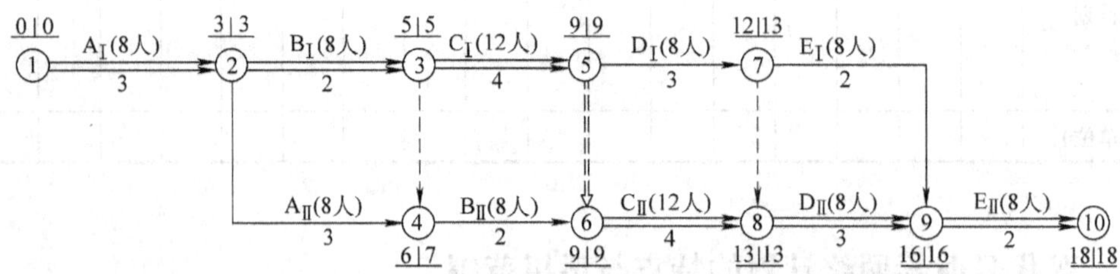

图3-39　双代号时标网络计划

2）计算各节点的最早时间（或各工作的最早时间）并标注在图上，如图3-39所示。

3）按节点的最早时间将各节点定位在时标计划表上，图形尽量与草图一致，如图3-40所示。

4）按各工作的持续时间绘制相应工作的实线部分，使其在时间坐标上的水平投影长度等于工作的持续时间；若实线长度不足以到达该工作的结束节点时，用波形线补足，并在末端绘出箭头。

5）虚工作以垂直方向的虚箭线表示，有自由时差时加波形线表示。绘制完成的时标网络计划，如图3-40所示。

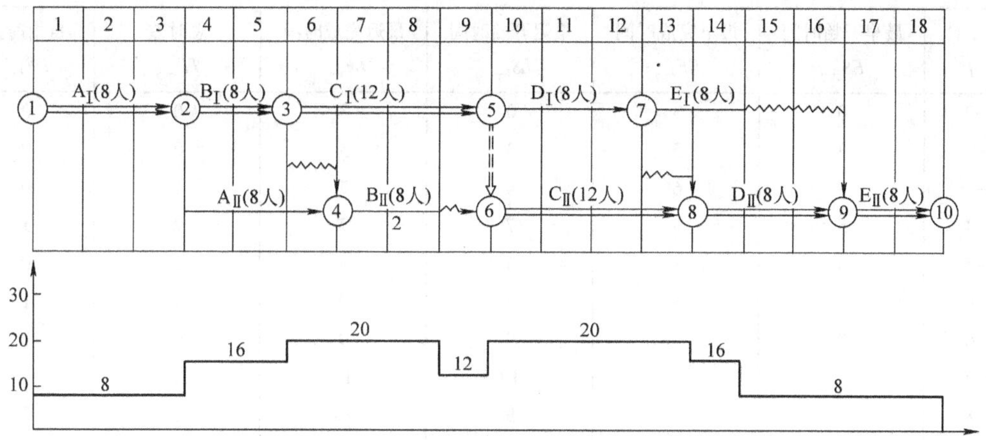

图 3-40　时标网络图

（2）直接绘制法　就是不计算网络计划的时间参数，直接按草图在时标计划表上绘制的方法。绘制步骤如下：

1）将起点节点定位在时标计划表的起始刻度线上。

2）按工作持续时间，在时标计划表上绘制起点节点的外向箭线。

3）除起点节点以外的其他节点必须在其所有内向箭线绘出以后，定位在这些内向箭线中最早完成时间最迟的箭线末端。其他内向箭线长度不足以到达该节点时，用波形线补足。

4）若虚箭线占用时间，用波形线表示。

5）用上述方法自左至右依次确定其他节点位置，直至终点节点定位绘完。仍以图 3-39 为例，按照上述步骤绘制其相应的时标网络图如下：按照 1）条，将起点节点①定位在图 3-40 所示的时标计划表的起始刻度线上。按照 2）条，绘制①节点的外向箭线 1—2。按照 3）、4）、5）条的规定，自左至右依次确定其余各节点的位置；如果②、③、⑤、⑦节点之前只有一条内向箭线，则在其内向箭线绘制完成后即可在其末端将上述节点绘出；④、⑥、⑧、⑨节点则必须待其前面的两条内向箭线都绘制完成后，才能定位在这些内向箭线中最晚完成的时刻处；并且这些节点均有长度不足以达到该节点的内向实箭线，故用波形线补足。绘制完成的时标网络计划，如图 3-40 所示。

四、双代号时标网络计划时间参数的确定

以图 3-40 所示的时标网络计划为例，将双代号时标网络计划时间参数的确定方法分述如下：

1. 最早时间的确定

1）每条箭线箭尾节点中心所对应的时标值，即为工作的最早开始时间。

2）箭线实线部分右端或箭尾节点中心所对应的时标值，即为工作的最早完成时间。

3）虚工作的最早开始时间和最早完成时间相等，均为其开始节点中心所对应的时标值。通过观察，将图 3-40 中所示的各工作的最早开始时间和最早完成时间分别填入表 3-7。

表 3-7　双代号时标网络计划时间参数计算表

工作编号 $i—j$	最早开始时间 $ES_{i—j}$	最早完成时间 $EF_{i—j}$	最迟开始时间 $LS_{i—j}$	最迟完成时间 $LF_{i—j}$	总时差 $TF_{i—j}$	自由时差 $FF_{i—j}$
1—2	0	3	0	3	0	0
2—3	3	5	3	5	0	0
2—4	3	6	4	7	1	0
3—4	5	5	7	7	2	1
3—5	5	9	5	9	0	0
4—6	6	8	7	9	1	1
5—6	9	9	9	9	0	0
5—7	9	12	10	13	1	0
6—8	9	13	9	13	0	0
7—8	12	12	13	13	1	1
7—9	12	14	14	16	2	2
8—9	13	16	13	16	0	0
9—10	16	18	16	18	0	0

2. 双代号时标网络计划工期的确定

（1）计算工期的确定　时标网络计划的计算工期，应为终点节点与起点节点中心所对应的时标值的差。如图 3-40 所示的时标网络计划的计算工期为 $T_c = 18 - 0 = 18$。

（2）计划工期的确定　同非时标网络计划一样，如图 3-40 所示的时标网络计划未规定要求工期可得 $T_p = T_c = 18$。

3. 自由时差的确定

在时标网络计划中，工作的自由时差值应为表示该工作的箭线中波形线部分在坐标轴上的水平投影长度。将图 3-40 所示各工作的自由时差分别填入表 3-7。

4. 总时差的计算

在时标网络计划中，工作的总时差应自右至左逐个进行计算。一项工作只有在其紧后工作的总时差全部计算出来以后，才能计算出其总时差。

1）以终点节点（$j = n$）为结束节点的工作的总时差，应该按网络计划的计划工期 T_p 计算确定，即

$$TF_{i—n} = T_p - EF_{i—n} \tag{3-57}$$

2）其他工作的总时差应为

$$TF_{i—j} = \min\{TF_{j—k}\} + FF_{i—j} \tag{3-58}$$

式中　$TF_{i—n}$——以终点节点 n 为结束节点的工作的总时差；

$EF_{i—n}$——以终点节点 n 为结束节点的工作的最早完成时间；

$TF_{j—k}$——工作 $j—k$ 的总时差。

按式（3-57）和式（3-58）计算图 3-40 所示时标网络计划中各工作的总时差为

$TF_{9—10} = T_p - EF_{9—10} = 18 - 18 = 0$；$TF_{8—9} = TF_{9—10} + FF_{8—9} = 0 + 0 = 0$；

$TF_{5—7} = \min\{TF_{7—8}, TF_{7—9}\} + FF_{5—7} = \min\{1,2\} + 0 = 1 + 0 = 1$

其他工作的总时差的计算结果直接填入表 3-7。

5. 工作最迟时间的计算

时标网络计划中工作的最迟开始时间和最迟完成时间的计算式如下

$$LS_{i-j}=ES_{i-j}+TF_{i-j} \tag{3-59}$$

$$LF_{i-j}=EF_{i-j}+TF_{i-j} \tag{3-60}$$

按式（3-59）和式（3-60）计算图3-40所示的时标网络计划中各工作的最迟开始时间和最迟完成时间，分别为$LS_{1-2}=ES_{1-2}+TF_{1-2}=0+0=0$，$LF_{1-2}=EF_{1-2}+TF_{1-2}=3+0=3$。

其他工作的计算结果直接填入表3-7。

6. 关键线路的确定

双代号时标网络计划关键线路的确定，应该自终点节点开始逆箭线方向观察，至起点节点为止，自始至终不出现波形线的线路为关键线路。在图3-40所示的时标网络计划中，关键线路为1—2—3—5—6—8—9—10，并用双箭线标出。

第五节 单代号搭接网络计划

一、概念

单代号搭接网络计划是前后工作之间有多种逻辑关系的肯定型网络计划。它是综合了单代号网络与搭接施工的原理，使二者有机结合起来应用的一种网络计划表示方法。

在建设工程实践中，搭接关系是大量存在的，要求控制进度的计划图形能够表达和处理好这种关系。但在前几节所介绍的网络计划，却只能表示两项工作首尾相接的关系，即一项工作只有在其所有紧前工作完成之后才能开始。遇到搭接关系，必须将前一项工作进行分段处理，以符合前面工作不完成、后面工作不能开始的逻辑要求，这就使得网络计划变得较为复杂，使绘制、调整、计算都不方便。针对这一问题，各国陆续出现了许多表示搭接关系的网络计划，统称为“搭接网络计划法”。其共同的特点是：当前一项工作开始一段时间能为其紧后工作提供一定的开始条件时，紧后工作就可以插入进行，将前后工作搭接起来。这就大大简化了网络计划，但也带来了计算工作的复杂化，应该借助计算机进行计算。

二、相邻工作的各种搭接关系

相邻两个工作之间的搭接关系主要有完成到开始、开始到开始、完成到完成、开始到完成及混合搭接等五种搭接关系，现分别介绍如下。

1. 完成到开始的关系（*FTS*）

两项工作间的相互关系通过前项工作的完成到后项工作的开始之间的时距*FTS*来表达，如图3-41所示。

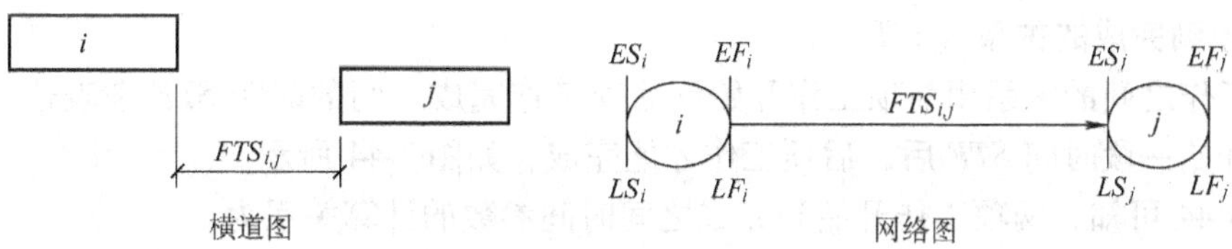

图3-41 完成到开始的关系（*FTS*）

由图 3-41 可知，两项工作完成到开始之间时间参数的计算关系为

$$ES_j = ES_i + FTS_{i,j} \tag{3-61}$$

$$LF_i = LS_j - FTS_{i,j} \tag{3-62}$$

式中　$FTS_{i,j}$——从工作 i 完成到工作 j 开始的时距。

2. 开始到开始的关系（STS）

前后两项工作的关系用其相继开始的时距 *STS* 来表达。就是说前项工作开始后，要经过 *STS* 后，后项工作才能开始，如图 3-42 所示。

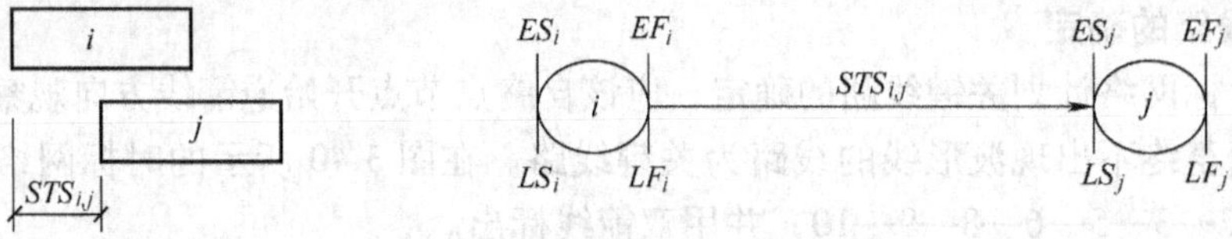

横道图　　　　　　网络图

图 3-42　开始到开始的关系（STS）

由图 3-42 可知，两项工作开始到开始之间时间参数的计算关系为

$$ES_j = ES_i + STS_{i,j} \tag{3-63}$$

$$LS_i = LS_j - STS_{i,j} \tag{3-64}$$

式中　$STS_{i,j}$——从工作 i 开始到工作 j 开始的时距。

3. 完成到完成的关系（FTF）

两项工作之间的关系用前后工作相继完成的时距 *FTF* 来表达。就是说，前项工作完成后，经过 *FTF* 时间后，后项工作才能完成，如图 3-43 所示。

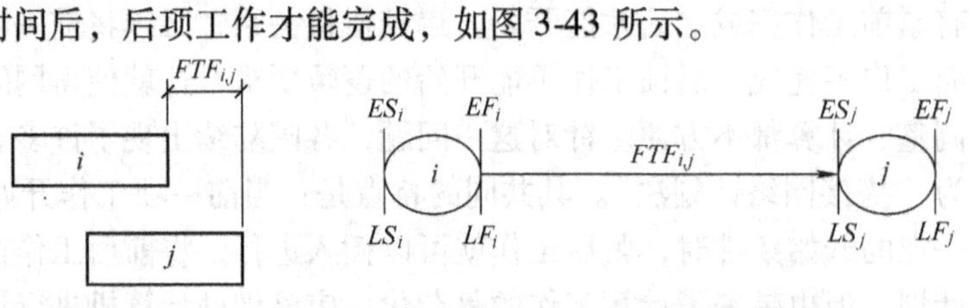

横道图　　　　　　网络图

图 3-43　完成到完成的关系（FTF）

由图 3-43 可知，两项工作完成到完成之间时间参数的计算关系为

$$EF_j = EF_i + FTF_{i,j} \tag{3-65}$$

$$LF_i = LF_j - FTF_{i,j} \tag{3-66}$$

式中　$FTF_{i,j}$——从工作 i 完成到工作 j 完成的时距。

4. 开始到完成的关系（STF）

两项工作之间的关系用前项工作开始到后项工作完成之间的时距 *STF* 来表达。就是说，前项工作开始一段时间 *STF* 后，后项工作才能完成，如图 3-44 所示。

由图 3-44 可知，两项工作开始到完成之间时间参数的计算关系为

$$EF_j = ES_i + STF_{i,j} \tag{3-67}$$

$$LS_i = LF_j - STF_{i,j} \tag{3-68}$$

式中　$STF_{i,j}$——从工作 i 开始到工作 j 完成的时距。

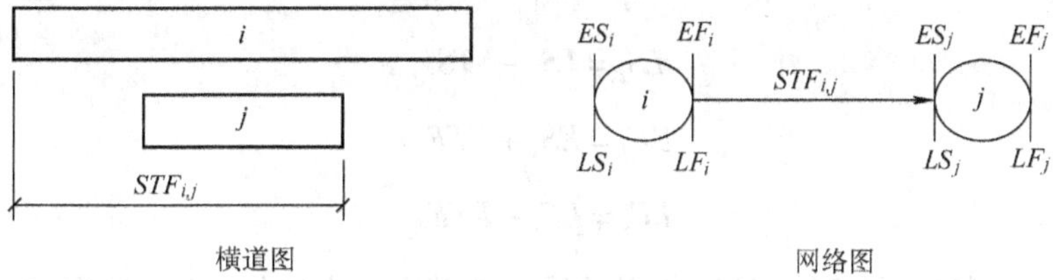

图 3-44　开始到完成的关系（STF）

5. 混合搭接关系

当两项工作之间同时存在上述四种关系中的两种关系时，这种具有双重约束的工作关系，就是混合搭接关系。常见的有以下几种。

（1）既有 STS 又有 FTF　两项工作之间要同时符合 STS 和 FTF 两种关系，如图 3-45a 所示。

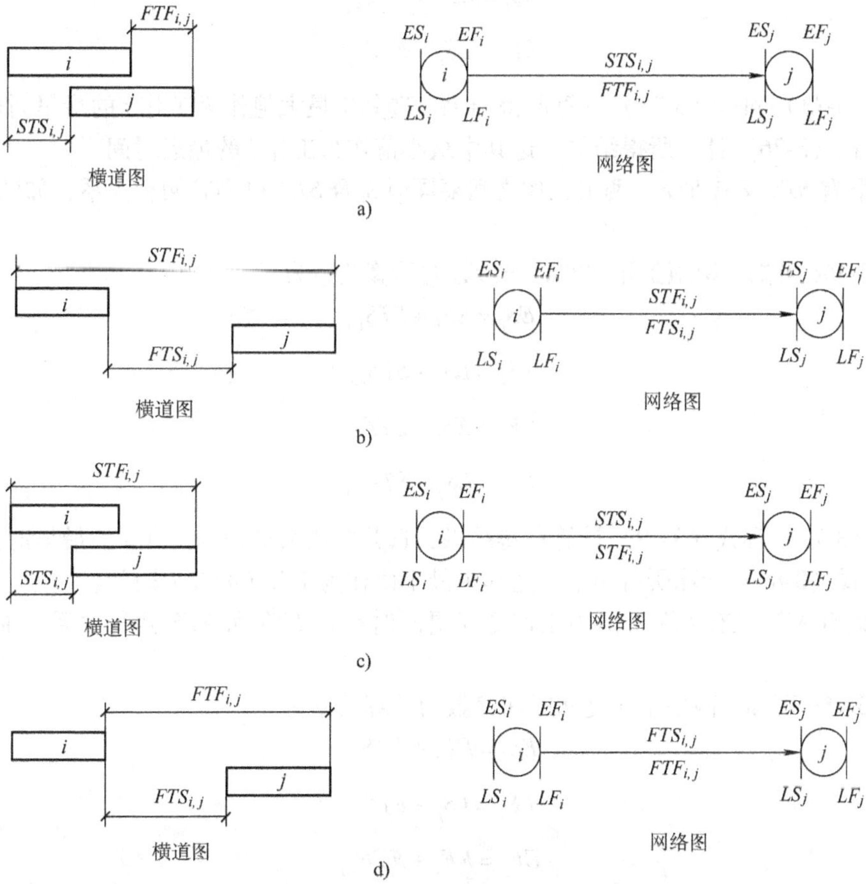

图 3-45　混合搭接关系

a）既有 STS 又有 FTF　b）既有 STF 又有 FTS　c）既有 STS 又有 STF　d）既有 FTS 又有 FTF

由图 3-45a 可知，两项工作之间时间参数的计算关系为

$$ES_j = ES_i + STF_{i,j} \tag{3-69}$$

$$LS_i = LS_j - STS_{i,j} \tag{3-70}$$

$$EF_j = ES_i + FTF_{i,j} \tag{3-71}$$

$$LF_i = LF_j - FTF_{i,j} \tag{3-72}$$

由式（3-69）和式（3-71）计算所得结果，选其中最大值作为工作 j 的最早时间；由式（3-70）和式（3-72）计算所得结果，选其中最小值作为工作 i 的最迟时间。

（2）既有 *STF* 又有 *FTS*　两项工作之间要同时符合 *STF* 和 *FTS* 两种关系，如图 3-45b 所示。

由图 3-45b 可知，两项工作之间时间参数的计算关系为

$$EF_j = ES_i + STF_{i,j} \tag{3-73}$$

$$LS_i = LF_j - STF_{i,j} \tag{3-74}$$

$$ES_j = EF_i + FTS_{i,j} \tag{3-75}$$

$$LF_i = LS_j - FTS_{i,j} \tag{3-76}$$

由式（3-73）和式（3-75）计算所得结果，选其中最大值作为工作 j 的最早时间；由式（3-74）和式（3-76）计算所得结果，选其中最小值作为工作 i 的最迟时间。

（3）既有 *STS* 又有 *STF*　两项工作之间要同时符合 *STS* 和 *STF* 两种关系，如图 3-45c 所示。

由图 3-45c 可知，两项工作之间时间参数的计算关系为

$$ES_j = ES_i + STS_{i,j} \tag{3-77}$$

$$LS_i = LS_j - STS_{i,j} \tag{3-78}$$

$$EF_j = ES_i + STF_{i,j} \tag{3-79}$$

$$LS_i = LF_j - STF_{i,j} \tag{3-80}$$

由式（3-77）和式（3-79）计算所得结果，选其中最大值作为工作 j 的最早时间；由式（3-78）和式（3-80）计算所得结果，选其中最小值作为工作 i 的最迟时间。

（4）既有 *FTS* 又有 *FTF*　两项工作之间要同时符合 *FTS* 和 *FTF* 两种关系，如图 3-45d 所示。

由图 3-45d 可知，两项工作之间时间参数的计算关系为

$$ES_j = EF_i + FTS_{i,j} \tag{3-81}$$

$$LF_i = LS_j - FTS_{i,j} \tag{3-82}$$

$$EF_j = EF_i + FTF_{i,j} \tag{3-83}$$

$$LF_i = LF_j - FTF_{i,j} \tag{3-84}$$

由式（3-81）和式（3-83）计算所得结果，选其中最大值作为工作 j 的最早时间；由式

（3-82）和式（3-84）计算所得结果，选其中最小值作为工作 i 的最迟时间。

三、搭接网络计划的时间参数计算

单代号搭接网络计划的时间参数的计算内容主要包括：工作最早时间的计算；网络计划工期的确定；工作最迟时间的计算；时间间隔的计算；工作时差的计算；关键线路的确定。时间参数的标注形式，如图 3-46 所示。

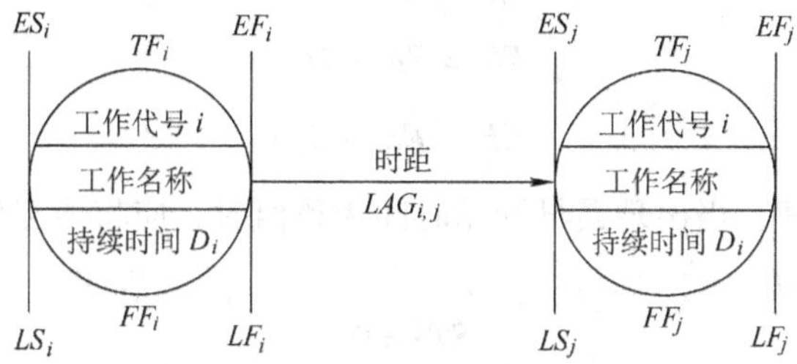

图 3-46　单代号搭接网络计划的时间参数的标注形式

下面以图 3-47 为例，说明上述参数的计算过程。

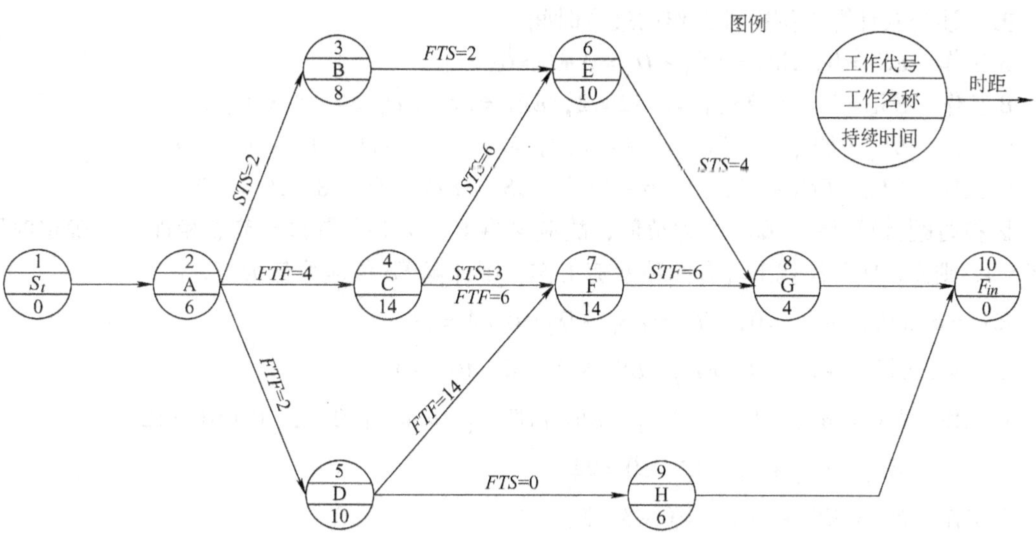

图 3-47　单代号搭接网络计划示例

1. 工作最早时间的计算

1）工作最早时间的计算必须从虚拟起点节点开始，顺箭线方向自左至右依次进行。只有紧前工作计算完毕，才能计算本工作。

2）计算工作最早时间应按下列步骤进行：

①凡与起点节点相连的工作最早开始时间都为零，即

$$ES_i = 0 \tag{3-85}$$

②其他工作 j 的最早时间按下列公式进行计算

FTS
$$ES_j = EF_i + FTS_{i,j} \tag{3-86}$$

STS
$$ES_j = ES_i + STS_{i,j} \tag{3-87}$$

FTF
$$EF_j = EF_i + FTF_{i,j} \tag{3-88}$$

STF
$$EF_j = ES_i + STF_{i,j} \tag{3-89}$$

$$ES_j = EF_j - D_i \tag{3-90}$$

$$EF_j = ES_j + D_j \tag{3-91}$$

③计算工作最早时间，当出现最早开始时间为负值时，应将该工作与起点节点用虚箭线相连接，并确定其时距为

$$STS = 0 \tag{3-92}$$

④当有两种以上的时距（或者有两项或两项以上紧前工作）限制工作间的逻辑关系时，应该按不同情况，分别进行计算其最早时间，取其最大值。

⑤有最早完成时间的最大值的中间工作应该与终点节点用虚箭线相连接，并确定其时距为

$$FTF = 0 \tag{3-93}$$

按上述公式计算本例中各工作的最早时间

A 工作　$ES_A = 0$，$EF_A = ES_A + D_A = 0 + 6 = 6$；

B 工作　$ES_B = ES_A + STS_{A,B} = 0 + 2 = 2$，$EF_B = ES_B + D_B = 2 + 8 = 10$；

C 工作　$EF_C = EF_A + FTF_{A,C} = 6 + 4 = 10$，$ES_C = EF_C - D_C = 10 - 14 = -4$；

D 工作　$EF_D = EF_A + FTF_{A,D} = 6 + 2 = 8$，$ES_D = EF_D - D_D = 8 - 10 = -2$

因按时距计算 ES_C、ES_D 均为负值，故应该将 C、D 工作与起点节点相连接，确定时距 $STS = 0$，则 C、D 工作就出现有两项紧前工作，则计算 ES 值应取最大值，故

$ES_C = \max\{0,\ -4\} = 0$，$EF_C = ES_C + D_C = 0 + 4 = 4$；

$ES_D = \max\{0,\ -2\} = 0$，$EF_D = ES_D + D_D = 0 + 10 = 10$

E 工作　$ES_E = \max\{EF_B + FTS_{B,E},\ ES_C + STS_{C,E}\} = \max\{10 + 2,\ 0 + 6\} = 12$

$EF_E = ES_E + D_E = 12 + 10 = 22$

F 工作　$ES_F = ES_C + STS_{C,F} = 0 + 3 = 3$，

$EF_F = EF_C + FTF_{C,F} = 14 + 6 = 20$，$ES_F = EF_F - D_F = 20 - 14 = 6$；

$EF_F = EF_D + FTF_{D,F} = 10 + 14 = 24$，$ES_F = EF_F - D_F = 24 - 14 = 10$

故　$ES_F = \max\{3,\ 6,\ 10\} = 10$，$EF_F = ES_F + D_F = 10 + 14 = 24$

G 工作　$ES_G = ES_E + STS_{E,G} = 12 + 4 = 16$，

$EF_G = ES_F + STF_{F,G} = 10 + 6 = 16$，$ES_G = EF_G - D_G = 16 - 4 = 12$

故　$ES_G = \max\{16,\ 12\} = 16$，$EF_G = ES_G + D_G = 16 + 4 = 20$

H 工作　$ES_H = EF_D + FTS_{D,H} = 10 + 0 = 10$，$EF_H = ES_H + D_H = 10 + 6 = 16$

根据图的终点有 G、H 两个工作，$EF_G = 20$，$EF_H = 16$，中间工作 F 的最早完成时间值最大 $EF_F = 24$，但未与终点节点相连接，故必须将 F 节点与终点节点用虚箭线连接，其时距确定为 $FTF = 0$，故虚拟终点节点的 $ES_{终} = EF_{终} = EF_F = 24$。

把以上计算结果标注在如图 3-48 所示的网络图中。

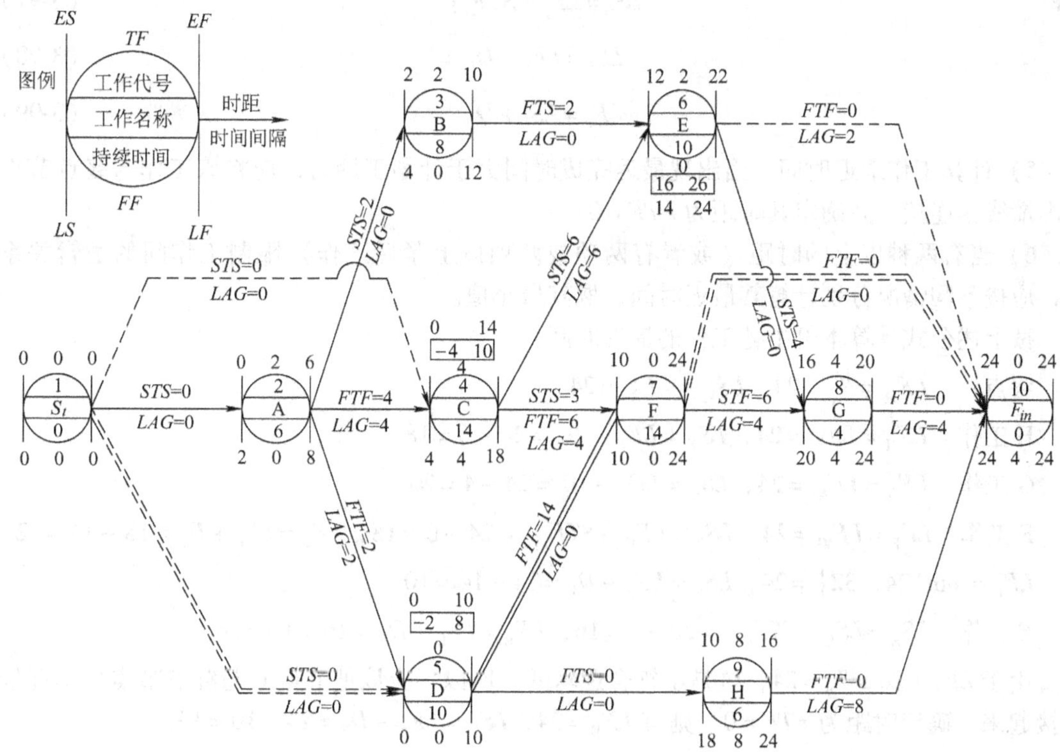

图 3-48　单代号搭接网络计划的时间参数计算图

2. 搭接网络计划计划工期的确定

（1）计算工期的确定　搭接网络计划的计算工期是由与虚拟终点节点相连接的工作的最早完成时间的最大值决定的，故 $T_c = \max\{EF_F, EF_G, EF_H\} = \max\{24, 20, 16\} = 24$。

（2）计划工期的确定　同前几节规定一样，图 3-48 所示的搭接网络计划未规定要求工期，故 $T_p = T_c = 24$。

3. 工作最迟时间的计算

1）工作最迟时间的计算，应该从网络计划的终点节点开始，逆箭线方向自右至左依次进行。

2）虚拟终点节点的最迟完成时间应该按网络计划的计划工期确定，即 $LF_{终} = T_p$。

3）凡与虚拟终点节点相连接的工作，其最迟完成时间等于虚拟终点节点的最迟完成时间。

4）其他工作 i 的最迟时间按下列公式进行计算

FTS $$LF_i = LS_j - FTS_{i,j} \tag{3-94}$$

STS $$LS_i = LS_j - STS_{i,j} \tag{3-95}$$

FTF $$LF_i = LF_j - FTF_{i,j} \tag{3-96}$$

STF $$LS_i = LF_j - STF_{i,j} \tag{3-97}$$

$$LS_i = LF_i - D_i \tag{3-98}$$

$$LF_i = LS_i + D_i \tag{3-99}$$

5）计算工作最迟时间，当出现最迟完成时间大于计划工期时，应将该工作与终点节点用虚箭线相连接，并确定其时距为 $FTF = 0$。

6）当有两种以上的时距（或者有两项或两项以上紧后工作）限制工作间的逻辑关系时，应按不同情况分别计算其最迟时间，取其最小值。

按上述公式计算本例中各工作的最迟时间：

终点　$LF_{终} = T_P = 24$，$LS_{终} = LF_{终} = 24$，

H 工作　$LF_H = LF_{终} = 24$，$LS_H = LF_H - D_H = 24 - 6 = 18$

G 工作　$LF_G = LF_{终} = 24$，$LS_G = LF_G - D_G = 24 - 4 = 20$

F 工作　$LF_F = LF_{终} = 24$，$LS_F = LF_G - STF_{F,G} = 24 - 6 = 18$，$LF_F = LS_F + D_F = 18 + 14 = 32$

故　$LF_F = \min\{24，32\} = 24$，$LS_F = LF_F - D_F = 24 - 14 = 10$

E 工作　$LS_E = LS_G - STS_{E,G} = 20 - 4 = 16$，$LF_E = LS_E + D_E = 16 + 10 = 26$

由于 $LF_E = 26 > T_P = 24$，这是不符合逻辑的。所以，应该把节点 E 与终点节点用虚箭线连接起来，确定时距为 $FTF = 0$，则有 $LF_E = 24$，$LS_E = LF_E - D_E = 24 - 10 = 14$。

D 工作　$LF_D = LF_F - FTF_{D,F} = 24 - 14 = 10$，$LF_D = LS_H - FTS_{D,H} = 18 - 0 = 18$

故　$LF_D = \min\{10，18\} = 10$，$LS_D = LF_D - D_D = 10 - 10 = 0$。

C 工作　$LS_C = LS_F - STS_{C,F} = 10 - 3 = 7$，$LF_C = LF_F - FTF_{C,F} = 24 - 6 = 18$，

$LS_C = LF_C - D_C = 18 - 14 = 4$，$LS_C = LS_E - STS_{C,F} = 14 - 6 = 8$

故　$LS_C = \min\{7，4，8\} = 4$，$LF_C = LS_C + D_C = 4 + 14 = 18$

B 工作　$LF_B = LS_E - FTS_{B,E} = 14 - 2 = 12$，$LS_B = LF_B - D_B = 12 - 8 = 4$

A 工作　$LS_A = LS_B - STS_{A,B} = 4 - 2 = 2$，$LF_A = LS_A + D_A = 2 + 6 = 8$，

$LF_A = LF_C - FTF_{A,C} = 18 - 4 = 14$，$LF_A = LF_D - FTF_{A,D} = 10 - 2 = 8$

故　$LF_A = \min\{8，14，8\} = 8$，$LS_A = LF_A - D_A = 8 - 6 = 2$。

把以上计算结果标注在图 3-48 所示的网络图中。

4. 时间间隔的计算

在搭接网络计划中，相邻两项工作 i 和 j 之间在满足时距之外，还有多余的时间间隔 $LAG_{i,j}$ 存在，如图 3-49 所示。时间间隔因搭接关系不同其计算也不同，现分述如下。

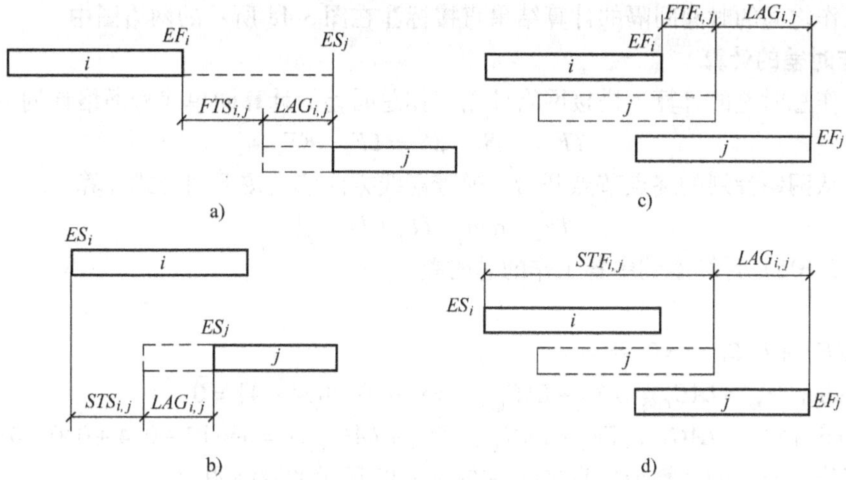

图 3-49 搭接网络计划时间间隔 $LAG_{i,j}$ 表达示例

（1）完成到开始的关系（*FTS*）

$$LAG_{i,j}=ES_j-EF_i-FTS_{i,j} \tag{3-100}$$

上述公式的含义可以用横道图表示，如图 3-49a 所示。

（2）开始到开始的关系（*STS*）

$$LAG_{i,j}=ES_j-ES_i-STS_{i,i} \tag{3-101}$$

上述公式的含义可以用横道图表示，如图 3-49b 所示。

（3）完成到完成的关系（*FTF*）

$$LAG_{i,j}=EF_j-EF_i-FTF_{i,j} \tag{3-102}$$

上述公式的含义可以用横道图表示，如图 3-49c 所示。

（4）开始到完成的关系（*STF*）

$$LAG_{i,j}=EF_j-ES_i-STF_{i,j} \tag{3-103}$$

上述公式的含义可以用横道图表示，如图 3-49d 所示。

（5）混合搭接关系　当相邻工作时间是混合搭接关系时，应分别计算 $LAG_{i,j}$，然后取其中的最小值。在以上四种时距连接关系中，可能出现任何组合情况，所以其计算公式为

$$LAG_{i,j}=\min\begin{Bmatrix}ES_j-EF_i-FTS_{i,j},\\ES_j-ES_i-STS_{i,j},\\EF_j-EF_i-FTF_{i,j},\\EF_j-ES_i-STF_{i,j}\end{Bmatrix} \tag{3-104}$$

按上述公式计算本例中各工作之间的时间间隔：

$LAG_{起,A}=LAG_{起,C}=LAG_{起,D}=0$

$LAG_{A,B}=ES_B-ES_A-STS_{A,B}=2-0-2=0$

$LAG_{C,F}=\min\{ES_F-ES_C-STS_{C,F},EF_F-EF_C-FTF_{C,F}\} = \min\{10-0-3,24-14-6\}=4$

$LAG_{H,终}=EF_{终}-EF_H-FTF_{H,终}=24-16-0=8$

其他工作之间的时间间隔的计算结果直接标注在图 3-48 所示的网络图中。

5. 工作时差的计算

（1）工作总时差的计算　搭接网络计划工作总时差的计算同单代号网络计划一样，即

$$TF_i = LS_i - ES_i = LF_i - EF_i \tag{3-105}$$

也可以从网络计划的终点节点开始，逆着箭线方向依次按下列公式计算

$$TF_i=\min\ \{TF_j+LAG_{i,j}\} \tag{3-106}$$

按式（3-106）计算本例中各工作的总时差：

$TF_{终}=0$

$TF_H=TF_{终}+LAG_{H,终}=0+8=8$

$TF_F=\min\{TF_{终}+LAG_{F,终},TF_G+LAG_{F,G}\}=\min\{0+0,4+4\}=0$

$TF_{起}=\min\{TF_A+LAG_{起,A},TF_C+LAG_{起,C},TF_D+LAG_{起,D}\}=\min\{2+0,4+0,0+0\}=0$

其他工作总时差的计算结果直接标注在图 3-48 所示的网络图中。

（2）工作自由时差的计算　搭接网络计划工作自由时差的计算同单代号网络计划一样，即

1）终点节点 n 所代表工作的自由时差应为

$$FF_n=T_p-EF_n \tag{3-107}$$

2）其他工作 i 的自由时差应为

$$FF_i=ES_j-EF_i=LAG_{i,j} \tag{3-108}$$

或

$$FF_i=\min\{ES_j-EF_i\}=\min\{LAG_{i,j}\} \tag{3-109}$$

按式（3-107）～式（3-109）计算本例中各工作的自由时差：

$FF_{起}=\min\ \{LAG_{起,A},\ LAG_{起,C},\ LAG_{起,D}\}=\min\{0,\ 0,\ 0\}=0$

$FF_H=LAG_{H,终}=8=8$

$TF_{终}=T_p=0$

其他工作自由时差的计算结果直接标注在图 3-48 所示的网络图中。

6. 关键工作和关键线路的确定

1）在单代号搭接网络计划中，总时差最小的工作为关键工作。

2）在单代号搭接网络计划中，从网络图的起点节点到终点节点的各条线路中，时间间隔 $LAG_{i,j}$ 全部为零的线路为关键线路。由此判断出图 3-48 中的关键线路为：S_t— D—F—F_{in} 并用双箭线标出关键线路。

第六节　网络计划的优化

网络计划编制完毕并经过时间参数计算后，得出计划的最初方案，但它只是一种可行方案，不一定是比较合理的或最优的方案。为此，还必须对网络计划的初步方案进行优化处理或调整。

网络计划的优化是在满足既定约束的条件下，按某一目标（工期、成本、资源），通过对网络计划的不断调整，寻求相对满意或最优计划方案的过程。网络计划优化的目标，应该

按计划任务的需要和条件选定，主要包括工期目标、费用目标、资源目标。因此，网络计划优化的主要内容有工期优化、费用优化、资源优化。

一、工期优化

当网络计划的计算工期不能满足要求工期时，即计算工期小于、等于或大于要求工期时，应该进行工期优化，可以通过延长或缩短计算工期以达到工期目标，保证按期完成任务。

工期优化的条件是：各种资源（包括劳动力、材料、机械等）充足，只考虑时间问题。

1. 计算工期小于或等于要求工期

如果计算工期小于要求工期不多或两者相等，一般不必优化。

如果计算工期小于要求工期较多，则宜优化。优化方法是：延长关键工作中资源占用量大或直接费用高的工作持续时间（通常采用减少劳动力等资源需用量的方法），重新计算各工作计算参数，反复多次进行，直至满足要求工期为止。

2. 计算工期大于要求工期

当计算工期大于要求工期时，可以通过压缩关键工作的持续时间来达到优化目标的目的。

（1）优化步骤

1）计算并找出初始网络计划的计算工期、关键线路及关键工作。

2）按要求工期计算应该缩短的时间 ΔT

$$\Delta T = T_c - T_r \tag{3-110}$$

3）确定各关键工作能缩短的持续时间。

4）在关键线路上，按下列因素选择应优先压缩其持续时间的关键工作：

①缩短持续时间后对质量和安全影响不大的关键工作。

②有充足备用资源的关键工作。

③缩短持续时间所需增加的费用最少的关键工作。

5）将应该优先压缩的关键工作压缩至最短持续时间，并重新计算网络计划的计算工期，找出关键线路。若被压缩的工作变成了非关键工作，则应该将其持续时间延长，使之成为关键工作。

6）若计算工期仍超过要求工期时，则重复以上步骤，直到满足工期要求或工期已经不能再缩短为止。

7）当所有关键工作的持续时间都已达到最短持续时间而工期仍不能满足要求时，应该对计划的原技术、组织方案进行调整，如果仍不能达到工期要求时，则应该对要求工期重新审定，必要时可以提出要求改变工期。

（2）缩短网络计划工期的方法

1）改变施工组织安排，往往是缩短网络计划工期的捷径。如重新划分施工段数、最大限度地安排流水施工以及改变各施工段之间先后施工的顺序或相互之间的逻辑关系等。

2）通过缩短某些关键工作的持续时间来逐步缩短网络计划工期。其方法有以下两种：

①采用技术措施或改变施工方法，提高工效等。

②采取组织措施，如增加劳动力、机械设备，当工作面受到限制时可以采用两班制或三班制等。

3）也可以综合采用上述几种方法。如果有多种可行方案均能达到缩短工期的目的时，应该对各种可行方案进行技术经济比较，从中选择最优方案。

（3）缩短网络计划工期时应注意的问题

1）在缩短网络计划工期的过程中，当出现多条关键线路时，必须将各条关键线路的持续时间同时缩短同一数值，否则不能达到缩短工期的目的。

2）在缩短关键线路的持续时间时，应逐步缩短，不能将关键工作缩短成非关键工作。

3）在缩短关键工作的持续时间时，必须注意由于关键线路长度的缩短，次关键线路有可能成为关键线路，因此有时需要同时缩短次关键线路上有关工作的持续时间，才能达到缩短工期的要求。

（4）工期优化实例

【例 3-5】 已知双代号网络计划如图 3-50 所示。图中箭线下方括号外的数字为正常持续时间，括号内的数字为最短持续时间；箭线上方括号内的数字为考虑各种因素后的优选系数，优选系数越小应该优先选择，若同时缩短多个关键工作，则对多个关键工作的优选系数之和（称为组合优选系数）最小者也应优先选择。假定要求工期为 100d，试进行工期优化。

【解】 1）用标号法求出在正常持续时间下的关键线路及计算工期，如图 3-51 所示。

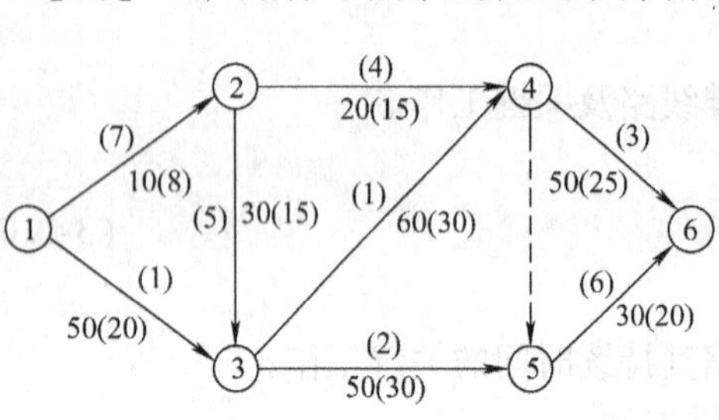

图 3-50 某双代号网络计划

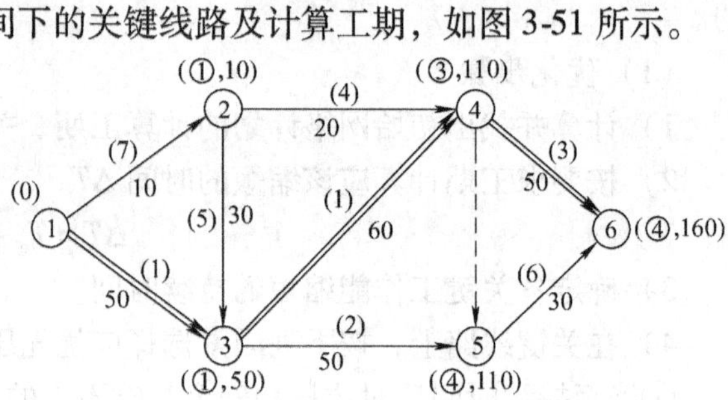

图 3-51 初始双代号网络计划

2）应缩短的时间为

$$\Delta T = T_c - T_r = (160 - 100)\,d = 60d$$

3）应优先压缩关键线路中优选系数最小的工作 1—3 和工作 3—4，并将其压缩至最短持续时间。用标号法找出关键线路，如图 3-52 所示。此时，工作 1—3 压缩至非关键工作，故需要将其松弛，使之成为关键工作，如图 3-53 所示。

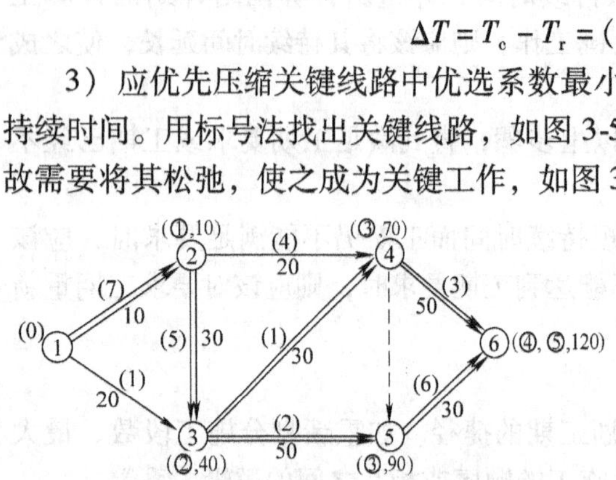

图 3-52 第一次调整后网络计划

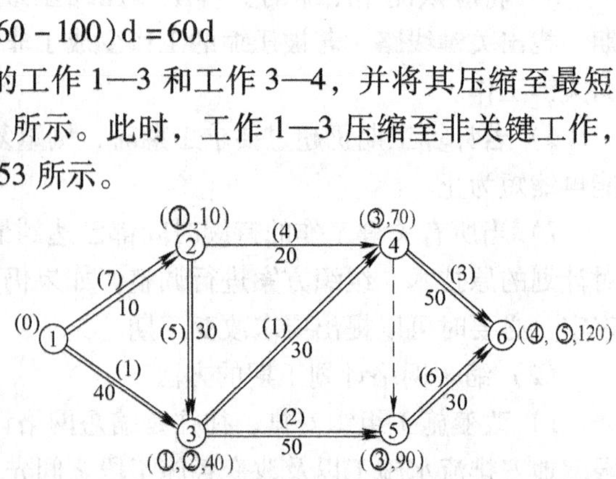

图 3-53 第二次调整后网络计划

4）由于计算工期仍大于要求工期，故需要继续压缩。如图 3-53 所示，有四个压缩方案：

①压缩工作1—2、1—3，组合优选系数为7+1=8。

②压缩工作2—3、1—3，组合优选系数为5+1=6。

③压缩工作3—5、4—6，组合优选系数为2+3=5。

④压缩工作4—6、5—6，组合优选系数为3+6=9。

决定压缩优选系数最小者，即工作3—5、4—6。用最短工作持续时间置换工作3—5正常持续时间，工作4—6缩短20d，重新计算网络计划工期，如图3-54所示。

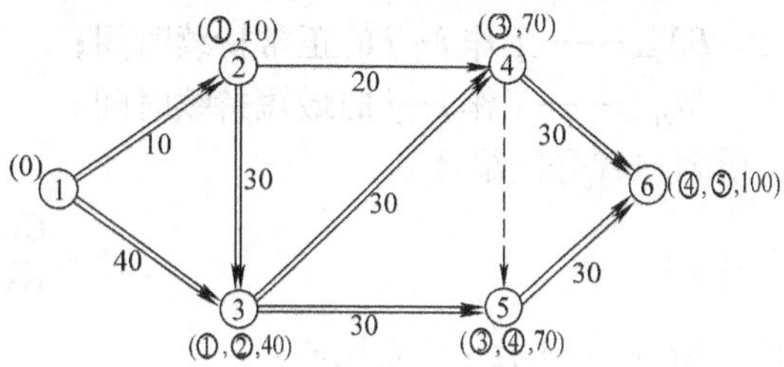

图3-54　最终优化网络计划图

二、费用优化

费用优化又称成本优化，其优化是寻求最低成本时的最短工期安排，或者按要求工期寻求最低成本的计划安排过程。

1. 工期与费用的关系

工程施工的总费用包括直接费用和间接费用两种。

直接费用是指在工程施工过程中，直接消耗在工程项目上的活劳动和物化劳动，包括人工费、材料费、机械使用费以及冬雨期施工增加费、特殊地区施工费、夜间施工费等。一般情况下，直接费用是随着工期的缩短而增加的。然而，工作时间缩短至某一极限，则无论增加多少直接费用，也不能再缩短工期，此时的工期为最短工期，此时的费用为最短时间直接费用。反之，若延长时间，则可以减少直接费用。然而，时间延长至某一极限，则无论将工期延至多长，也不能再减少直接费用，此时的工期称为正常工期，此时的费用称为正常时间直接费用。

间接费用是与整个工程有关的、不能或不宜直接分摊给每道工序的费用，它包括与工程有关的管理费用、全工地性设施的租赁费、现场临时办公设施费、公用和福利事业费及占用资金应付的利息等。间接费用一般与工程的工期呈正比关系，即工期越长，间接费用越多，工期越短，间接费用越少。

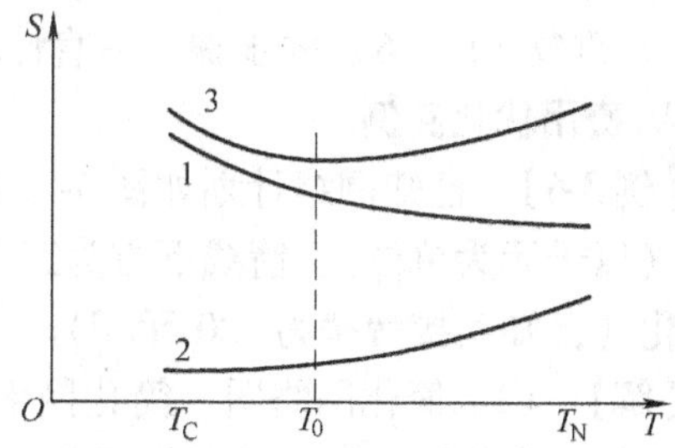

图3-55　工期-费用曲线

1—直接费用　2—间接费用　3—总费用

T_0—最短工期　T_N—正常工期　T_C—最优工期

如果把直接费用和间接费用加在一起，必然有一个总费用最少的工期，即最优工期。上述关系可由如图3-55所示的工期-费用曲线表示。

2. 费用优化的方法

费用优化的基本方法是不断地从时间和费用的关系中，找出能使工期缩短且直接费用增加最少的工作，缩短其持续时间，同时考虑间接费用叠加，便可以求出费用最低相应的最优工期和工期规定时相应的最低费用。

3. 费用优化的步骤

1）按工作正常持续时间找出关键工作及关键线路。

2）按下列公式计算各项工作的费用率。

①对双代号网络计划：

$$\Delta C_{i-j}=\frac{CC_{i-j}-CN_{i-j}}{DN_{i-j}-DC_{i-j}} \tag{3-111}$$

式中　ΔC_{i-j}——工作 i—j 的费用率；

CC_{i-j}——将工作 i—j 持续时间缩短为最短持续时间后，完成该工作所需的直接费用；

CN_{i-j}——在正常条件下完成工作 i—j 所需的直接费用；

DN_{i-j}——工作 i—j 的正常持续时间；

DC_{i-j}——工作 i—j 的最短持续时间。

②对单代号网络计划：

$$\Delta C_i=\frac{CC_i-CN_i}{DN_i-DC_i} \tag{3-112}$$

式中　ΔC_i——工作 i 的费用率；

CC_i——将工作 i 持续时间缩短为最短持续时间后，完成该工作所需的直接费用；

CN_i——在正常条件下完成工作 i 所需的直接费用；

DN_i——工作 i 的正常持续时间；

DC_i——工作 i 的最短持续时间。

3）在网络计划中找出费用率（或组合费用率）最低的一项关键工作或一组关键工作，作为缩短持续时间的对象。

4）缩短找出的关键工作或一组关键工作的持续时间，其缩短值必须符合不能压缩成非关键工作和缩短后其持续时间不小于最短持续时间的原则。

5）计算相应增加的直接费用 C_i。

6）考虑工期变化带来的间接费用及其他损益，在此基础上计算总费用。

7）重复3）~6）的步骤，一直计算到总费用最低为止。

4. 费用优化实例

【例3-6】 已知网络计划如图3-56所示，图中箭线上方为工作的正常费用和最短时间的费用（以千元为单位），箭线下方为工作的正常持续时间和最短的持续时间。试对其进行费用优化（已知间接费率为120元/d）。

【解】（1）简化网络图　简化网络图的目的是在缩短工期过程中，删去那些不能变成关键工作的非关键工作，使网络图及其计算简化。

首先按持续时间计算，找出关键线路及关键工作，如图3-57所示。关键线路为1—3—4—6，关键工作为1—3、3—4、4—6。用最短的持续时间置换那些关键工作的正常持续时间，重新计算，找出关键线路及关键工作。重复本步骤，直至不能增加新的关键线路为止。

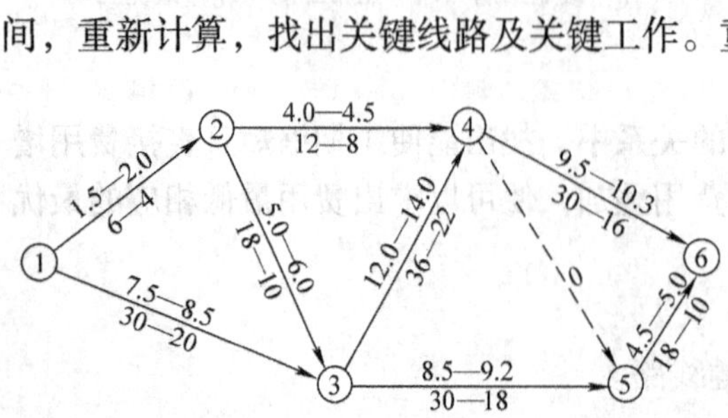

图3-56　初始网络计划

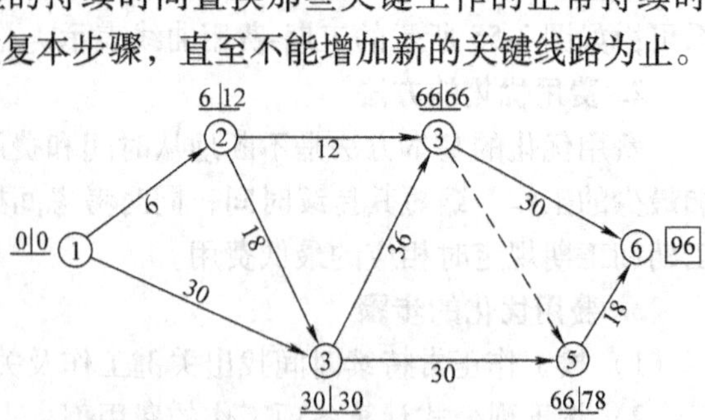

图3-57　按正常持续时间计算网络计划

经计算，图 3-57 所示中的工作 2—4 不能转变为关键工作，故删去它，重新整理成新的网络计划，如图 3-58 所示。

（2）计算各工作费用率

$$\Delta C_{1-2}=\frac{CC_{1-2}-CN_{1-2}}{DN_{1-2}-DC_{1-2}}=\left(\frac{2000-1500}{6-4}\right)\text{元/d}=250\text{ 元/d}$$

将计算结果标注在图 3-58 所示中的箭线上方。

（3）找出关键线路上工作费用率最低的关键工作　图 3-59 中关键线路为 1—3—4—6，工作费用率最低的关键工作是 4—6。

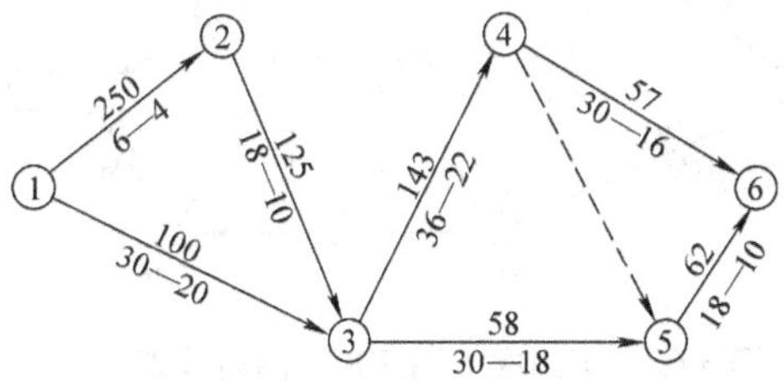

图 3-58　新的网络计划

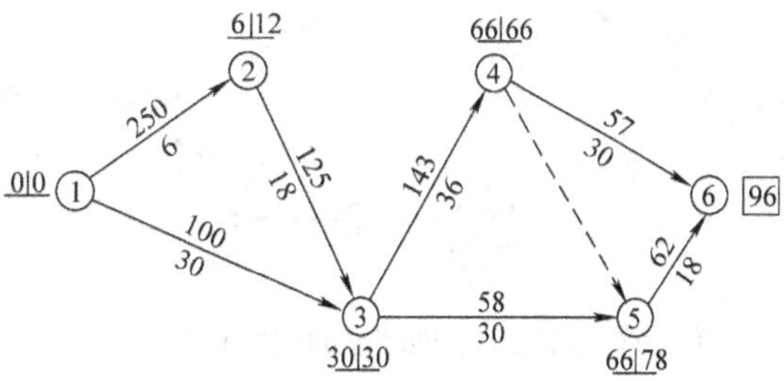

图 3-59　按新的网络计划确定关键线路图

（4）缩短工作的持续时间　原则是原关键线路不能变为非关键线路，并且工作缩短后的持续时间不小于最短持续时间。

已知关键工作 4—6 的持续时间可以缩短 14d，由于工作 5—6 的总时差只有 12d。因此，第一次缩短只能是 12d，工作 4—6 的持续时间应改为 18d，如图 3-60 所示。计算第一次缩短工期后增加费用 C_1 为 $C_1=(57\times12)$元$=684$ 元。

通过第一次缩短后，在图 3-60 中，关键线路变成两条，即 1—3—4—6 和 1—3—4—5—6。若继续缩短，两条关键线路的长度必须缩短为同一值。为了减少计算次数，关键工作 1—3、4—6、5—6 都缩短时间，工作 4—6 持续时间只允许再缩短 2d，故将工作 4— 6 和 5—6 的持续时间同时缩短 2d。工作 1—3 持续时间允许缩短 10d，但考虑到工作 1—2 和 2—3 的总时差有 6d（$12-0-6=6$ 或 $30-18-6=6$），因此工作 1—3 持续时间缩短 6d，共计缩短 8d，计算第二次缩短工期后增加的费用 C_2 为 $C_2=C_1+(100\times6)$元$+(57+62)\times2$ 元$=(684+600+238)$元$=1522$ 元。

如图 3-61 所示，工作 4—6 不能再压缩，关键工作 3—4 的持续时间缩短 6d，因工作 3—5 的总时差为 6d($60-30-24=6$)，计算第三次缩短工期后，增加的费用 $C_3=C_2+(143\times6)$元$=(1522+858)$元$=2380$ 元。

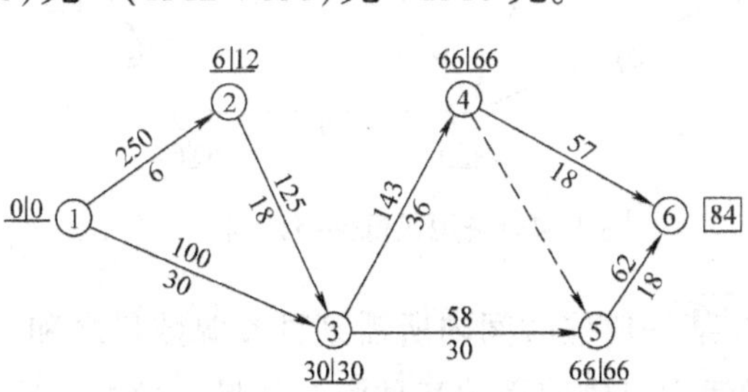

图 3-60　第一次工期缩短的网络计划

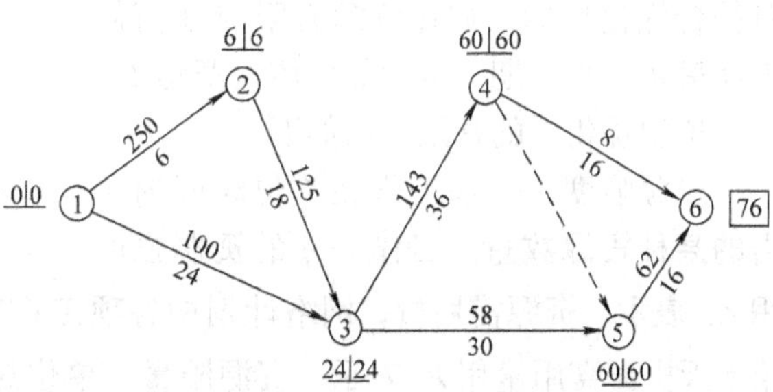

图 3-61　第二次工期缩短的网络计划

如图 3-62 所示，因为工作 3—4 最短的持续时间为 22d，所以工作 3—4 和 3—5 的持续时间可以同时缩短 8d，则第四次缩短工期后增加的费用 C_4 为

$$C_4 = C_3 + (143 + 58)\text{元} \times 8 = (2380 + 201 \times 8)\text{元} = 3988\text{ 元}$$

如图 3-63 所示，关键线路有 4 条，只能在关键工作 1—2、1—3、2—3 中选择，只有缩短工作 1—3 和 2—3 持续时间 4d。工作 1—3 的持续时间已经达到最短，不能再缩短，经过五次缩短，工期不能再减少了，第五次缩短工期后共增加费用 C_5 为

$$C_5 = C_4 + (125 + 100) \times 4\text{ 元} = (3988 + 900)\text{元} = 4888\text{ 元}$$

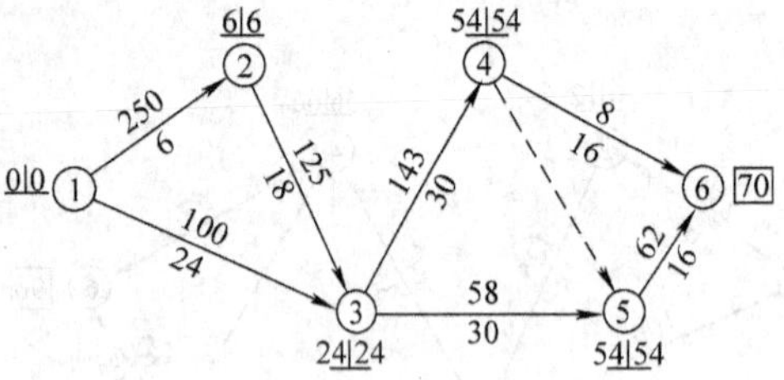

图 3-62　第三次工期缩短的网络计划

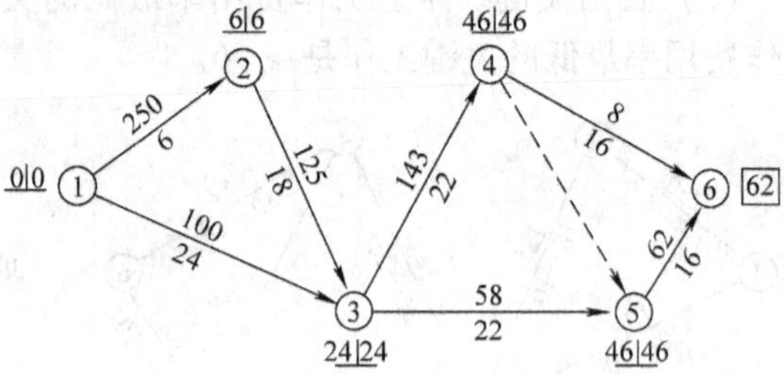

图 3-63　第四次工期缩短的网络计划

考虑到不同工期增加费用及间接费用的影响，见表 3-8，选择其中费用最低的工期作为优化的最佳方案，如图 3-64 所示。

表 3-8　不同工期组合费用表

不同工期	96	84	76	70	62	58
增加直接费用	0	684	1522	2380	3988	4888
间接费用	11520	10080	9120	8400	7440	6960
合计费用	11520	10764	10642	10780	11428	11848

单代号网络计划进行费用优化计算时，与双代号网络计划一样。

三、资源优化

资源是指完成某建设项目所需的人力、材料、机械设备和资金等的统称。完成某建设项目所需的资源量基本上是不变的，不可能通过资源优化将其减少。资源优化是通过改变工作的开始时间，使资源按时间的分布符合优化目标。如在资源有限时如何使工期最短，当工期一定时如何使资源均衡。

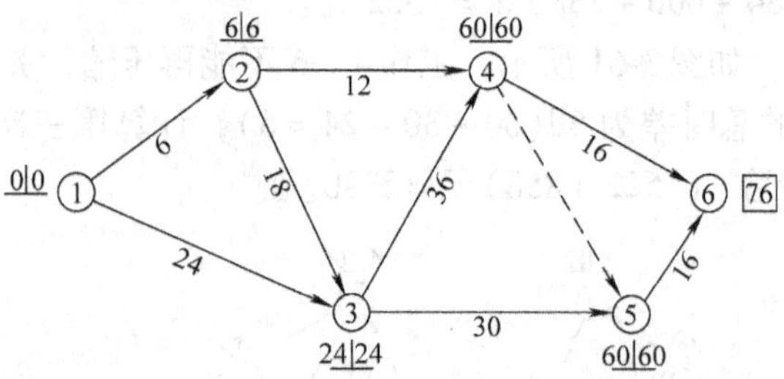

图 3-64　费用最低网络计划

资源优化中的常用术语如下：

资源强度，一项工作在单位时间内所需的某种资源数量。工作 i—j 的资源强度用 r_{i-j}表示。资源需用量，网络计划中各项工作在某一单位时间内所需某种资源数量之和。第 t 天资源需用量用 R_t 表示。资源限量，单位时间内可供使用的某种资源的最大数量，用 R_a 表示。

1. 资源有限——工期最短的优化

资源有限——工期最短的优化是通过调整计划安排，以满足资源限制条件，并使工期拖延最少的过程。

（1）优化的前提条件

1）在优化过程中，原网络计划的逻辑关系不改变。

2）在优化过程中，网络计划的各工作持续时间不改变。

3）除规定可中断的工作外，一般不允许中断工作，应保持其连续性。

4）各工作每天的资源需要量是均衡、合理的，在优化过程中不予变更。

（2）优化步骤

1）计算网络计划每“时间单位”的资源需用量。

2）从计划开始日期起，逐个检查每个“时间单位”资源需用量是否超过资源限量 R_a，如果在整个工期内都是 $R_t \leqslant R_a$，则可行优化方案就编制完成。若发现 $R_t > R_a$，则必须进行计划调整。

3）分析超过资源限量的时段（每“时间单位”资源需用量相同的时间区段），计算工期增量，确定新的安排顺序。调整计划时，应该对资源冲突的各项工作做新的顺序安排。顺序安排的选择标准是工期延长时间最短，其值应该按下列公式计算：

对双代号网络计划

$$\Delta D_{m'-n',\, i'-j'} = \min\ \{\Delta D_{m-n,i-j}\} \tag{3-113}$$

$$\Delta D_{m-n,\, i-j} = EF_{m-n} - LS_{i-j} \tag{3-114}$$

式中 $\Delta D_{m'-n',\, i'-j'}$——在各种顺序安排中，最佳顺序安排所对应的工期延长时间的最小值；

$\Delta D_{m-n,\, i-j}$——在资源冲突的各项工作中，工作 i—j 安排在工作 m—n 之后进行，工期所延长的时间。

对单代号网络计划

$$\Delta D_{m',\, i'} = \min\ \{\Delta D_{m,\, i}\} \tag{3-115}$$

$$\Delta D_{m,\, i} = EF_m - LS_i \tag{3-116}$$

式中 $\Delta D_{m',\, i'}$——在各种顺序安排中，最佳顺序安排所对应的工期延长时间的最小值；

$\Delta D_{m,i}$——在资源冲突的各项工作中，工作 i 安排在工作 m 之后进行，工期所延长的时间。

4）当最早完成时间 $EF_{m'-i'}$ 或 $EF_{m'}$ 最小值和最迟开始时间 $LS_{i'-j'}$ 或 $LS_{i'}$ 最大值同属一个工作时，应找出最早完成时间为次小，最迟开始时间为次大的工作，分别组成两个顺序方案，再从中选取较小者进行调整。

5）绘制调整后的网络计划，重复以上步骤，直到满足要求。

（3）资源有限——工期最短优化实例

【例3-7】 已知网络计划如图3-65所示。图中箭线上方为工作资源强度，箭线下方为持续时间，若资源限量为 $R_a = 12$，试对其进行资源有限——工期最短的优化。

【解】 1）计算每日资源需用量，如图3-66所示。至第4天，$R_4 = 13 > R_a = 12$，故需要进行调整。

2）第一次调整。资源超限时段内有工作1— 3、2—4 两项，分别计算 EF、LS，得

$EF_{1-3} = 4$，$LS_{1-3} = 3$；

$EF_{2-4}=6$，$LS_{2-4}=3$

方案一：工作 1—3 移到 2—4 之后

$\Delta D_{2-4,\,1-3}=EF_{2-4}-LS_{1-3}=6-3=3$

方案二：工作 2—4 移到 1—3 之后

$\Delta D_{1-3,\,2-4}=EF_{1-3}-LS_{2-4}=4-3=1$

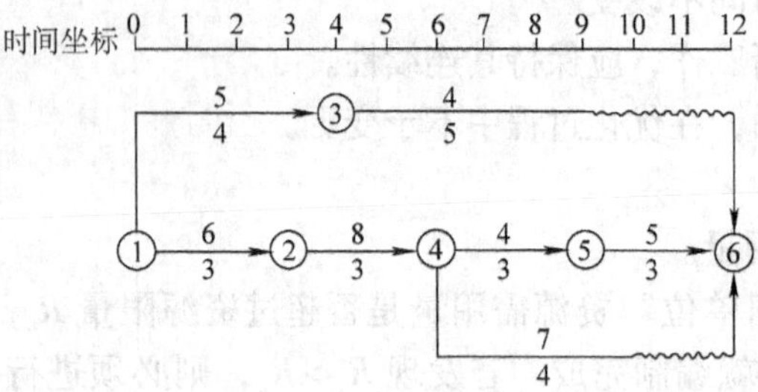

图 3-65　初始网络计划

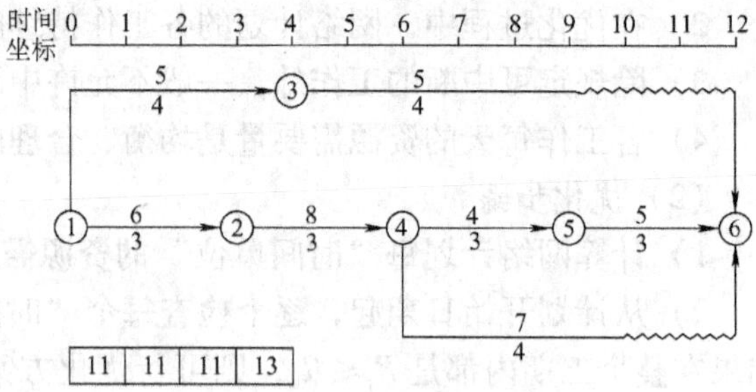

图 3-66　计算 R_1 至 $R_4=13>R_a=12$

3）决定先考虑工期增加量较小的第二方案，绘出其网络计划如图 3-67 所示。

4）计算资源需用量至第 8 天，$R_8=15>R_a=12$，故需要进行第二次调整。资源超限时段内的工作有 3—6、4—5、4—6 三项，分别计算 EF、LS，得

$EF_{3-6}=9$，$LS_{3-6}=8$；

$EF_{4-5}=10$，$LS_{4-5}=7$；

$EF_{4-6}=11$，$LS_{4-6}=9$

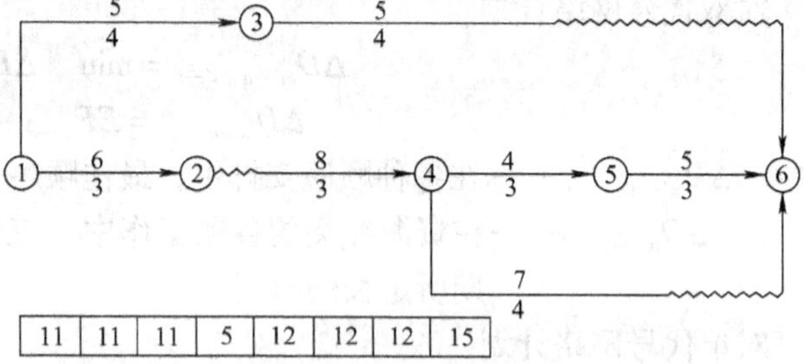

图 3-67　将工作 2—4 移到 1—3 之后并检查 R_1 至第 8 天（$R_8=15>R_a=12$）

根据式（3-114）确定 $\Delta D_{m-n,\,i-j}$ 最小值，只需要找到 min $\{EF_{m-n}\}$ 和 max $\{LS_{i-j}\}$，即为最佳方案。由上面计算结果可知，min $\{EF_{m-n}\}$ 为工作 3—6，max $\{LS_{i-j}\}$ 为工作 4—6，则选择工作 4—6 安排在工作 3—6 之后进行，工期增加最小为

$\Delta D_{3-6,\,4-6}=EF_{3-6}-LS_{4-6}=9-9=0$

此时工期没有增加，仍为 13d，如图 3-68 所示。再计算每天资源需用量，均能满足要求。

如果有多个平行作业，当调整一项工作的最早开始时间后仍不能满足要求，就应该继续调整。

2. 工期固定——资源均衡的优化

工期固定——资源均衡的优化是调整计划安排，在保持工期不变的条件下，使资源需用量尽可能均衡的过程。

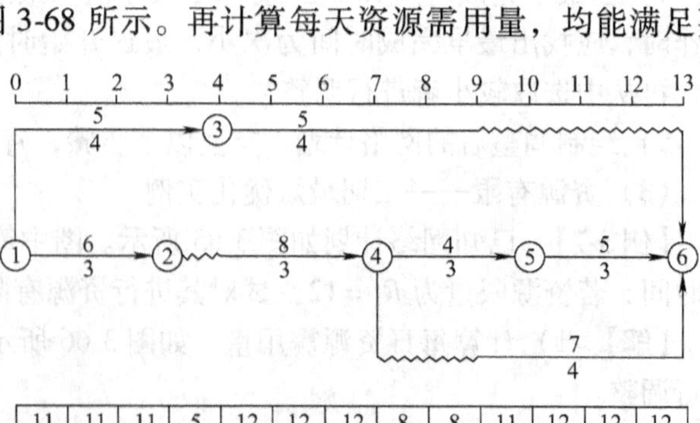

图 3-68　优化后的网络计划

资源均衡也就是使各种资源需用量动态曲线尽可能不出现短时期高峰或低谷，因而可以大大减小施工现场各种临时设施的规模，从而节省施工费用。

（1）资源均衡的指标

1）不均衡系数 K。

$$K=\frac{R_{\max}}{R_{\mathrm{m}}} \tag{3-117}$$

式中 $R_{\max}$——最大的资源需用量；

R_{m}——资源需用量的平均值。

K 值越小，资源均衡性越好。

2）极差值 ΔR。

极差值为每天计划需用量与每天平均需用量之差的最大绝对值，即

$$\Delta R=\max\ \{R_t-R_{\mathrm{m}}\} \tag{3-118}$$

ΔR 值越小，资源均衡性越好。

3）均方差值 σ^2。

每天计划需用量与每天平均需用量之差的平方和的平均值。即

$$\sigma^2=\frac{1}{T}\sum_{t=1}^{T}(R_t-R_{\mathrm{m}})^2 \tag{3-119}$$

σ^2 值越小，资源均衡性越好。

（2）用均方差值 σ^2 最小进行优化的基本思想　优化的基本思想是：利用网络计划初始方案，计算网络计划的自由时差，通过改善进度计划的安排，使资源动态曲线的均方差值减到最小，从而达到均衡的目的。

将式（3-119）展开

$$\begin{aligned}\sigma^2&=\frac{1}{T}\sum_{t=1}^{T}(R_t-R_{\mathrm{m}})^2\\&=\frac{1}{T}\sum_{t=1}^{T}(R_t^2-2R_tR_{\mathrm{m}}+R_{\mathrm{m}}^2)\\&=\frac{1}{T}\sum_{t=1}^{T}R_t^2-2\frac{1}{T}\sum_{t=1}^{T}R_tR_{\mathrm{m}}+\frac{1}{T}\sum_{t=1}^{T}R_{\mathrm{m}}^2\end{aligned}$$

而$\frac{1}{T}\sum_{t=1}^{T}R_t=R_{\mathrm{m}}$，则$\sigma^2=\frac{1}{T}\sum_{t=1}^{T}R_t^2-R_{\mathrm{m}}^2$。

由上式可以看出，T 及 R_{m} 都是常数，要使 σ^2 为最小，只需 $\sum_{t=1}^{T}R_t^2$ 为最小值。即

$W=\sum_{t=1}^{T}R_t^2=R_1^2+R_2^2+\cdots+R_T^2$ 为最小值。

（3）优化步骤

1）确定关键线路及非关键工作总时差。

2）调整顺序。调整宜自网络计划终点节点开始，从右向左依次进行。按工作的完成节点的编号值从大到小的顺序进行调整，同一个完成节点的工作则先调整开始时间较迟的工作。

在所有工作都按上述顺序自右向左进行了一次调整之后，再按上述顺序自右向左进行多

次调整，直至所有工作的位置都不能再移动为止。

3）调整的方法。设被移动的工作 $k—l$，i、j 分别表示工作未移动前开始和完成的那一天。如果工作 $k—l$ 右移 1d，则第 i 天的资源需用量将减少 $r_{k—l}$。而第 $j+1$ 天的资源需用量增加 $r_{k—l}$。这时，W 值的变化量（移动前的差值）为

$$\begin{aligned}\Delta W &= [(R_i - r_{k-l})^2 + (R_{j+1} + r_{k-l})^2] - [R_i^2 + R_{j+1}^2] \\ &= 2r_{k-l}(R_{j+1} - R_i + r_{k-l})\end{aligned}$$

显然，$\Delta W<0$ 时，表示 σ^2 减小，即

$$R_{j+1} + r_{k-l} \leqslant R \tag{3-120}$$

工作 $k—l$ 可向右移动 1d。

若 $\Delta W>0$ 时，表示 σ^2 增加，不能向右移 1d。此时，还要考虑右移多天（在总时差允许的范围内），计算各天的 ΔW 的累计值 $\sum\Delta W$，如果 $\sum\Delta W\leqslant 0$，则将工作右移至该天。

（4）工期固定——资源均衡优化实例

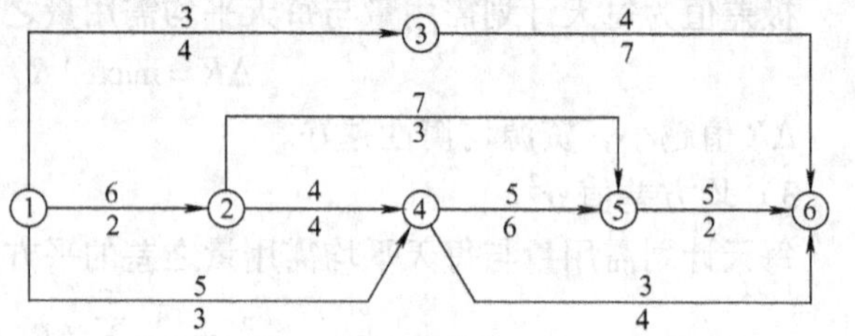

图 3-69　初始网络计划

【例 3-8】　已知网络计划如图 3-69 所示，图中箭线上方为资源强度，箭线下方为持续时间。试对其进行工期固定——资源均衡的优化。

【解】　1）绘出时标网络计划，算出资源需用量，并标注在网络计划的下方，如图 3-70 所示。

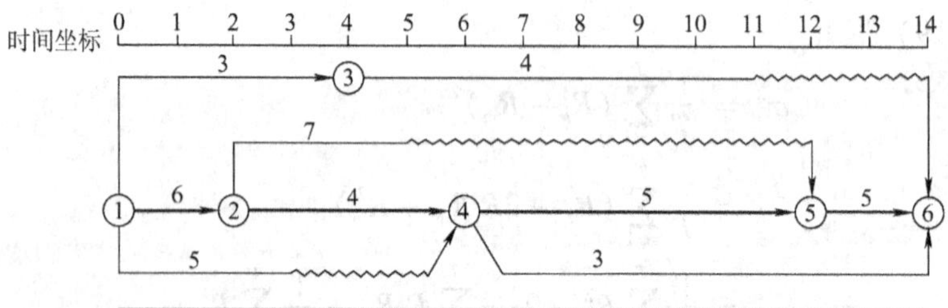

14	14	19	14	15	8	12	12	12	12	9	5	5	5

图 3-70　初始时标网络计划

2）计算初始网络计划的不均衡系数。

$$R_m = \frac{3\times14+19+15+8+4\times12+9+3\times5}{14} = 11.14$$

$$K = \frac{R_{max}}{R_m} = \frac{19}{11.14} = 1.71$$

3）第一次调整。

①以节点 6 为网络计划终点节点的工作有 3—6、4—6、5—6，而工作 5—6 为关键工作，因而只能调整工作 3—6、4—6，又因工作 4—6 的开始时间较工作 3—6 为迟，先调整工作 4—6。

$R_{11}+r_{4-6}=9+3=12=R_7=12$，可右移 1d；

$R_{12}+r_{4-6}=5+3=8<R_8=12$，可右移 1d；

$R_{13}+r_{4-6}=5+3=8<R_9=12$，可右移 1d；

$R_{14}+r_{4-6}=5+3=8<R_{10}=12$，可右移 1d。

至此，工作 4—6 的总时差已经用完，不能再右移，工作 4—6 调整后的网络计划，如图 3-71 所示。

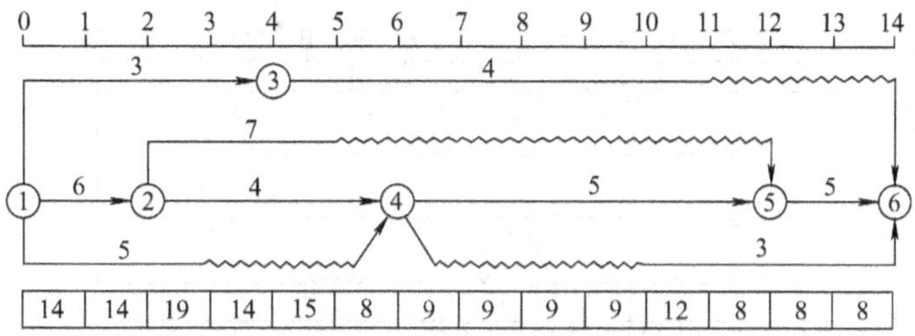

图 3-71　工作 4—6 调整后的网络计划

对工作 3—6 进行调整：

$R_{12}+r_{3-6}=8+4=12<R_5=15$，可右移 1d；

$R_{13}+r_{3-6}=8+4=12>R_6=8$，不能右移 1d；

$R_{14}+r_{3-6}=8+4=12>R_7=9$，不能右移。

工作 3—6 调整后的网络计划如图 3-72 所示。

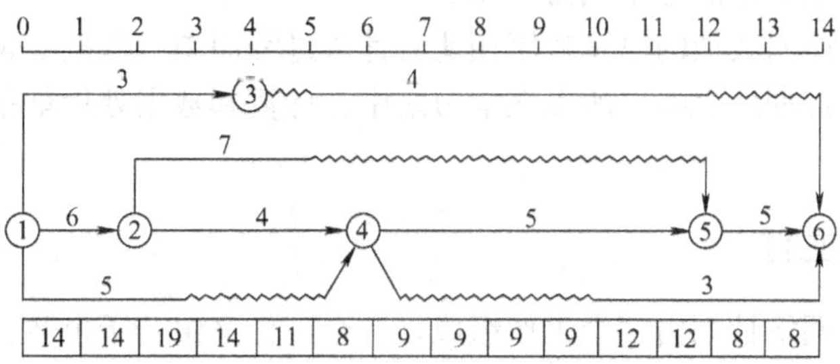

图 3-72　工作 3—6 调整后的网络计划

②以节点 5 为完成节点的工作有 4—5、2—5，而工作 4—5 为关键工作，只能调整工作 2—5。

$R_6+r_{2-5}=8+7=15<R_3=19$，可右移 1d；

$R_7+r_{2-5}=9+7=16>R_4=14$，不能右移 1d；

$R_8+r_{2-5}=9+7=16>R_5=11$，不能右移 1d；

$R_9+r_{2-5}=9+7=16>R_6=8$，不能右移 1d。

工作 2—5 调整后的网络计划如图 3-73 所示。

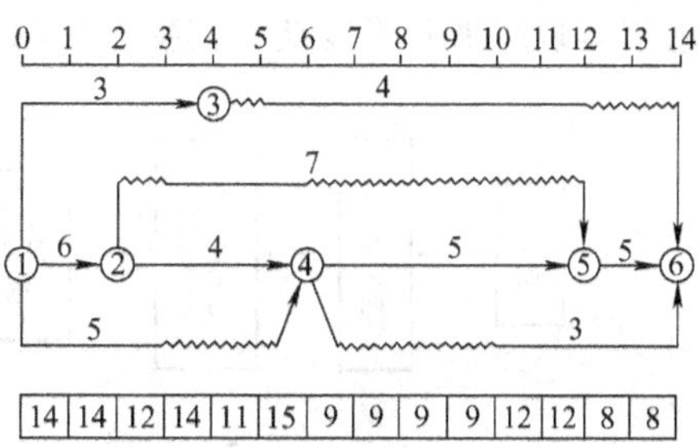

图 3-73　工作 2—5 调整后的网络计划

③分别对以节点 4、3、2 为完成节点的工作进行调整，可以看出，都不能右移。

4）第二次调整。

对以节点 6 为完成节点的工作 3—6 进行调整。

$R_{13}+r_{3-6}=8+4=12<R_6=15$，可右移 1d；

$R_{14}+r_{3-6}=8+4=12>R_7=9$，不能右移 1d。

至此，工作 3—6 的总时差已经用完，不可能再右移。以其他节点为完成节点的工作都不能右移，因而工作 3—6 调整后的网络计划则为优化后的网络计划，如图 3-74 所示。

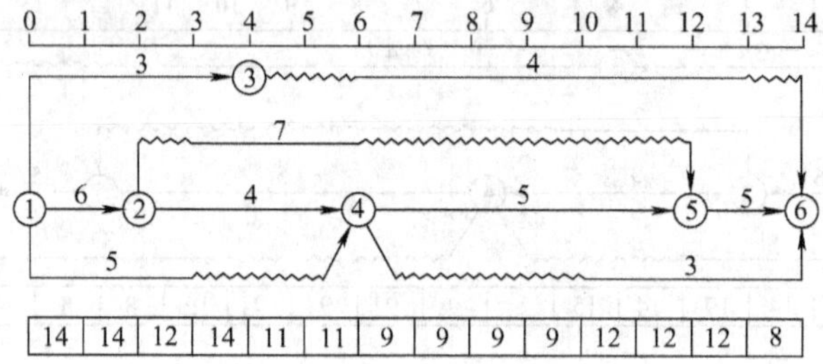

图 3-74　工作 3—6 调整后的优化网络计划

第七节　网络计划的电算方法

网络计划的时间参数计算、方案的各种优化以及实施期间的进度管理都需要大量的重复计算，而电子计算机的普及应用为解决这一问题创造了有利条件，尤其是微型计算机的出现，使得网络电算在企业中的应用成为可能。

网络计划电算程序同其他的电算程序相比有计算过程简单、数据变量较多的特点，它介于计算程序和数据处理程序之间。所以在学习之中，计算和数据处理都很重要，希望引起足够的重视。

一、建立数据文件

如前所述，一个网络计划由多个工作组成，一个工作又由若干个数据来表示，所以网络计划的时间参数计算过程很大程度上是在进行数据处理，为了计算上的方便，也为了便于数据的检查，有必要建立数据文件，数据文件是用来存放原始数据的。

为了使用上的方便，建立数据文件的程序时，不但要考虑学过计算机语言的人使用，也要考虑到没学过计算机语言的人使用，可以利用人机对话的优点，一问一答地交换信息。这个过程实现起来并不复杂。其程序如图 3-75 所示。

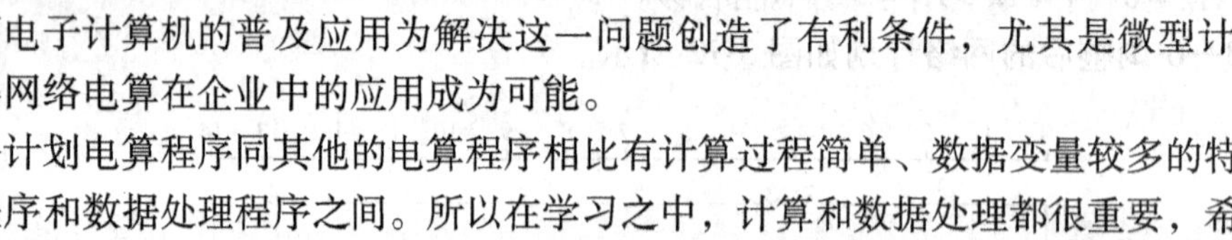

图 3-75　网络计划电算过程

二、计算程序

网络时间参数计算程序的关键就是确定其计算公式，用迭代公式进行计算。由前面网络计算公式可知，尽管网络时间参数较多，但其关键的两个参数 ET、LT 确定之后，其余参数都可据此算出，所以其计算法中关键就是 ET、LT 两个参数的计算。其中

$$ET_j = \max(ET_i + D_{i,j}) \tag{3-121}$$

式中　$D_{i,j}$——工作 i—j 的持续时间。

由上式可推出 $ET_i + D_{i,j} \leqslant ET_j$。

如果 $ET_i + D_{i,j} > ET_j$，则令 $ET_j = ET_i + D_{i,j}$。

上式即为利用计算机进行计算的迭代公式。由于计算机不能直观地进行比较，必须依节点顺序依次计算比较，故在进行参数计算之前要对所有工作按其前节点、后节点的顺序进行自然排序。所谓工作的自然排序就是按工作前节点的编号从小到大，当前节点相同时按后节点的编号从小到大进行排列的过程。图 3-76 为计算 ET 的框图。

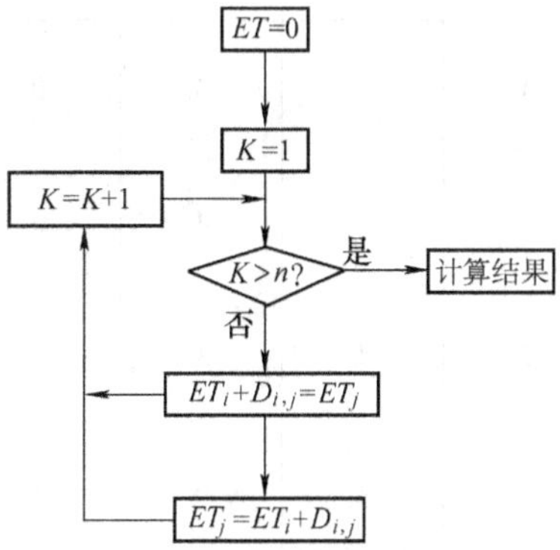

图 3-76　计算 ET 的框图

同样，由网络的计算公式可以得出节点的最迟时间计算公式

$$LT_i = \min(LT_j - D_{i,j}) \tag{3-122}$$

由上式可推出 $LT_j - D_{i,j} \geqslant LT_i$。

如果 $LT_j - D_{i,j} < LT_i$，则令 $LT_i = LT_j - D_{i,j}$。

从上述两个公式看出，在迭代过程中，ET 值不断增大，LT 值不断减少，这也正符合其原有的计算规律。值得提出的是，由于 LT 值是由小到大变化的，故开始计算时，对所有节点的 ET 值赋初值，都令其等于零。而 LT 是由大到小变化的，故所有节点的 LT 初值都要赋予一个较大的值，为了计算上的方便，一般将后一个节点的 ET 赋值给它，因在网络中，终节点的 LT 值一般都为最大值。图 3-77、图 3-78 给出了有关网络时间参数计算整个过程的粗框图。

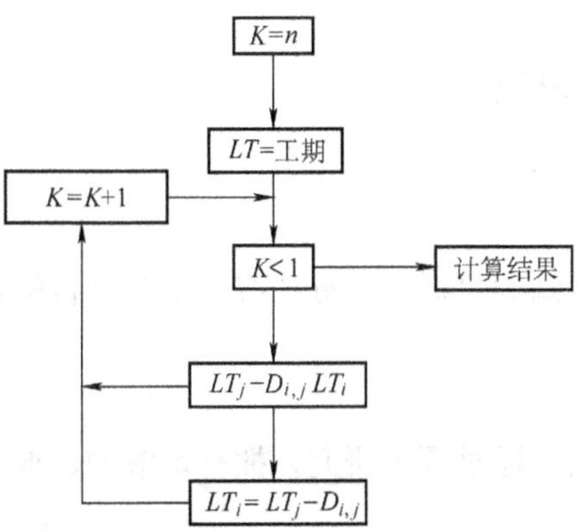

图 3-77　LT 值计算框图

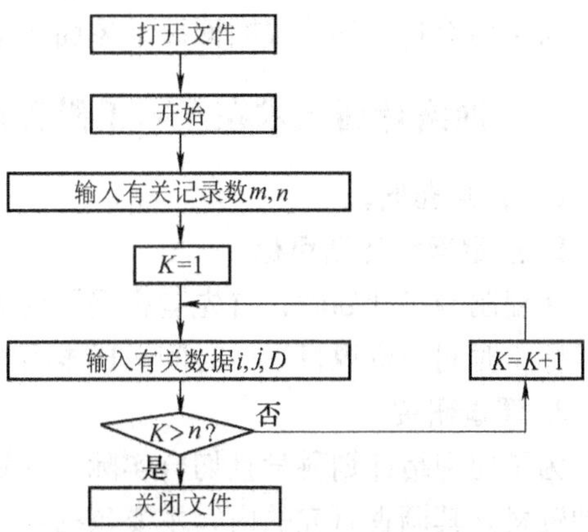

图 3-78　网络时间参数计算过程框图

三、输出部分

计算结果的输出也是程序设计的主要部分。首先要解决输出的表格形式。目前输出的表格形式一种是采用横道图形式，另一种是直接用表格形式，输出相应的时间参数值。无论输出什么形式的表格，总是先要设计好格式，用 TAB 语句或 PRINTUSING 语句等严格控制好打印位置、换行的位置。本节中介绍的输出形式见表 3-9。

表 3-9　网络计划电算输出形式

i	*j*	*D*	*ES*	*EF*	*LS*	*LF*	*FF*	*TF*	*CP*
1	2	3	0	3	1	4	0	1	
1	3	4	0	4	0	4	0	0	!!!
2	4	3	3	6	7	10	4	4	
3	4	6	4	10	4	10	0	0	!!!

注：*CP* 为关键线路；有"!!!"即为关键线路，否则为非关键线路。

第八节　网络计划工程应用实例

【背景材料】

某单位办公楼工程为五层现浇框架结构，建筑面积 4200m^2，建筑总长为 39.20m，宽为 14.80m，层高为 3.00m，总高 16.20m。钢筋混凝土条形基础，主体为现浇框架结构，围护墙为空心砖砌筑，室内底层地面为缸砖，标准层地面面层均为地板砖，内墙、顶棚为中级抹灰，面层为涂料，外墙镶贴面砖，屋面用柔性防水。

一、网络计划技术在土木工程管理中的应用程序

（一）准备阶段

1. 确定网络计划目标

在编制网络计划时，首先应根据需要确定网络计划的目标。常见的有以下几种目标：时间目标；时间—资源目标；时间—成本目标。

2. 调查研究

为了使网络计划科学且切合实际，计划编制人员应通过调查研究，拥有足够的、准确的各种资料。其调查研究的内容主要包括：

1）项目有关的工作任务、实施条件、设计数据等资料。

2）有关定额、规程、标准、制度等。

3）资源需求和供应情况。

4）有关经验、统计资料和历史资料。

5）其他有关技术经济资料。

调查研究可使用以下几种方法：实际观察、测量与询问；会议调查；查阅资料；计算机检索；信息传递；分析预测。通过对调查的资料进行综合分析研究，就可掌握项目全貌及其间的相互关系，从而预测项目的发展、变化规律。

3. 工作方案设计

在计划目标已确定和调查研究的基础上，就可进行工作方案设计，其主要内容包括：

（1）确定施工（生产）顺序

（2）确定施工（生产）方法

（3）选择需用的机械设备

（4）确定重要的技术政策或组织原则

（5）对施工中的关键问题的技术和组织措施的制定

（6）确定采用网络图的类型

4. 工作方案设计的基本要求

1）尽可能减少不必要的步骤，在工序分析基础上，寻求最佳程序。

2）工艺应达到技术要求，并保证质量和安全。

3）尽量采用先进技术和先进经验。

4）组织管理分工合理、职责明确，充分调动全员积极性。

5）有利于提高劳动生产率，缩短工期，降低成本和提高经济效益。

（二）绘制网络图

1. 项目分解

根据网络计划的管理要求和编制需要，确定项目分解的粗细程度，将项目分解为网络计划的基本组成单元——工作。

2. 逻辑关系分析

逻辑关系分析就是确定各项工作开始的顺序、相互依赖和相互制约关系。它是绘制网络图的基础。在逻辑关系分析时，主要应分析清楚工艺关系和组织关系两类逻辑关系，列出项目分解和逻辑关系表。

3. 绘制网络图

根据所选定的网络计划类型以及项目分解和逻辑关系表，就可进行网络图的绘制。

（三）时间参数计算

按照网络计划的类型不同，根据相应的方法，即可计算出所绘网络图的各项时间参数，并确定出工期、关键工作、关键线路。

（四）编制可行网络计划

1. 检查与调整

对上述网络计划时间参数计算完后，应检查：工期是否符合要求；资源配置是否符合资源供应条件；成本控制是否符合要求。如果工期不满足要求，则应采取适当措施压缩关键工作的持续时间，如仍不能满足要求时，则需通过改变工作方案的组织关系进行调整；当资源强度超过供应可能时，则应调整非关键工作使资源降低。在总时差允许范围内，在工艺允许前提下，灵活安排非关键工作，如延长其持续时间、改变开始及完成时间或间断进行等。

2. 编制可行网络计划

对网络计划进行检查与调整之后，必须计算时间参数。根据调整后的网络图和时间参数，重新绘制网络计划——可行网络计划。

（五）网络计划优化

可行网络计划一般需进行优化，方可作为正式网络计划，当无优化要求时，可行网络计划即可作为正式网络计划。

（六）网络计划的实施

1. 网络计划的贯彻

正式网络计划报请有关部门审批后，即可组织实施。一般应组织宣讲，进行必要的培训，建立相应的组织保证体系，将网络计划中的每一项工作落实到责任单位。作业性网络计划必须落实到责任者，并制定相应的保证计划实施的具体措施。

2. 计划执行中的检查和数据采集

为了对网络计划的执行进行控制，必须建立健全相应的检查制度和执行数据采集报告制度。建立有关数据库，定期、不定期或随机地对网络计划执行情况进行检查和收集处理有关信息数据，其检查的主要内容有：关键工作的进度，非关键工作的进度及时差利用；工作逻辑关系的变化情况；资源状况；成本状况；存在的其他问题。对检查结果和收集反馈的有关数据进行分析，抓住关键，及时制定对策。

对网络计划在执行中发生的偏差，应及时予以调整，从而保证计划的顺利实施。计划调整的内容常见的有：工作持续时间的调整；工作项目的调整；资源强度的调整，成本控制。其调整工作可按以下步骤进行：

1）根据计划执行中检查记录和收集反馈的有关数据的分析结果，确定调整对象和目标。

2）选择适当调整方法，设计调整方案。

3）对调整方案进行评价和决策。

4）确定调整后付诸实施的新的网络计划。

（七）网络计划的总结分析

为了不断积累经验，提高计划管理水平，应在网络计划完成后，及时进行总结分析，并应形成制度。总结分析资料应连同网络计划一起，作为档案资料保存。通常，总结分析的内容包括：

1）各项目标的完成情况，包括时间目标、资源目标、成本目标等的完成情况。

2）计划工作中的问题及原因分析。

3）计划工作中的经验总结分析。

4）提高计划工作水平的措施总结等。

二、施工劳动量计算

该办公楼工程的基础、主体结构工程均分为三段组织流水施工，屋面工程不分段，内装修工程按层划分为流水段，外装修工程自上而下一次完成。其劳动量见表3-10。

表 3-10　某单位办公楼工程劳动量一览表

	分部分项名称	劳动量/工日	工作持续天数	每天工作班数	每班工人数
一	基础工程				
1	基础挖土	300	15	1	20
2	基础垫层	45	3	1	15
3	基础现浇混凝土	567	18	1	30
4	基础墙（素混凝土）	90	6	1	15
5	基础及地坪回填土	120	6	1	20
二	主体工程				
1	柱筋	178	4.5	1	8
2	柱、梁、板模板（含梯）	2085	21	1	20
3	柱混凝土	445	3	1.5	20
4	梁板筋（含梯）	450	7.5	1	12
5	梁板混凝土（含梯）	1125	3	3	20
6	砌墙（窗柜）	2596	25.5	1	25
7	拆模	671	10.5		20
8	搭架子	360			6
三	屋面工程				
1	屋面防水	105	7.5	1	15
2	屋面隔热	240	12	1	20
四	装饰工程				
1	外墙粉刷	450	15	1	30
2	安装门窗扇	60	5	1	12
3	顶棚粉刷	300	10	1	30
4	内墙粉刷	600	20	1	30
5	楼地面、楼梯、扶手粉刷	450	15	1	30
6	涂料	50	5	1	10
7	油玻	75	7.5	1	10
8	水电安装		3	1	10
9	拆脚手架、拆井架		2	1	6
10	扫尾			1	

三、绘制办公楼工程的网络计划（图3-79）

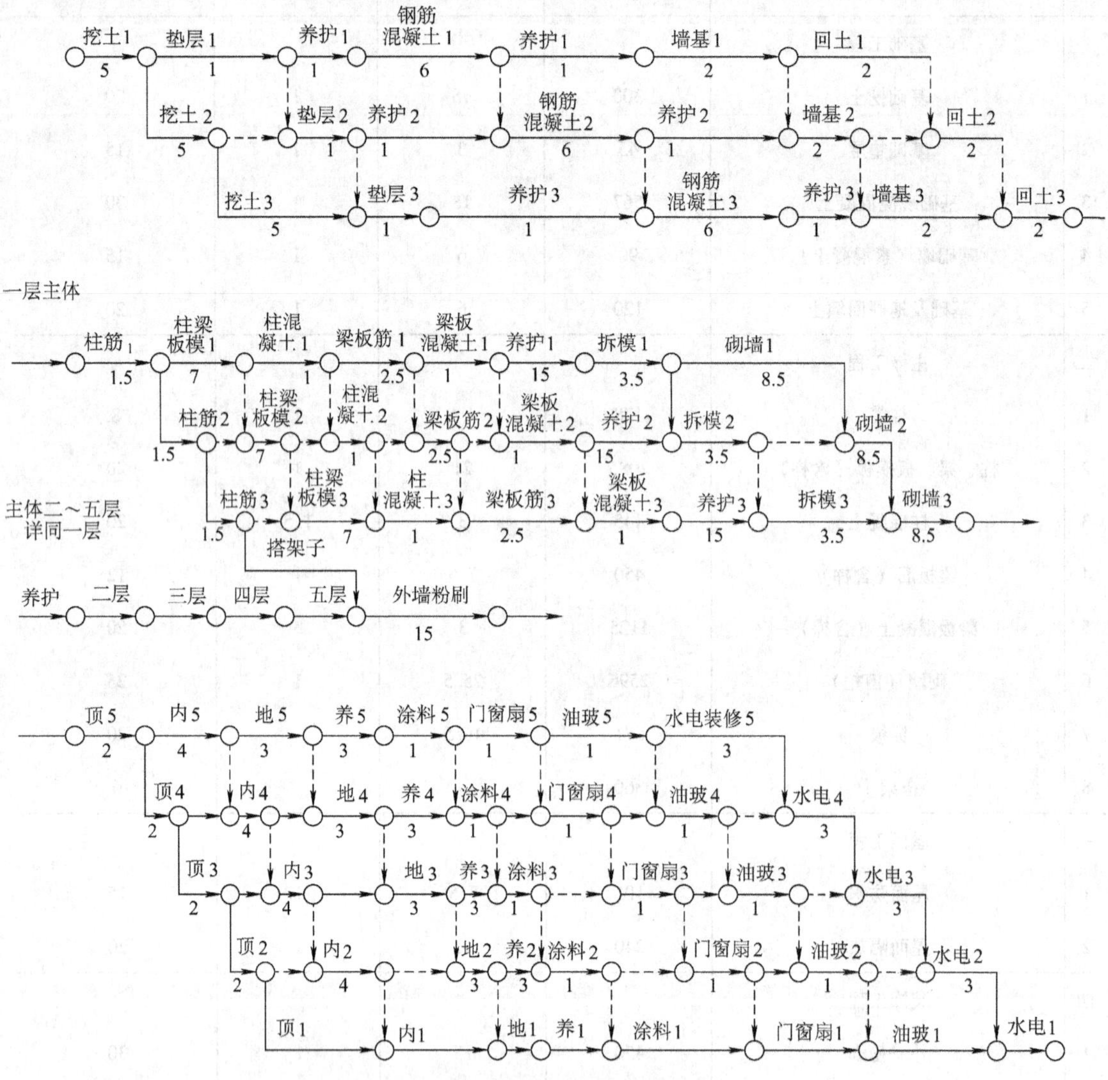

图3-79　某单位办公楼工程施工网络计划

复习思考题

1. 试述网络图与横道图相比较各有哪些优缺点？
2. 在双代号网络计划中虚工作如何表示？有什么作用？
3. 简述绘制双代号网络图的基本规则。
4. 双代号网络图组成基本要素有哪些？试述各要素的含义。
5. 简答双代号网络计划时间参数计算包括哪些内容。
6. 时差有哪几种？它们各有何作用？
7. 什么是关键工作和关键线路？如何确定？
8. 单代号网络计划如何表示？单代号网络计划时间参数如何计算？
9. 单代号网络图与双代号网络图的区别是什么？

10. 与普通网络计划相比较，双代号时间坐标网络计划有什么优点？如何绘制？

11. 什么是单代号搭接网络计划？有哪些搭接关系？单代号搭接网络计划时间参数如何计算？

12. 什么是网络计划优化？优化内容包括哪些？如何进行优化？

13. 试指出图 3-80 所示网络图中的错误，指明错误原因。

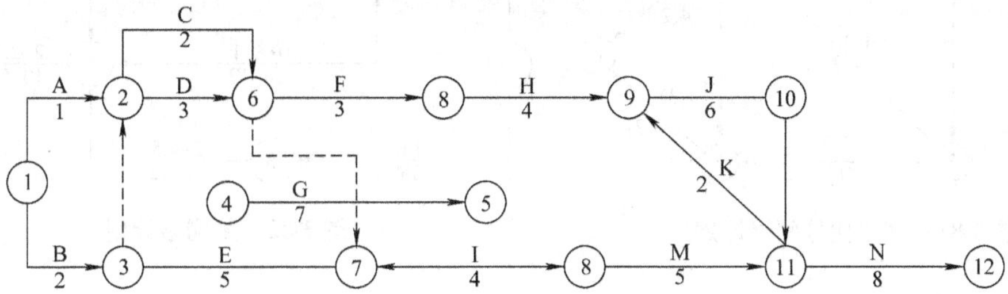

图 3-80　找出图中的错误

14. 根据表 3-11 中各工作之间的逻辑关系，绘制双代号网络图，并进行时间参数的计算，标出关键线路。

表 3-11　各工作之间的逻辑关系

工作名称	A	B	C	D	E	F	G	H	I	J	K	L	M
紧前工作	—	A	A	A	B	C	B、C、D	F、G	E	E、G	I、J	H、I、J	K、L
持续时间	3	5	3	5	4	5	4	3	4	3	2	3	2

15. 根据表 3-12 中各工作之间的逻辑关系，绘制单代号网络图，并进行时间参数的计算，标出关键线路。

表 3-12　各工作之间的逻辑关系

工作名称	A	B	C	D	E	F	G	H	I	J	K
紧前工作	—	A	A	B	B	E	A	D、C	E	F、G、H	I、J
紧后工作	B、C、G	D、E	H	H	F、I	J	J	J	K	K	—
持续时间	2	3	5	2	4	3	2	5	2	3	1

16. 根据表 3-13 中各工作之间的逻辑关系，按最早时间绘制双代号时间坐标网络图，并进行时间参数的计算，标出关键线路。

表 3-13　各工作之间的逻辑关系

工作名称	A	B	C	D	E	F	G	H	I
紧前工作	—	—	A	B	B	A、D	E	C、E、F	G
持续时间	2	5	3	5	2	5	4	5	2

17. 已知双代号网络计划如图 3-81 所示，图中箭线下方括号外的数字为正常持续时间，括号内的数字为最短持续时间，箭线上方括号内的数字为考虑各种因素后的优先选择系数。假定要求工期为 12d，试对其进行工期优化。（工作 2—3 和 4—5 持续时间都是 1d，不能再压缩）。

18. 已知网络计划如图 3-82 所示，图中箭线上方为工作的正常费用和最短时间的费用（以千元为单位），箭线下方为工作的正常持续时间和最短的持续时间。试对其进行费用优化（已知间接费率为 150 元/d）。

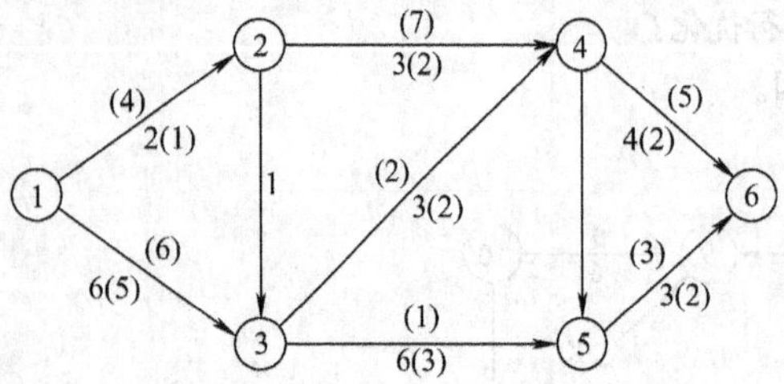

图 3-81　某双代号网络计划

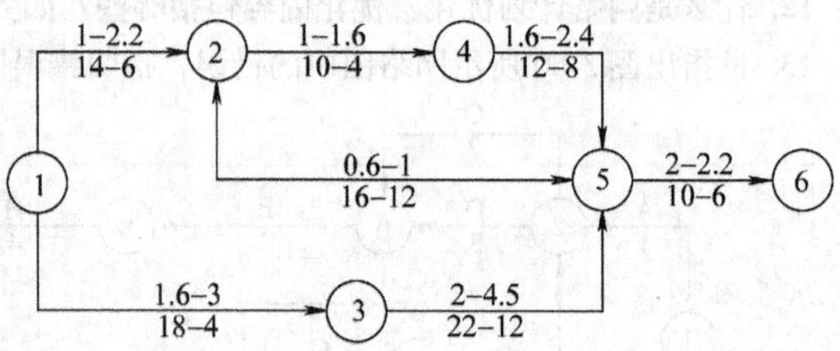

图 3-82　某网络计划

19. 如图 3-83 所示，图中箭线上方的数据为资源强度，箭线下方的数据为工作持续时间，若资源限量为 $R_a=14$，试对其进行资源有限——工期最短的优化。

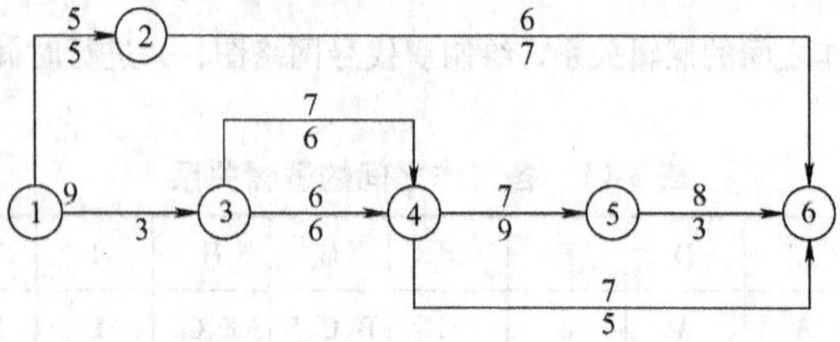

图 3-83　某网络计划

第四章　施工组织总设计

第一节　施工组织总设计的内容和编制程序

一、施工组织总设计及其作用

施工组织总设计是以整个建设项目或若干个单体建筑物工程为编制对象，根据初步设计、扩大初步设计图样以及其他有关资料和现场施工条件而编制，对整个建设项目进行全盘规划，是指导全场性的施工准备工作和组织全局性施工的综合性技术经济文件。一般由总承包单位或大型项目经理部的总工程师主持编制。其主要作用有以下几个方面：

1）确定设计方案施工的可能性和经济合理性。

2）为建设单位编制基本建设计划提供依据。

3）为施工单位编制年、季度计划提供依据。

4）为组织物资、技术供应提供依据。

5）保证及时、有效地进行全场性施工准备工作。

6）规划建筑生产和生活基地的建设。

二、施工组织总设计的编制内容及程序

建筑施工组织总设计编制的内容根据工程的性质、规模、工期、结构的特点及施工条件不同而不同，通常包括以下内容：项目工程概况、施工部署及主要单项工程的施工方案、全场性施工准备工作计划、施工总进度计划、各项资源需要量计划、全场性施工总平面图设计、技术经济指标等。施工组织总设计的编制程序如图 4-1 所示。

三、施工组织总设计的编制依据

1）计划文件，包括可行性研究报告，国家批准的固定资产投资计划，单位工程项目一览表，分期分批投产的要求，投资额，建设项目所在地区主管部门的用地批准文件，施工单位主管上级下达的施工任务书等。

2）设计文件，包括初步设计或技术设计，设计说明书，总概算或修正总概算等。

3）合同文件，即建设单位与施工单位所签订的工程承包合同、招标投标文件。

4）建设地区基础资料，建设地区工程勘察和技术经济调查资料，如地形、地质、技术经济条件等。

5）法规、规范，即有关的政策法规、技术规范、工程定额等资料。

6）类似工程项目建设的经验资料。

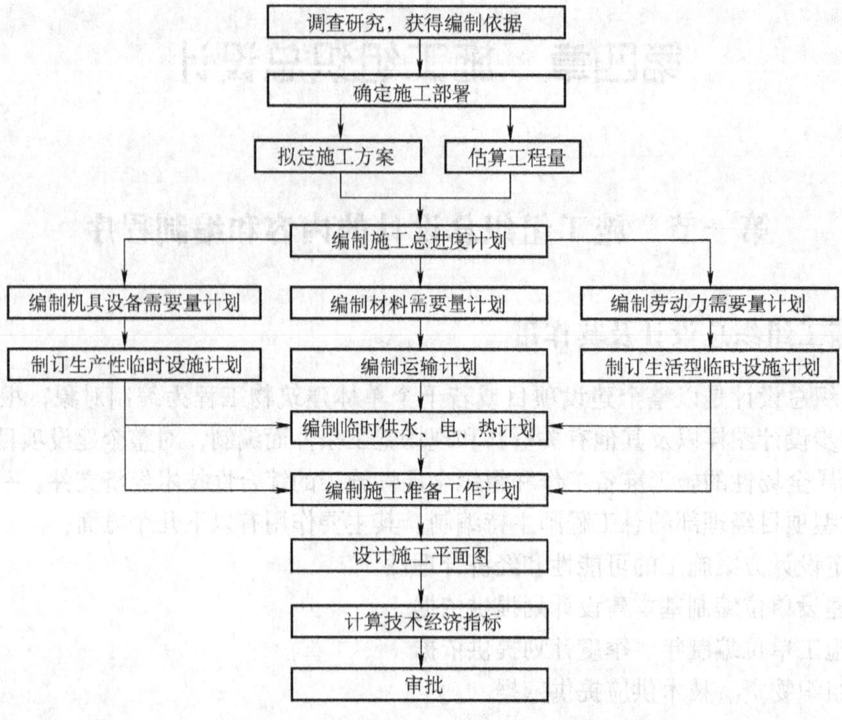

图 4-1　施工组织总设计的编制程序

第二节　施工部署和施工方案

在施工组织总设计中，施工部署的作用是对整个项目全局作出统筹规划和全面安排，并提出工程施工中一些重大战略问题的解决方案。施工部署与施工方案是施工组织设计的中心环节。

一、施工部署

一个建设项目或建筑群是由若干幢建筑物和构筑物组成的。对不同的建设工程由于施工项目的数量、结构繁简情况不一，施工难易差别较大。在作施工部署时，应对具体工程进行具体分析，确定工程开展程序，拟订项目的施工方案，明确施工任务的划分与组织安排。按国家工期定额、总工期、实际工期要求，事先制定出一些应遵循的原则要求，给施工部署工作指出一个大的方向，以便作出切实可行的施工部署。

1）施工任务划分。明确项目施工的机构、体制及各施工参加单位的主要任务；确定综合的专业化的施工组织及其任务。

2）施工程序、施工顺序及其安排。明确各单位分期分批施工的主攻项目和穿插项目，并对这些项目的施工顺序作出安排，对不能同时施工的项目作出说明。

3）流水线及流水段划分。将整个建设工程（或建筑群）划分成多个部分以形成“假定产品批量”，即划分成若干流水段，目的是更好地适应流水施工的要求。

4）施工准备工作安排。要及时完成有关的施工准备工作，为正式施工创造良好条件。施工准备工作内容较多，大致可分为技术规划准备、现场施工准备、施工队伍及有关组织准备。

5）施工总进度计划。在确定了施工方案的基础上，对工程的施工顺序，各个项目的延续时间及项目之间的搭接关系，工程的开工时间、竣工时间及总工期等作出安排。编制时应概要地说明三点内容：建设单位要求的总工期、现行定额规定的允许施工天数、最终与建设单位商定的合同工期等。

二、施工方案

主要项目施工方案的拟订，就是针对建设项目或建筑群中的施工工艺流程及施工段的划分，提出原则性的意见。这些项目或建筑群通常是建设项目中工程量大、施工难度大、工期长，对整个建设项目的完成起关键作用的建筑物（构筑物）。拟订主要项目施工方案是为了进行技术和资源的准备工作，同时也为了施工进程的顺利开展和现场的合理布置。如基础工程中的各种深基础施工工艺，施工机械设备的选择，结构工程中现浇或预制混凝土的施工工艺，结构吊装工程中的各种施工工艺。具体的施工方案可在编制单位工程组织设计时确定。

三、拟订主要项目的施工方案

主要项目是指工程量大、占用工期长、对工程质量起关键作用的工程，如土石方、基础、砌体、架子、模板、钢筋、混凝土、结构安装、装饰工程以及管道安装、设备安装、垂直运输及水平运输机械安装等。在确定主要项目的施工方案时应结合建设项目的特点和当地施工习惯，尽可能采用先进、可行的工业化、机械化施工方法。

（一）工业化施工

按照工厂预制和现场预制相结合的方针和逐步提高建筑工业化程度的原则，要妥善安排钢筋混凝土构件生产及其制品加工、混凝土搅拌、金属构件加工、机械修理和砂石等的生产与堆放。其安排要点如下：

1）充分利用本地区的永久性预制加工厂生产大批量的标准构件，如屋面板、楼板、砌块、墙板、中小型梁、门窗、金属构件和铁件等。

2）当本地区缺少永久性预制加工厂或其生产能力不能满足需要时，可考虑设置现场临时性预制加工厂，并定出其规模和位置。

3）对大型构件（如柱、屋架、托架等）以及就近没有预制加工厂生产的中型构件（如梁等），一般宜现场预制。

总之，要因地制宜，采取工厂预制和现场预制相结合的方针。经分析比较后选定预制方法，并编制预制构件加工计划。

（二）机械化施工

要充分利用现有机械设备，努力扩大机械化施工的范围，制定可配套和改造更新的规划，增添新型的高效能机械，以提高机械化施工的生产效率。在安排和选用机械时，应注意以下各点：

1）主导施工机械的型号和性能要既能满足施工的需要，又能发挥其生产效率。

2）辅助配套施工机械的性能和生产效率要与主导施工机械相适应。

3）尽量使机械在几个项目上进行流水施工，以减少机械装、拆、运的时间。

4）工程量大而集中时，应选用大型固定的机械；施工面大而且分散时，则应选用移动灵活的机械。

5）注意贯彻各种方法结合、大中小型机械结合的原则。

四、三通一平规划

在全面工地施工范围内，平整场地，接通施工用电、用水和道路称为三通一平。全场性的平整场地应根据建筑设计总平面图，计算出竖向挖填方量，按设计需要和施工条件进行规划。道路对工程施工的影响很大，应按合同的规定进行施工。水通应考虑与拟建永久性给水系统相结合，尽量缩短水管敷设长度。施工供电系统，首先考虑从建设单位已有的电源上获得，现场的电网既要缩短路线长度，又要照顾用电地点的方便。三通一平准备工作往往引起建筑施工合同双方的纠纷与索赔，因此要引起足够的重视。

第三节　施工总进度计划

一、施工总进度计划的编制原则

施工总进度计划是根据施工部署的要求，合理地确定工程项目施工的先后顺序、施工期限、开工和竣工的日期，以及它们之间的搭接关系和时间。据此，便可确定建筑工地上劳动力、材料、成品、半成品的需要量和分批供应的日期；确定附属企业、加工厂站的生产能力，临时房屋和仓库、堆场的面积，供电、供水的数量等。

在编制施工总进度计划时，除应遵循施工组织基本原则外，还应考虑以下要点：

1）贯彻配套建设的基本指导思想。对于工业建设项目，在内部要处理好生产车间和辅助车同之间、原料与成品之间、动力设施和加工部门之间、生产性建筑和非生产性建筑之间的先后顺序，在外部则需要统筹安排水源、电源、市政、交通、原料供应、三废处理等项目，有意识地做好协调配套，形成完整的生产系统，尽早形成新的生产力，发挥投资效益。而对于民用建筑，配套建设也很重要，不解决好供水、供电、供暖、通信、市政、交通等工程也不能交付使用。

2）区分各项工程的轻重缓急，把工艺调试在前的、占用工期较长的、工程难度较大的项目排在前面，把工艺调试靠后的、占用工期较短、工程难度一般的项目排列在后面，所有单位工程，都要考虑土建、安装的交叉作业，组织流水施工，力争加快进度，合理压缩工期。这样分批开工，分批竣工，体现了施工组织中的均衡施工原则，避免劳动力过分集中，有效地削减高峰工程量，也可使调整试车分批进行、先后有序，从而保证整个建设项目能按计划、有节奏地实现配套投产。

3）充分估计设计出图的时间和材料、设备、配件的到货情况，使每个施工项目的施工准备、土建施工、设备安装和试车运转的时间能合理衔接。

4）确定一些调剂项目，如办公楼、宿舍、附属或辅助车间等穿插其中，以达到既能保证重点，又能实现均衡施工的目的。

5）在施工顺序安排上，除应本着先地下后地上，先深后浅，先干线后支线，先地下管线后道路的原则外，还应使进行主要工程所必需的准备工程及时完成；主要工程应从全工地性工程开始；各单位工程应在全工地性工程基本完成后立即开工。

此外，总进度计划的安排还应遵守技术法规、标准，符合安全、文明施工的要求，并应尽可能做到各种资源的平衡。

二、施工总进度计划的编制步骤和方法

（一）估算各主要项目的实物工程量

首先根据建设项目的特点划分项目。项目划分不宜过多，应突出主要项目，一些附属、辅助工程可以合并。然后估算各主要项目的实物工程量，这项工作可按初步（或扩大初步）设计图样并根据各种定额手册进行。按工程的开展顺序，以单位工程计算主要实物工程量。其目的是选择施工方案和主要的施工运输机械，主要施工过程的流水施工，估算各项目完成时间。因此，工程量只需粗略计算即可，常用的定额资料有以下几种：

1）万元、十万元投资工程量，劳动力及材料消耗扩大指标。

2）概算指标和综合预算定额。

3）标准设计和已建房屋、构筑物的资料。

除房屋外，有时还必须确定主要的全工地性工程的工程量，如铁路及道路长度、地下管线长度。这些工程量可以从建筑总平面图上量得。

按上述方法计算出的工程量，应填入统一的工程量汇总表中。

（二）确定各单位工程的施工期限

影响单位工程施工期限的因素很多，主要是：建筑类型、结构特征和工程规模，施工方法、施工技术和施工管理水平，劳动力和材料供应情况以及施工现场的地形、地质条件等。因此，各单位工程的工期应根据现场具体条件，综合考虑上述影响因素并参考有关工期定额或指标后予以确定。

（三）确定各单位工程的开工时间和相互搭接关系

在施工部署中已经确定了总的施工期限、施工程序和各系统的控制期限及搭接时间，但对每一个单位工程的开竣工时间尚未具体规定。通过对各主要建筑物或构筑物的工期进行分析，确定了每个建筑物或构筑物的施工期限后，就可以进一步安排各建筑物或构筑物的搭接施工时间。在解决这一问题时，一方面要根据施工部署中的控制工期及施工条件；另一方面要尽量使主要工种的工人基本上连续、均衡地施工，通常应考虑以下各主要因素：

1）保证重点，兼顾一般。在安排进度时，要分清主次，抓住重点，同时期进行的项目不宜过多，以免分散有限的人力、物力。主要工程项目指工程量大、工期长、质量要求高、施工难度大、对其他工程施工影响大、对整个建设项目的顺利完成起关键性作用的工程子项。这些项目在各系统的控制期限内应优先安排。

2）满足连续、均衡施工要求。在安排施工进度时，应尽量使各工种施工人员、施工机械在全工地内连续施工，同时尽量使劳动力、施工机具和物资消耗量在全工地上达到均衡，避免出现突出的高峰和低谷，以利于劳动力的调度、原材料供应和充分利用临时设施。

3）满足生产工艺要求。工业企业的生产工艺系统是串联各个建筑物的主动脉。要根据

工艺所确定的分期分批建设方案，合理安排各个建筑物的施工顺序，使土建施工、设备安装和试生产实现程序化，以缩短建设周期，尽快发挥投资效益。

4）认真考虑施工总进度计划对施工总平面空间布置的影响。工业企业建设项目的建筑总平面设计，应在满足有关规范要求的前提下，使各建筑物的布置尽量紧凑，以节省占地面积，缩短场内各种道路、管线的长度。但同时由于建筑物密集，也会导致施工场地狭小，使场内运输、材料构件堆放、设备组装和施工机械布置等产生困难。为减少这方面的困难，除采取一定的技术措施外，对相邻各建筑物的开工时间和施工顺序予以调整，以避免或减少相互影响也是重要措施之一。

5）全面考虑各种条件限制。在确定各建筑物施工顺序时，还应考虑各种客观条件的限制。如施工企业的施工力量，各种原材料、机械设备的供应情况，设计单位提供图样的时间、各年度建设投资数量等，对各项建筑物的开工时间和先后顺序予以调整。同时，由于建筑施工受季节、环境影响较大，因此会经常对某些项目的施工时间提出具体要求，从而对施工的时间和顺序安排产生影响。

三、编制施工总进度计划

施工总进度计划可以用横道图表达，也可以用网络图表达。当用横道图表达总进度计划时，项目的排列可按施工总体方案所确定的工程展开程序排列。横道图上应表达出各施工项目的开竣工时间及其施工持续时间。

近年来，随着网络计划技术的推广和普及，采用网络图表达施工总进度计划，已经在实践中得到广泛应用。用有时间坐标网络图表达总进度计划，比横道图更加直观、明了，还可以表达出各项目之间的逻辑关系。同时，由于可以应用电子计算机计算和输出，更便于对进度计划进行调整、优化，统计资源数量，输出图表等。

四、总进度计划的调整与修正

施工总进度计划表绘制完后，尚需检查各单位工程的施工时间和施工顺序是否合理，总工期是否满足规定的要求，劳动力、材料及设备需要量是否出现较大的不均衡现象等。

利用资源需要量动态曲线分析项目资源需求量是否均衡。将同一时期各项工程的工作量加在一起，用一定的比例画在施工总进度计划的底部，即可得出建设项目资源需要量动态曲线。若曲线上存在较大的高峰或低谷，则表明在该时间里各种资源的需求量变化较大，需要调整和修正一些单位工程的施工速度或开工时间，增加或缩短某些分项工程（或施工项目）的施工时间，在施工允许的情况下，还可以改变施工方法和施工组织，以便消除高峰或低谷，使各个时期的资源需求量尽量达到均衡。

第四节　施工总资源计划

一、劳动力需要量计划

劳动力需要量计划是确定暂设工程规模和组织劳动力进场的依据。根据工程量汇总表、施工准备工作计划、施工总进度计划、概（预）算定额和有关经验资料，分别确定出每个单项工程专业工种的劳动量工日数、工人数和进场时间，然后逐项汇总，直至确定出整个建设项目劳动力需要量计划，见表4-1。

表4-1 劳动力需要量计划

序号	工程品种	劳动量	施工高峰人数	××年				××年				现有人数	多余或不足

二、主要材料和预制品需要量计划

主要材料和预制品需要量计划是组织材料和预制品加工、订货、运输、确定堆场和仓库的依据。它是根据施工图样、施工部署和施工总进度计划而编制的，见表4-2。

表4-2 主要材料和预制品需要量计划表

施工阶段/期	工程类别	单项工程		工程材料、预制品				需要量计划								
		编码	名称	编码	名称	种类	规格	20××年(月)					20××年(季度)			
1	……							1	2	3	4	…	Ⅰ	Ⅱ	Ⅲ	Ⅳ
	……															

三、施工机具和设备需要量计划

该计划是组织机具供应、计算配电线路及选择变压器、进行场地布置的依据。主要施工机具可根据施工总进度计划及主要项目的施工方案和工程量，套定额或按经验确定，见表4-3。

表4-3 主要施工机具和设备需要量计划表

施工阶段/期	工程类别	单项工程		施工机具和设备				需要量计划								
		编码	名称	编码	名称	型号	电功	20××年(月)					20××年(季度)			
1	……							1	2	3	4	…	Ⅰ	Ⅱ	Ⅲ	Ⅳ
	……															

四、大型临时设施计划

大型临时设施计划应本着尽量利用已有或拟建工程的原则，按照施工部署、施工方案、各种需要量计划，并参照业务量和临时设施计算结果进行编制，见表4-4。

表4-4 大型临时设施计划表

序号	项目	名称	需用量		利用现有建筑	利用拟建永久工程	新建	单价/(元/m^2)	造价/万元	占地/m^2	修建时间
			单位	数量							

五、编制全场性的施工准备工作计划

根据施工部署与施工方案、资源计划及临时设施计划，编制全场性的施工准备工作计划，见表4-5。

表4-5 全场性的施工准备工作计划表

序号	准备工作名称	准备工作内容	主办单位	协办单位	完成日期	负责人

1）土地征用、居民拆迁和现场障碍拆除工作。

2）确定场内外运输及施工用干道，水、电来源及其引入方案。

3）制定场地平整及全场性排水、防洪方案。

4）安排好生产和生活基地建设。包括混凝土集中搅拌站，预制构件厂，钢筋、木材工厂，机修厂及职工生活福利设施等。

5）落实材料、加工品、构配件的货源和运输储存方式。

6）按照建筑总平面图要求，做好现场控制网测量工作。

7）组织新结构、新材料、新技术、新工艺试制、试验和人员培训。

8）编制各单位工程施工组织设计和研究制定施工技术措施等。

第五节　全场性暂设工程

在工程项目正式开工之前，要按照施工准备工作计划的要求，建造相应的暂设工程，满足施工需要，为工程项目创造良好的施工环境。暂设工程的类型及规模因工程而异，主要有：工地加工厂组织，工地仓库组织，工地运输组织，办公及福利设施组织，工地供水和供电组织。

一、办公、生活及福利设施组织

（一）办公、生活及福利设施类型

1）行政管理和生产用房。包括建筑安装机构办公室、传达室、车库及各类材料仓库和辅助性修理车间等。

2）居住生活用房。包括家属宿舍、职工单身宿舍、招待所、商店、医务所、浴室等。

3）文化生活用房。包括俱乐部、学校、托儿所、图书馆、邮亭、广播室等。

（二）办公、生活及福利设施规划

1. 确定工地人数

1）直接参加施工生产的工人，也包括机械维修工人、运输及仓库管理人员、动力设施管理工人、冬期施工的附加工人等。

2）行政及技术管理人员。

3）为工地上居民生活服务的人员。

4）以上各项人员的家属。

上述人员的比例，可按国家有关规定或工程实际情况计算。

2. 确定办公、生活及福利设施建筑面积

建筑施工工地人数确定后，就可按实际经验或面积指标计算出建筑面积。计算公式如下

$$S = NP$$

式中 S——建筑面积（m^2）；

N——人数；

P——建筑面积指标，见表4-6。

表4-6 办公、生活及福利设施建筑面积参考指标

序号	临时房屋名称	指标使用方法	参考指标	序号	临时房屋名称	指标使用方法	参考指标
一	办公室	按使用人数	3~4	2	浴室	按高峰年平均人数	0.07~0.1
二	宿舍			3	理发室	按高峰年平均人数	0.01~0.03
1	单层通铺	按高峰年(季度)平均人数	2.5~3.0	4	俱乐部	按高峰年平均人数	0.1
				5	小卖部	按高峰年平均人数	0.03
2	双层床	（扣除不在工地住人数）	2.0~2.5	6	招待所	按高峰年平均人数	0.06
				7	托儿所	按高峰年平均人数	0.03~0.05
3	单层床	（扣除不在工地住人数）	3.5~4.0	8	子弟校	按高峰年平均人数	0.06~0.08
三	家属宿舍		16~25m^2/户	9	其他公用	按高峰年平均人数	0.05~0.10
四	食堂	按高峰年平均人数	0.5~0.8	六	小型	按高峰年平均人数	
	食堂兼礼堂	按高峰年平均人数	0.6~0.9	1	开水房		10~40
五	其他合计	按高峰年平均人数	0.5~0.6	2	厕所	按工地平均人数	0.02~0.07
1	医务所	按高峰年平均人数	0.05~0.07	3	工人休息室	按工地平均人数	0.15

二、工地供水组织

工地临时供水的类型主要包括生产用水、生活用水和消防用水三种。生产用水又包括工程施工用水、施工机械用水；生活用水又包括施工现场生活用水和生活区生活用水。

1. 确定用水量

（1）施工用水量 q_1 以施工高峰期用水量最大的一天计算。

$$q_1 = K_1 \sum \frac{Q_1 N_1}{T_1 b} \cdot \frac{K_2}{8 \times 3600}$$

式中 q_1——施工用水量（L/s）；

K_1——未预计的施工用水系数（1.05~1.15）；

Q_1——年（季度）工程量（以实物计量单位表示）；

N_1——施工用水定额，见表4-7；

T_1——年（季度）有效工作日（天）；

K_2——施工用水不均衡系数，见表4-8；

b——每天工作班制。

表 4-7 施工用水（N_1）参考定额

序号	用水对象	单位	耗水量 N_1/L	备注
1	浇注混凝土全部用水	m^3	1700～2400	
2	搅拌普通混凝土	m^3	250	实测数据
3	搅拌轻质混凝土	m^3	300～350	
4	搅拌泡沫混凝土	m^3	300～400	
5	搅拌热混凝土	m^3	300～350	
6	混凝土养护(自然养护)	m^3	200～400	
7	混凝土养护(蒸汽养护)	m^3	500～700	
8	冲洗模板	m^3	5	
9	搅拌机清洗	台班	600	实测数据
10	人工冲洗石子	m^3	1000	
11	机械冲洗石子	m^3	600	
12	洗砂	m^3	1000	
13	砌砖工程全部用水	m^3	150～250	
14	砌石工程全部用水	m^3	50～80	
15	粉刷工程全部用水	m^3	30	
16	砌耐火砖砌体	m^3	100～150	包括砂浆搅拌
17	洗砖	千块	200～250	
18	洗硅酸盐砌块	m^3	300～350	
19	抹面	m^3	4～6	不包括调制用水(找平层同)
20	楼地面	m^3	190	
21	搅拌砂浆	m^3	300	
22	石灰消化	t	3000	

表 4-8 施工用水不均衡系数

项目	用水名称	系数
K_2	施工工程用水 生产企业用水	1.5 1.25
K_3	施工机械、运输机械 动力设备	2.00 1.05～1.10
K_4	施工现场生活用水	1.30～1.50
K_5	居民生活用水	2.00～2.50

（2）施工机械用水量

$$q_2 = K_1 \sum Q_2 N_2 \cdot \frac{K_3}{8 \times 3600}$$

式中 q_2——施工机械用水量（L/s）；

K_1——未预见的施工用水系数（1.05～1.15）；

Q_2——同种机械台数（台）；

N_2——施工机械用水定额（可查阅施工手册）；

K_3——施工机械用水不均衡系数，见表4-8。

（3）施工现场生活用水量

$$q_3 = \frac{P_1 N_3 K_4}{b \times 8 \times 3600}$$

式中 q_3——施工现场生活用水量（L/s）；

P_1——施工现场高峰期生活人数；

N_3——施工现场生活用水定额，视当地气候、工程而定，一般为20~60L/人·班；

K_4——施工现场生活用水不均衡系数，见表4-8。

b——每天工作班次。

（4）生活区生活用水量

$$q_4 = \frac{P_2 N_4 K_5}{24 \times 3600}$$

式中 q_4——生活区生活用水量（L/s）；

P_2——生活区居民人数（人）；

N_4——生活区昼夜全部用水定额，见表4-9；

K_5——生活区用水不均衡系数，见表4-8。

表4-9 生活区用水量 N_3（N_4）参考定额

序号	用水对象	单位	耗水量 N_3（N_4）	备注
1	工地全部生活用水	L/人·d	100~120	
2	盥洗生活用水	L/人·d	25~30	
3	食堂	L/人·d	15~20	
4	浴室（淋浴）	L/人·次	50	
5	洗衣	L/人·次	30~35	
6	理发室	L/人	15	
7	小学校	L/人·d	12~15	
8	幼儿园、托儿所	L/人·d	75~90	
9	医院	L/病床·d	100~150	

（5）消防用水量 q_5（表4-10）

表4-10 消防用水量

序号	用水名称	火灾同时发生次数	单位	用水量
1	居民区消防用水 5000人以内 10000人以内 25000人以内	 一次 二次 二次	 L/s L/s L/s	 10 10~15 15~20
2	施工现场消防用水 施工现场在25hm² 以内 每增加25hm² 递增	 一次	 L/s	 10~15 5

（6）总用水量 Q 的计算

1）当$(q_1+q_2+q_3+q_4)\leqslant q_5$ 时，取 $Q=q_5+(q_1+q_2+q_3+q_4)/2$。

2）当$(q_1+q_2+q_3+q_4)>q_5$ 时，取 $Q=q_1+q_2+q_3+q_4$。

3）当工地面积小于 5hm^2，且$(q_1+q_2+q_3+q_4)<q_5$ 时，取 $Q=q_5$。

最后计算的总用水量，还应增加10%，以补偿不可避免的水管渗漏损失。

2. 选择水源

建筑工地临时供水水源，有供水管道和天然水源两种。应尽可能利用现场附近已有供水管道，只有在工地附近没有现成的供水管道或现成给水管道无法使用以及给水管道供水量难以满足使用要求时，才使用江河、水库、泉水、井水等天然水源。选择水源时应注意下列因素：

1）水量充沛可靠。

2）生活饮用水、生产用水的水质。

3）与农业、水利综合利用。

4）取水、输水、净水设施要安全。

5）施工、运转、管理和维护方便。

3. 确定供水系统

临时供水系统可由取水设施、净水设施、贮水构筑物（水塔及蓄水池）输水管和配水管线综合而成。

（1）确定取水设施　取水设施一般由进水装置、进水管和水泵组成。取水口距河底或井底一般为0.25～0.9m。给水工程所用的水泵有离心泵、隔膜泵及活塞泵三种。

（2）确定供水管径

$$D=\sqrt{\frac{4Q\times 1000}{\pi v}}$$

式中　D——配水管内径（mm）；

Q——用水量（L/s）；

v——管网中水的流速（m/s），见表4-11。

表4-11　临时水管经济流速表

管　径	流速/(m/s)	
	正常时间	消防时间
1）支管 $D<0.10$	2	
2）生产消防管道 $D=0.1\sim0.3$m	1.3	>3.0
3）生产消防管道 $D>0.3$m	1.5～1.7	2.5
4）生产用水管道 $D>0.3$m	1.5～2.5	3.0

（3）选择管材　临时给水管道，根据管道的尺寸和压力的大小进行选择，一般干管为钢管或铸铁管，支管为钢管。

三、工地供电组织

1. 工地总用电量计算

施工现场用电量大体可以分为动力用电量和照明用电量两类在计算用电量时应考虑以下几点：

1）全工地使用的电力机械设备、工具和照明的用电功率。

2）施工总进度计划中，施工高峰期同时用电数量。

3）各种电力机械的情况。

总用电量为

$$P=(1.05\sim1.1)\left(K_1\frac{\sum P_1}{\cos\phi}+K_2\sum P_2+K_3\sum P_3+K_4\sum P_4\right)$$

式中　P——供电设备总需要容量（kV·A）；

P_1——电动机额定功率（kW）；

P_2——电焊机额定容量（kV·A）；

P_3——室内照明容量（kW）；

P_4——室外照明容量（kW）；

$\cos\phi$——电动机的平均功率因数（施工现场最高为 0.75～0.78，一般为 0.65～0.75）；

K_1、K_2、K_3、K_4——需要系数，见表 4-12。

表 4-12　需要系数 K

用电名称	数量	需要系数		备　注
		K	数值	
电动机	3～10 台 11～30 台 30 台以上	K_1	0.7 0.6 0.5	如施工中需用电热时，应将其用电量计算进去。为使计算接近实际，式中各项用电根据不同性质分别计算
加工厂动力设备			0.5	
电焊机	3～10 台 10 台以上	K_2	0.6 0.5	
室内照明		K_3	0.8	
室外照明		K_4	1.0	

2. 选择电源

选择电源，通常有如下几种方案：

1）完全由工地附近的电力系统供电，包括在全面开工之前将永久性供电外线工程完成，设置临时变电站。

2）先将工程项目的永久性变配电室建成，直接为施工供应电能。

3）工地附近的电力系统能供应一部分，工地需增设临时电站以补充不足。

4）利用附近的高压电网，申请临时加设配电变压器。

5）工地处于新开发地区，还没有电力系统时，完全由自备临时电站供给。

3. 确定变压器

$$P=K\left(\frac{\sum P_{\max}}{\cos\phi}\right)$$

式中 P——变压器输出功率（kV·A）；

K——功率损失系数，取1.05；

$\sum P_{\max}$——各施工区最大计算负荷（kW）；

$\cos\phi$——功率因数。

4. 确定配电导线截面积

（1）按机械强度确定　导线必须具有足够的机械强度以防止受拉或机械损伤而折断，导线按机械强度要求所必需的最小截面可参考有关资料。

（2）按允许电流选择　导线必须能承受负荷电流长时间通过所引起的温升。

1）三相五线制线路上的电流可按下式计

$$I=\frac{P}{\sqrt{3}V\cos\phi}$$

式中 I——电流值（A）；

P——功率（W）；

V——电压（V）；

$\cos\phi$——功率因数，临时电网取0.7～0.75。

2）二线制线路可按下式计算

$$I=\frac{P}{V\cos\phi}$$

式中 I——电流值（A）；

P——功率（W）；

V——电压（V）；

$\cos\phi$——功率因数，临时电网取0.7～0.75。

（3）按允许电压降确定

$$S=\frac{\sum PL}{C\varepsilon}$$

式中 S——导线截面积（mm^2）；

P——负荷电功率或线路输送的电功率（kW）；

L——送电路的距离（m）；

C——系数，视导线材料、送电电压及配电方式而定；

ε——允许的相对电压降（即线路的电压损失百分比）。照明电路中允许电压降不应超过2.5%～5%。

选择导线截面时应同时满足上述三项要求，即以求得的三个截面积中最大者为准，从导线的产品目录中选用线芯。通常先根据负荷电流的大小选择导线截面，然后再以机械强度和允许电压降进行复核。

第六节　施工总平面图

施工总平面图是按照施工部署、施工方案和施工总进度计划及资源需用量计划的要求，将施工现场的道路交通、材料仓库或堆场、现场加工厂、临时房屋、临时水电管线等作出合理的规划与布置。其作用是正确处理全工地施工期间所需各项设施和永久建筑与拟建工程之间的空间关系，以指导现场实现有组织、有秩序和文明施工。施工总平面图的比例一般为1∶2000或1∶1000。

一、施工总平面图设计的内容

1）整个建设项目已有的建筑物和构筑物、拟建工程以及其他已有设施的位置和尺寸。

2）已有和拟建为全工地施工服务的临时设施的布置，包括：

①场地临时外墙，施工用的各种道路。

②加工厂、制备站及主要机械的位置。

③各种装修装饰材料、半成品、构配件的仓库和主要堆场。

④行政管理用房、宿舍、食堂、文化生活福利等用房。

⑤水源、电源、动力设施、临时给水排水管线、供电线路及设施。

⑥机械站、车库位置。

⑦一切安全、消防设施。

3）永久性测量放线标桩的位置。

4）必要的图例、方向标志、比例尺等。

二、施工总平面图设计的依据

1）建筑总平面图、地形图、区域规划图和建设项目区域内已有的各种设施位置。

2）建设地区的自然条件和技术经济条件。

3）建设项目的工程概况、施工部署与施工方案、总进度计划及各种资源需要量计划。

4）各种现场加工、材料堆放、仓库及其他临时设施的数量及面积尺寸。

5）现场管理及安全用电等方面有关文件和规范、规程等。

三、施工总平面图设计的原则

1）尽量减少施工占地，使整体布局紧凑、合理。

2）合理组织运输，保证运输方便、道路畅通，减少运输费用。

3）合理划分施工区域和存放场地，减少各工程之间和各专业工种之间的相互干扰。

4）充分利用各种永久性建筑物、构筑物和已有设施为施工服务，降低临时设施的费用。

5）生产区与生活区适当分开，各种生产生活设施应便于使用。

6）应满足环境保护、劳动保护、安全防火及文明施工等要求。

四、施工总平面图的设计步骤

（一）把场外交通引入现场

设计全工地性施工总平面图时，首先从研究大批材料、半成品和零件的供应情况及运输方式开始。当大批材料由铁路运入工地时，应先解决铁路由何处引入及可能引到何处的方案。假如大批材料是由水路或公路运入工地。因河流是固定的，就可以考虑在码头附近布置生产企业或转运仓库；对公路来说，因其可以灵活布置，就应该先解决仓库及生产企业的位置；使其尽可能布置在最合理最经济的地方，然后再来布置通向场外的汽车路线。如果大批材料一部分由铁路运入，一部分由汽车运入时，应分别按上述方法解决。

（二）确定仓库和堆场的位置

1）当采用铁路运输大宗材料时，仓库的位置可以沿着铁路线布置，此时要注意是否有足够的卸货站线，如果不可能取得足够的卸货站线时，必须考虑设备转运站（或转运仓库），以便临时卸下材料，然后再转运到工程对象仓库中去。当布置沿铁路线的仓库时，仓库的位置最好设在靠近工地一侧，以免将来在使用材料时，内部运输越过铁路线。同时，还应注意到在坡道与弯道不宜卸货。需要经常进行装卸作业的材料仓库，应该布置在支线尽头或专用线上，以免妨碍其他运作。

2）当大批材料由汽车运来时，材料仓库的布置是比较灵活的。中心仓库的理想位置最好在工地中央或靠近使用的地方，但这往往不可能，一方面工地中央不可能有较宽裕的地方，另一方面也要考虑给单个建筑物施工留有余地，因此在多数的情况下还是布置在外围，靠近与外部交通线的连接处。一般砂、石、水泥、石灰等仓库均与搅拌厂和预制构件场有关，布置时应考虑取用的方便。对于直接为施工对象所用的材料和构件（如砖、瓦和预制构件等），可以直接放在施工对象附近，以免二次搬运。

3）对工业建筑工地，尚须考虑主要设备的仓库以及其他专业机构所需场地，一般说来笨重的主要设备应尽可能直接布置在车间附近。

（三）确定搅拌站和加工厂的位置

各加工厂的布置应以方便生产、安全防火、环境保护和运输费用最少为原则。通常加工厂宜集中布置在工地边缘处，并将其与相应仓库或堆场布置在同一地区，这样既便于管理和简化供应工作，又能降低铺设道路、动力管网及给水管道等费用。如混凝土搅拌厂、预制构件工厂、钢筋加工厂等可以布置在一个地区。机械修理工场、电气工场、锻工工场、电焊工场以及金属结构加工厂等可以布置在一个地区。锯木车间、粗木车间、细木车间可以同材料仓库布置在一个地区。在生产企业区域内布置各加工厂位置时，要注意各加工厂之间的生产流程，并根据将来的扩充计划，预留一定的空地。

（四）确定场内运输道路布置

根据各附属生产企业、仓库以及各施工对象的相对位置布置道路。研究货流情况，以明确各段道路上的运输负担，区别主要道路与次要道路。在规划临时道路时，还应考虑利用拟建的永久性道路系统，提前修建或先修建路基及简易路面，作为施工所需的临时道路。对于运输负担不同的道路，确定不同的宽度。临时道路的路面结构，也应根据运输情况，运输工具的不同，采用不同的结构。当结构不同时，最好也能在施工总平面图中用不同的符号表明。对有轨道路来讲，运输量大、车辆往来频繁之处应考虑设置避车线。

（五）确定生活性暂设工程的位置

全工地行政管理用的总办公室应设在工地入口处，以便于接待外来人员，而施工人员办公室则应尽可能靠近施工对象。工人用的生活福利设施，如商店、小卖部、俱乐部等应设在工人聚集的地方或工人出入必经之处。生活性暂设工程应尽可能利用建设单位生活基地或其他永久性建筑物，不足部分再按计划建造。

（六）确定水电管网和动力设施位置

这里可能有两种情况：

第一种情况是利用已有水源、电源，这时应从外面接入工地，沿主要干道布置干管、主线，然后与各用户接通。必须指出，接进高压线时，应在接入之处设变电站，尽可能不把变电站设在工地中心，因为这样可避免高压线路经过工地内部而招致危险。

第二种情况是无法利用现有水、电源，这时为了获得电源，可以在工地中心或靠近中心之处设置固定的或移动式的临时发电设备，由此把电线接出，沿干道布置主线。为了获得水源可以利用地表水或地下水，如果用深井水，则可在靠近使用中心之处凿井，设置抽水设备及简易水塔，若用地面水，则需在水源旁边设置抽水设备及简易水塔，以便储水和提高水压。然后由此把水管接出，布置管网。

此外，根据防火规定，应设立消防站、消防通道和消火栓。

为了保安，可在工地四周设立若干瞭望台，在出入口处设立门岗。

必须指出，以上各设计步骤，并不是截然分割各自孤立进行的，而是应该互相结合起来，统一考虑，反复修正。如当决定铁路线旁的仓库布局时，就应同时考虑到使用该材料的加工厂如何布置，这时也可能对需要已引入的铁路线进行适当的修改，因为它们都有密切的联系，是相互制约的。只有这样全面地考虑问题，最后才能得出圆满的方案。

五、施工总平面图的科学管理

1）建立统一的施工总平面图管理制度，划分总图的使用管理范围。各区各片有人负责，严格控制各种材料、构件、机具的位置、占用时间和占用面积。

2）实行施工总平面动态管理，定期对现场平面进行实录、复核，修正其不合理的地方，定期召开总平面执行检查会议，奖优罚劣，协调各单位关系。

3）做好现场的清理和维护工作，不准擅自拆迁建筑物和水电线路，不准随意挖断道路。大型临时设施和水电管路不得随意更改和移位。

第七节　施工组织总设计实例

本实例为一高屋公寓群体工程施工组织总设计。

一、工程概况

本工程为一公寓小区，由 9 栋高层公寓和整套服务用房组成，建筑面积 16 万 m^2，占地 48 万 m^2，工程总造价约 9500 万元。

该小区东临城市道路，西北面紧靠河道，南面是拟建中的另一建筑物。9 栋公寓呈环形布置，中央是一座拥有 600 车位的大型地下车库。服务用房包括热力变电站、餐厅、幼儿园、房管办公楼、传达室、花房、垃圾站等，分布在公寓群周围。

1. 水文地质情况

拟建场地地势平坦，地下静止水位标高 34.28 ~ 36.22m。历年最高水位标高 38.50m，水质无侵蚀性。本工程最低基底标高 31.00m，处于地下水位以上。采用深埋天然地基，持力层土质为中重亚黏土层，表层为厚 1.10 ~ 3.00m 的人工回填土。

2. 工程设计情况

本工程车库全部埋在地下，共 3 层，底标高 −11.00m，全高 7.8m，全现浇钢混结构，顶盖为无柱帽的无梁楼盖。车库迎水面的墙、板均为 C25 自防水密实混凝土。

9 栋公寓均正北布置，建筑形式及构造也大致相同，并以 3 号楼为基本形式。公寓 ±0.00相当于绝对标高 42.00m，地下 3 层，分别为人防、地下室及设备室。标准层层高 3.2m，建筑物总高 55.20m，房间开间尺寸为 5.0m 和 4.2m，进深为 7.2m 和 6.6m，共 10 个开间。结构抗震烈度按 8 度设防。深埋天然地基、箱形基础。

设备情况：采暖分两个系统。第 1 ~ 8 层为低压双管，8 层以上为高压双管。生活用水 1 ~ 3 层市政供应，第 4 层及以上屋顶水箱供给。室外管线：污水、煤气、热力与小区东侧干线连接。

3. 施工条件

拟建场地征地工作已结束，部分场地未腾清。根据建设单位提供的情况，地下无障碍物；现场东侧西侧均有上水干管并留截门，可接施工用水；西南角有高压电源，可引入施工用电。

小区建筑面积 16 万 m^2，占地面积 4.8 万 m^2，施工用地为 1∶0.3，且工程基础深，放坡大，多栋号同时施工，施工用地比较紧张，房管办公楼、幼儿园等可作暂设房的永久建筑，不能先期施工。

主要材料、设备、劳动力已初步落实；构件及一般加工制品已有安排。

二、施工部署

本工程为多栋号群体工程，工期较长，上级要求 9 栋公寓分期交付使用，每年交付 3 栋。因此，总的施工部署以每年完成 3 栋公寓为一周期，适当安排配套工程，做到年计划与长远计划相适应，搞好工程协作，分期分批配套组织施工。

1. 施工组织

根据每个土建施工队有基本劳动力 600 人，每年能完成土建面积 20000m^2 的能力，决定由一个施工队承担这一任务，适当增加外包工力量，组织大包队，以提高劳动效率。成立现场工作组，解决材料、劳动力的调配和技术及加强总分包单位的协作等问题。

2. 施工安排

本工程应根据上级要求，定额经济指标及实际力量，积极科学地组织施工。首先要安排好公寓个体工程的工期，以基础工程控制在 5 个月左右，主体工程控制在 6 个月左右为宜，装修工程、水电设备工程采取提前插入、交叉作业等综合措施，以缩短工期。装修安排 11 个月左右完成，单栋控制工期为 22 个月左右，比定额工期（32 个月）提前 10 个月。在栋号流水中，也要组织平行流水、交叉作业，充分利用时间，空间。配套工程项目应同时安排，相互衔接。

施工部署分4个阶段，总工期控制在4.5年以内。

第一阶段：地下车库（21000m^2），第一年度4月至第二年度12月。按照先地下、后地上的原则以及公寓竣工必须使用车库的要求，先行施工地下车库。整个车库面积大、基础深。为尽量缩短基坑暴露时间，又分两期施工。

第二阶段：3号、4号、5号楼（14000m^2/栋），第二年度1月至第三年度12月，此三栋临街，作为首批竣工对象。3号、4号楼地下室在车库左右侧，可在车库施工期间穿插进行。在此阶段，热力变电站（约1000m^2）应安排施工，应注意到该栋号设备安装工期长。

第三阶段：6号、1号、2号楼（14000m^2/栋），第二年度10月至第四年度12月。考虑1号、2号楼所在位置拆迁工作比较困难，故开工顺序为6号→1号→2号。此阶段同时施工的还有房管办公楼，此楼作为可供施工使用的项目安排。由于施工用地紧张，先将部分暂设房安排在准备第四阶段才开工的7号、8号、9号楼位置上，故要求在房管楼出图后尽早安排开工，利用其作施工用房，以便为7号、8号、9号楼的施工创造条件，并使房管楼作为最后交工栋号。

第四阶段：9号、8号、7号楼（14000m^2/栋），第三年度4月至第五年度10月。此三栋的开工顺序根据其地基上的暂设房拆除的条件来决定，计划先拆除混凝土搅拌站、操作棚，后拆除仓库、办公室，故开工栋号的顺序为9号→8号→7号。此外，餐厅、幼儿园、花房、垃圾站等工程可作为调剂劳动力的部分，以达到均衡施工的目的。

室外管线由于出图较晚，不可能完全做到先期施工，而且该小区管网为整体设计，布设的范围广、工程量大，普遍展开施工不能满足公寓分期交付使用的要求，所以宜配合各期竣工栋号施工，并采取临时封闭措施，以达到各阶段自成体系分期使用的目的。但每栋公寓基槽范围内的管线应在回填土前完成。

3. 主要工程量

主要工程量见表4-13。

表4-13 主要工程量表

工程项目	单位	地下车库	公寓		总计
			单栋	九栋	
机械挖土	m^3	180000	11268	101412	281412
素混凝土	m^3	1283	80	720	2003
钢筋混凝土	m^3	15012	5838	52542	67554
钢筋	t	3200	649	5841	9041
砖墙	m^3	339	145	1305	1644
预制板	块	2138	204	1836	3974
外墙板	块		390	3510	3510
预应力薄板	块		922	8298	8298
楼梯构件	件		120	1080	1080
钢模板	m^2	45144	38121	343089	388233
回填土	m^3	90000	2040	18360	108360
抹白灰	m^2		13385	120465	120465

（续）

工程项目	单位	地下车库	公寓		总计
			单栋	九栋	
抹水泥	m^2		5629	50661	50661
现制磨石地	m^2		487	4383	4383
预制磨石地	m^2		7017	63153	63153
缸砖地面	m^2		2076	18684	18684
马赛克地面	m^2		515	4635	4635
瓷砖墙面	m^2		3400	30600	30600
吊顶	m^2		14082	126738	126738
干粘石	m^2		2800	25200	25200
水刷石	m^2		50	450	450
水刷豆石	m^2		155	1395	1395
室内管道	m		14153	127377	127377
炉片	个		399	3591	3591
卫生洁具	套		347	3123	3123
电线管、钢管	万m		2.2	19.8	19.8
各种电线	万m		9	81	81
配电箱	个		192	1728	1728
灯具	份		1071	9639	9639

4. 施工总进度计划

施工总进度控制计划见表4-14。

表4-14 施工总进度控制计划

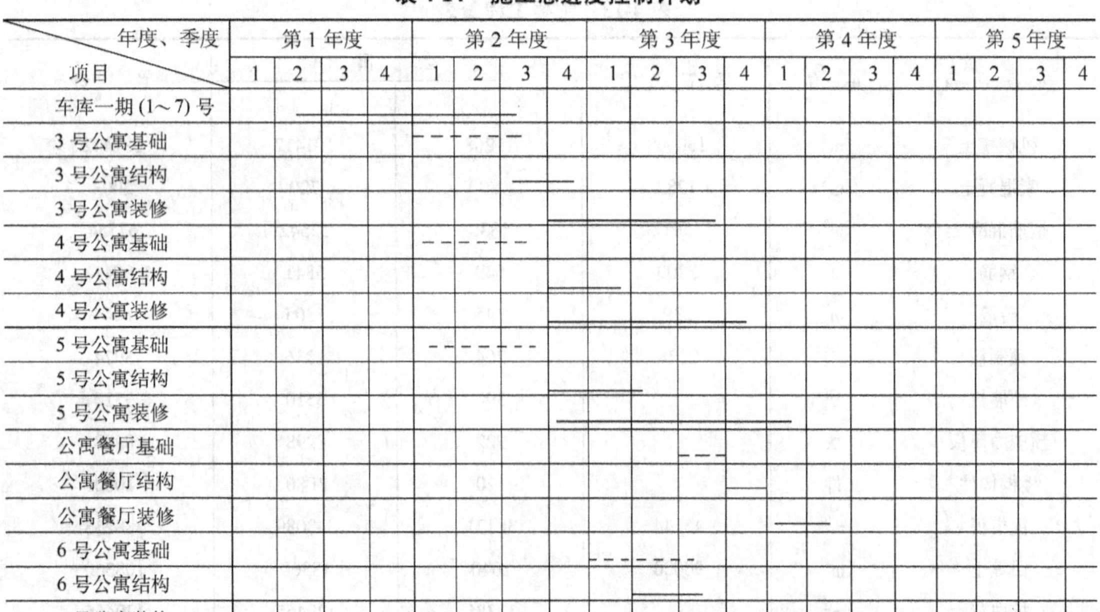

（续）

年度、季度 项目	第1年度				第2年度				第3年度				第4年度				第5年度			
	1	2	3	4	1	2	3	4	1	2	3	4	1	2	3	4	1	2	3	4
1号公寓基础																				
1号公寓结构																				
1号公寓装修																				
2号公寓基础																				
2号公寓结构																				
2号公寓装修																				
9号公寓基础																				
9号公寓结构																				
9号公寓装修																				
8号公寓基础																				
8号公寓结构																				
8号公寓装修																				
7号公寓基础																				
7号公寓结构																				
7号公寓装修																				
热力变电基础																				
热力变电结构																				
热力变电装修																				
房管办公楼基础																				
房管办公楼结构																				
房管办公楼装修																				
二期地下车库																				
幼儿园工程																				
室外管线工程																				
庭院道路工程																				

5. 流水段划分

地下车库以每一库为一大流水段，各段又按自然层分三层进行台阶式流水。公寓结构阶段分5段流水，常温阶段每天一段。

三、施工总平面布置

施工总平面布置如图4-2所示。

根据栋号多、工期长、施工场地紧张及分期交工的特点，现场按下列原则布置：

1）大量混凝土采用商品混凝土，现场设2台工作、1台备用的搅拌机组成搅拌站。

2）1~6号楼施工暂设用房大部分先安排在现场北面7号、8号、9号楼位置（虚线框内）。7号、8号、9号楼开工前，完成房管办公楼作暂设用房，将原暂设用房迁至办公楼。暂设用房一般采用混合结构。

3）混凝土搅拌站迁移位置另定。

材料堆放：预制构件、大模板堆放在塔式起重机回转半径内，预制构件按两层的用量准备。钢筋及脚手架应分规格堆放。

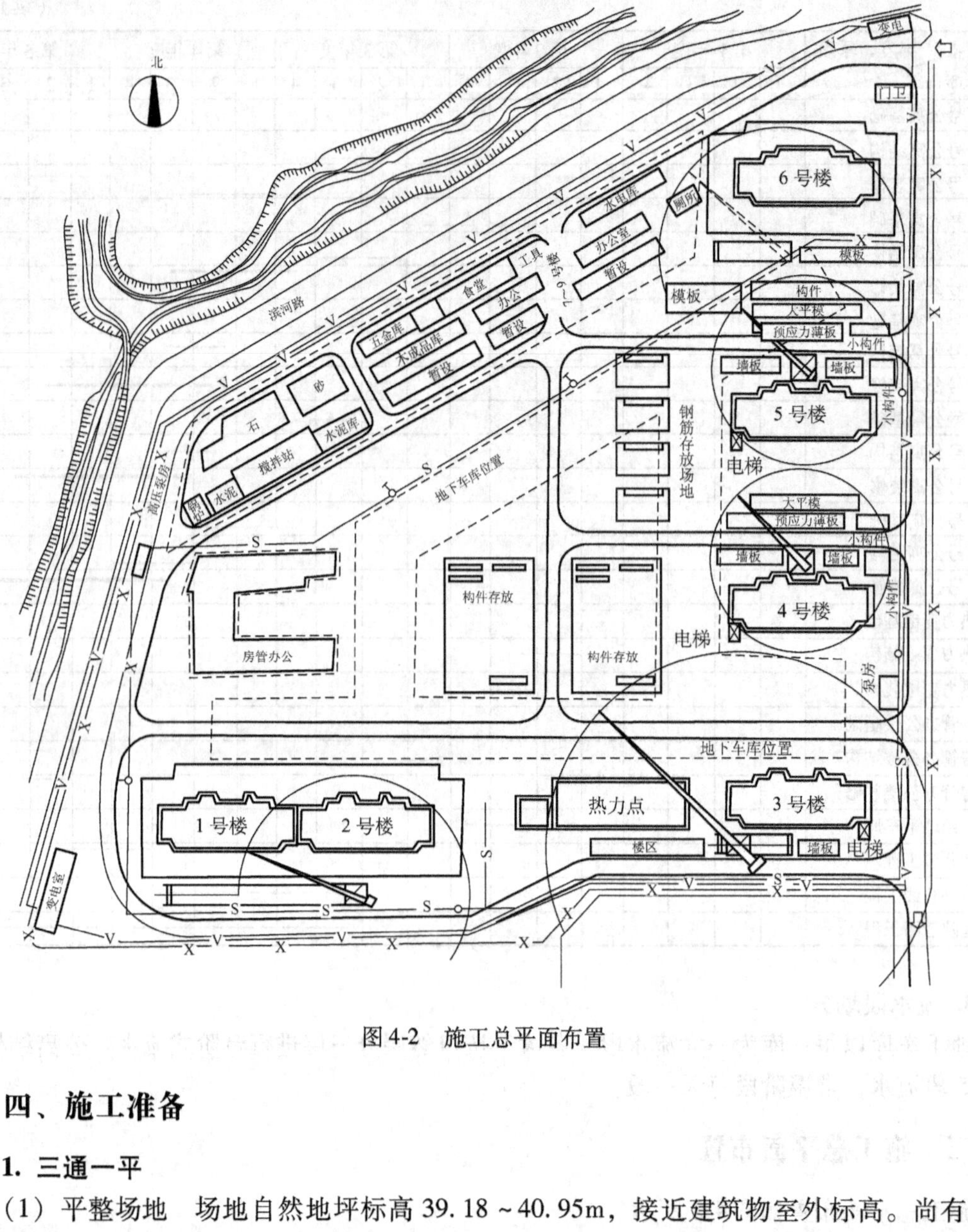

图 4-2　施工总平面布置

四、施工准备

1. 三通一平

（1）平整场地　场地自然地坪标高 39.18 ~ 40.95m，接近建筑物室外标高。尚有部分民房未拆除，施工前不能统一平整。拟先解决地下车库施工场地，以后随拆迁进展陆续平整。应有统一的竖向设计，以利雨季排水。

（2）施工用水　现场不设生活区，施工用水主要为搅拌及养护混凝土、装修工程用水。根据计算，决定用水量按 15L/s 设计。水源由现场东侧市政管道引出，干管选 ϕ125mm 钢管，埋深 60cm（埋深应参考各地区的冻结深度）。沿现场循环道一侧每 100m 设一个消火栓。

（3）施工用电　电动机总功率 $\sum P_1 = 1056.3$kW；电焊机总容量 $\sum P_2 = 728$kV · A；室内照明容量 $\sum P_3 = 6$kW；室外照明容量 $\sum P_4 = 10$kW。供电设备总需容量 $P = 994$kV · A。现场已有 56kV · A 变压器一台，拟增设 560kV · A 变压器一台。

2. 技术设备

1）先了解和掌握绘图计划，摸清设计意图，如热力发电站施工图和外线图、公寓外装修作法等。

2）编制施工组织总设计和各项施工方案。

3）编制加工订货和大型机具计划。

4）设计大模板及大型脚手架，进行公寓外墙板预贴马赛克工艺试验。

五、主要工程施工方法

本工程按以下工艺流程进行：

地下车库工艺流程为挖土→垫层→底板→架空层结构→回填土→地下层结构→回填土→地下一层结构→回填土。

公寓结构阶段工艺流程为挖槽→垫层→人防层保护墙→人防层结构→回填土→地下二层结构→地下一层结构→回填土→立塔→1～7层结构→7层以下设备安装、内装修（平行作业8～17层结构）→8层以上设备安装、内装修→外装修。

1. 基础挖土

实际挖深9.5m，采用挖土机、推土机和自卸车机械作业线进行挖方。分两层开挖，第一层5.5m，坡度1:0.6；第二层4m左右，坡度1:0.7。采用明沟→集水井→水泵系统排出场外。地下车库护坡钉钢丝网、抹5cm厚细石混凝土。

2. 水平及垂直运输

预制构件用拖车，大宗材料用货车，混凝土用罐车运至现场；场内混凝土运输用小翻斗车。结构阶段垂直运输主要采用塔式起重机。根据各阶段施工分别选定塔式起重机并进行布置，此处略。

施工用电梯，每一公寓楼设1台双笼外用电梯，结构施工至第7层时安装，供上人及运输装修材料用。每一公寓设一台高平架，供运输装修，水电材料及架设施工上水管道用。结构施工至第6层时搭设。

3. 架子工程

地下车库全部采用钢管架提升，随支随拆；公寓结构主要用钢管架。

4. 模板工程

主要采用钢模及钢支撑，不合钢模模数的部分用清水木模补充。不论是大平模或小钢模拼装，均应作钢模设计，必要时应有计算。

地下车库立墙用大平模配两个库的量。顶板模用小钢模及ϕ48mm钢管组成可移动的台模，台模以3m×4m左右为宜，具体尺寸由分项设计决定，配两个库的量。

公寓模板：地下室架空层利用保护墙作外模，内模用小钢模拼装。架空层以上内外模均用小钢模拆装。标准层模板按5段流水配置，墙模大部分用大平模，内纵墙每面一块，内横墙每面两块。标准层模板共配置两套。

5. 预制构件安装

公寓的预制构件有外墙板、预应力薄板、走廊板及阳台栏板等。

6. 钢筋工程

本工程钢筋总量约为8000余吨，大宗钢筋由公司加工厂统一配料成形，运至工地绑扎，现场只设小量小型加工设备，如切割机、弯钢机等。

本工程所用钢筋为Ⅰ、Ⅱ级钢。凡加工中采用焊接接头的钢筋由钢筋厂负责工艺试验并提供试验单。钢筋放样由施工队负责。钢筋规格不符合设计要求的，应与设计人员协商处理，不得任意代用。

所有钢筋均为散绑。墙体钢筋横筋在外，竖筋在内，上下错开接头50%。组合柱、键槽钢筋焊接采用T50焊条。

钢筋绑扎要求：

1）车库底板、顶板钢筋较密，上下层钢筋应分两次隐蔽检验。

2）车库墙身的防水混凝土，钢筋顶杆加止水板。

3）公寓外墙板组合柱钢筋一定要插入套箍内，并作10d搭接焊。

4）墙体钢筋两网片间加门钩支撑，间距1m，按梅花形布置。

7. 混凝土工程

混凝土现浇量共约7万m^3；防水混凝土应使用强度等级32.5以上的水泥，冬期用普通硅酸盐水泥；大体积混凝土采用集中搅拌站供应的混凝土，外加剂在现场添加。车库迎水面为防水混凝土，其他为普通混凝土。浇筑方法及要求为：每库底板一次浇筑，不设后浇缝，与外墙交接处留凸形水平施工缝。每库外墙中部留一道60cm宽竖直后浇缝。公寓地下室及地上混凝土浇筑方法及要求为：底板及地下室墙身均不设后浇缝。内墙垂直施工缝根据流水段划分设置在门口处，墙体混凝土浇筑高度控制在叠合板以下10cm。竖向结构混凝土分层浇筑的高度，第一次不大于50cm，以上不大于1m。湿润养护不得少于14昼夜。

8. 防水工程

1）地下车库迎水面为防水混凝土，须作好以下处理：

①外墙过墙管应加法兰套管。

②变形缝止水带采用焊接，用钢丝将止水带固定在钢筋或模板上。

③补后浇缝应在混凝土龄期不少于28d后进行。安装附加钢筋支模后浇水湿润，1昼夜后再浇混凝土。每层厚不超过50cm，湿养护6周。

2）公寓地下室油毡防水；架空层以下先砌保护墙内贴油毡，利用保护墙作外模板。架空层以上先浇筑混凝土，外贴油毡后砌保护墙。

3）公寓屋顶预埋的ϕ2mm锚环。应尽量设在暖沟内或靠近暖沟，并在屋面保温层做完后，先铺一层油毡。

9. 回填土工程

1）土方平衡措施：

①两期车库及分期施工的公寓地下室尽可能以挖补填。

②车库东西坡道及附属用房开工时间可灵活掌握，可作为取土回填的后备来源。

③在拆迁问题没有提前解决的前提下，可利用未开工的公寓适当存土。

2）回填土工程的几项要求：

①车库三层台阶式流水施工，每一层结构完成后，尽早回填土，以便安装上层模板，免搭脚手架。有利于混凝土的养护，可防止混凝土裂缝。

②公寓架空层以下先砌保护墙并回填土，以利边坡稳定。

③在回填土的过程中，应尽可能将回填范围的外管线一并完成。

10. 室外管线、室内管线及设备

1）自来水：一次水有东、西两个进口，高压水分1号~4号楼及5号~9号楼两个区域，可根据分期要求加设阀门。但消防水管道不得加设阀门。

2）煤气进口在东侧马路，分期使用可采取封口措施。

3）暖气及热水系统可加堵处理，但不要设在车库内。

4）雨水分两个出口通向西北侧道路雨水干线，请设计单位根据竣工次序稍加调整。

5）配合土建进行预埋铁件、箱及预留洞、槽，暗埋管线施工。

6）本工程管道系统比较符合标准化要求，应尽量预制。

7）结构施工至6层以上时可插入安装，试水分高压、低压两个阶段进行。

8）管道保温、污水托吊管道用麻布油毡3道，采暖管道用珍珠岩瓦块外抹石棉水泥壳。

11. 装修工程

施工布置中内装修与结构交叉进行，结构完成8层插入第一条装修线，由第2层~第8层逐层向上进行。结构完成后插入第二条装修线，由第8层向上进行。外装修在第8层~第15层墙面冲筋及安钢门窗后进行。装修工程以施工队为主，组织抹灰工、木工、粉石工等工种的混合队进行承包。油漆粉刷由专业队组织力量配合土建进度完成各项任务。主要项目施工方法如下：

1）地面工程：基层清理作为一道工序安排，并进行隐检。面层标高由楼道统一引向各房间，块材应由门口往里铺设。水泥地面及在水泥砂浆作结合层的地面应适当养护。

2）内墙装修：泡沫混凝土墙与混凝土墙交接处加贴10cm宽玻璃丝布。墙面抹灰均先在基层刷一道107胶或其他界面黏合剂。混凝土墙面用107胶水泥浆贴瓷砖。

3）顶棚工程：凡石棉板吊顶处均事先在混凝土楼板内预留ϕ6mm吊环，大龙骨用10号钢丝与吊环锚固。

4）外墙装修：外装修架子用双层吊篮，自上而下进行装修。现浇外墙粘石用机喷，马赛克墙面装修应按正常工序要求，不得因面积小而减少工序，基层刷界面黏结剂。

六、主要技术管理与组织措施

1. 技术质量管理

1）认真贯彻各项技术管理制度和岗位责任制。认真审阅图样、说明和有关施工的规程、规范和工艺标准。

2）施工组织设计要三结合编制，报上级技术部门审批，要加强中间检查制度，对施工方案、技术措施、材料试验等，应定期检查执行情况。

3）新材料、新工艺、新技术要经过批准、试验、鉴定后，方可使用，并建立完整的资料归档。

4）工程质量要实行目标管理，推行全面质量管理。防水工程要抓好地下防水做法的各个环节，如防水混凝土、变形缝、止水带、螺栓孔的处理，外墙回填土的质量等。结构工程要抓好轴线标高、混凝土配合比、大模板混凝土烂根及钢筋绑扎、焊接质量等问题。装修工程要抓好样板间，工序安排要合理。水暖电卫工程要做好设备预留孔洞，土建与专业队均应设专人管理。

2. 消防安全管理

健全各级消防安全组织和专职人员；各分项施工方案、工艺设计均应有详细的安全措施；针对本工程特点应重点抓好下列几个方面：

1）现场主要出入口应设专人指挥车辆。

2）基坑边坡上设护身栏。

3）东侧马路上高压线应搭设防护架。

4）现浇处所设计的三脚架应有设计计算书并进行荷载试验。

5）高层施工时应设通信联络装置。

复习思考题

1. 施工组织总设计的编制依据有哪些？
2. 施工组织总设计由哪些内容组成？
3. 简述施工组织总设计的编制程序。
4. 施工部署的内容有哪些？
5. 简述施工总进度计划的编制步骤 1。
6. 全场性暂设工程有哪些？
7. 施工总平面图设计的内容有哪些？

第五章　单位工程施工组织设计

单位工程施工组织设计是以单位工程为对象，依据工程项目施工组织总设计的要求和有关的原始资料，并结合单位工程实际的施工条件而编制的指导单位工程现场施工活动的技术经济文件。其目的是策划单位工程的施工部署，协调组织单位工程的施工活动，以达到工期短、质量好、成本低的施工目标。

第一节　单位工程施工组织设计的内容和编制程序

一、单位工程施工组织设计的内容

单位工程施工组织设计的内容，根据其工程的规模、性质、施工复杂程度和施工条件的不同，其内容的深度、广度要求也各有不同。但是，一般而言应包括以下主要内容：

（一）工程概况和施工特点分析

主要包括工程概况、施工条件、工程特点、施工特点和施工目标等内容。

（二）施工方案

主要包括确定施工程序、确定施工起点流向、确定施工顺序、选择施工方案与施工机械等内容。

（三）施工进度计划

主要包括划分施工段、计算工程量、确定工作量及工作持续时间，确定各施工过程的施工顺序及搭接关系，绘制进度计划表等内容。

（四）施工准备工作计划

主要包括施工前的技术准备、现场准备、人力资源准备、材料及构件准备、机械设备及工器具准备等内容。

（五）劳动力、材料、构件、施工机械等需要量计划

主要包括劳动力需要量计划、材料及构件需要量计划、机械设备需要量计划等内容。

（六）施工平面图

主要包括对施工机械、临时加工场地、材料构件仓库与堆场、临时水网和电网、临时道路、临时设施用房的布置等内容。

（七）主要技术组织措施

主要包括保证施工质量的措施、保证施工安全的措施、冬雨期施工措施、文明施工措施及降低成本的措施等内容。

（八）各项技术经济指标

主要包括工期指标、质量和文明安全指标、实物量消耗指标、降低成本指标等内容。

对于一般常见的工业厂房及民用建筑等单位工程，其施工组织设计可以相对精简，内容一般以施工方案、施工进度计划、施工平面图为主，并辅以相应的文字说明。对于技术复杂、规模较大的单位工程或没有应用新技术、新工艺、新材料施工经验的单位工程，则应编制得详细一些。

二、单位工程施工组织设计的编制依据

单位工程施工组织设计的编制依据主要有以下几个方面：

（一）主管部门及建设单位的要求

主要包括上级主管部门或建设单位对工程的开、竣工日期，施工许可证等方面的要求，以及施工合同中的关于质量、工期、费用等方面的规定。

（二）施工图样及设计单位对施工的要求

主要包括单位工程的全部施工图样、会审记录和标准图等有关设计资料，对于复杂的建筑工程还要有设备图样和设备安装对土建施工的要求，及设计单位对新结构、新材料、新技术和新工艺的要求。

（三）施工组织总设计

当该单位工程是某建设项目或建筑群的一个组成部分时，应从总体的角度考虑，在满足施工组织总设计的既定条件和要求的前提下编制该单位工程施工组织设计。

（四）施工企业年度生产计划

应根据施工企业年度生产计划对该工程下达的施工安排和有关技术经济指标来指导单位工程施工组织设计的编制。

（五）施工现场的资源情况

主要包括施工中需要的劳动力、材料、施工设备及工器具、预制构件的供应能力和来源情况等。

（六）建设单位可能提供的条件

主要包括供水、供电、施工道路、施工场地及临时设施等条件。

（七）施工现场条件和勘察资料

主要包括施工现场的地形、地貌、水准点、地上或地下的障碍物、工程地质和水文地质、气象资料、交通运输等资料。

（八）预算或报价文件和有关规程、规范等资料

主要包括工程的预算文件、国家的施工验收规范、质量标准、操作规程和有关定额等内容。

三、单位工程施工组织设计的编制程序

单位工程施工组织设计的编制程序如图 5-1 所示。

四、工程概况和施工特点分析

（一）工程概况

主要介绍拟建工程的建设单位、工程名称、性质、用途、作用、资金来源及工程投资额、开竣工日期、设计单位、施工单位、施工组织管理结构、施工图样情况、施工合同、主管部门的有关文件或要求、组织施工的指导思想等。

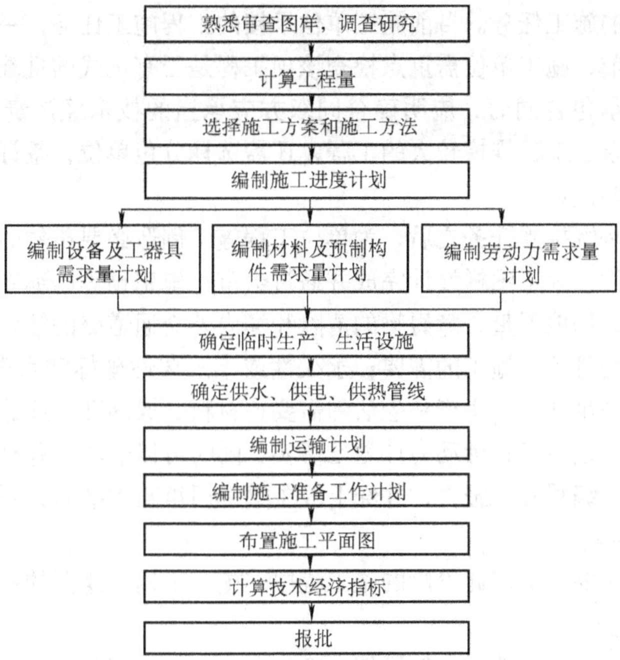

图 5-1　单位工程施工组织设计的编制程序

（二）施工特点分析

主要是概括指出单位工程的施工特点和施工中的关键问题，以便在选择施工方案，组织资源供应、技术力量配备以及施工准备上采取有效措施，保证施工顺利进行。如现浇钢筋混凝土高层建筑的施工特点主要有：结构和施工机具设备的稳定性要求高，钢材加工量大，混凝土浇筑难度大，脚手架搭设必须进行设计计算，安全问题突出等。

第二节　施工方案设计

施工方案设计是单位工程施工组织设计的核心问题。施工方案合理与否，不仅影响到施工进度计划的安排和施工平面图的布置，而且关系到工程施工的效率、质量、工期和技术经济效果，所以应予以充分重视。其内容一般包括：确定施工程序、施工起点流向、施工顺序、主要分部分项工程的施工方法和施工机械等。

一、确定施工程序

施工程序是指施工中不同阶段的不同工作内容按照其固有的先后次序及其制约关系循序渐进向前开展的客观规律。单位工程的施工程序一般为：接受任务阶段，开工前的准备阶段，全面施工阶段，竣工验收阶段。每一阶段都必须完成规定的工作内容，并为下阶段工作创造条件。

（一）接受任务阶段

接受任务阶段是其他各个阶段的前提条件，施工单位在这个阶段承接施工任务，并签订施工合同，明确具体的施工任务。目前施工单位承接的工程施工任务，一般是通过投标方式承接。签订施工合同前，施工单位需重点检查该项工程是否有正式的批准文件及建设投资是否落实。在签订工程承包合同时，应明确合同双方应承担的技术经济责任及奖励、处罚条款。对于施工技术复杂、工程规模较大的工程，还需选择分包单位，签订分包合同。

（二）开工前准备阶段

开工前准备阶段是继接受任务之后，为单位工程施工创造必要条件的阶段。单位工程开工前必须具备如下条件：施工图样设计完成并通过会审；施工预算已编制；施工组织设计已经过批准并完成交底；场地平整、障碍物的清除和场内外交通道路的铺设已经基本完成；施工用水、用电、排水均可满足施工的需要；永久性或半永久性坐标和水准点已经完成设置；临时设施建设基本能满足开工后生产和生活的需要；材料、成品和半成品及施工机械设备能陆续进入现场，保证连续施工；劳动力计划已落实，随时可以进场，并已经过必要的技术安全教育。在此基础上，编写开工报告，并经上级主管部门审查批准后方可开工。

（三）全面施工阶段

施工方案设计中主要应确定此阶段的施工程序。施工中通常遵循的程序主要有：

1. 先地下、后地上

施工时，通常应首先完成管道、管线等地下设施、土方工程和基础工程，然后开始地上工程施工。对于地下工程应按先深后浅的顺序进行，以免造成施工返工或对上部工程的干扰，影响工程质量，造成浪费。但采用逆做法施工时除外。

2. 先主体、后围护

施工时应先进行框架主体结构施工，然后进行围护结构施工。

3. 先结构、后装饰

施工时先进行主体结构施工，然后进行装饰工程施工。

4. 先土建、后设备

先土建、后设备是指一般的土建与水暖电卫等工程的总体施工程序，施工时某些工序可能要穿插在土建的某一工序之前进行，这是施工顺序问题，并不影响总体施工程序。

工业建筑中土建与设备安装工程之间的程序取决于工业建筑的类型，如精密仪器厂房，一般要求土建、装饰工程完成后安装工艺设备，而重型工业厂房，一般要求先安装工艺设备后建设厂房或设备安装与土建工程同时进行。

（四）竣工验收阶段

单位工程完工后，施工单位应首先进行内部预验收，并向建设单位提交竣工验收报告。然后建设单位组织各方参与正式验收，验收合格双方办理交工手续及有关事宜。

二、确定施工起点流向

确定施工起点流向，就是确定单位工程在平面上或竖向上施工开始的部位和进展的方向。对于单层建筑物，如厂房，可按其车间、工段或跨间，分区分段地确定出在平面上的施工流向。对于多层建筑物，除了确定每层平面上的流向外，还应确定沿竖向上的施工流向。对于道路工程确定出施工的起点后，可沿道路前进方向，将道路分为若干区段，如 1km 一段。

（一）确定施工起点流向应考虑的因素

确定单位工程施工起点流向时，一般应考虑如下因素：

1. 车间的生产工艺流程

从生产工艺上考虑影响其他工段试车投产的工段应该先施工。

2. 建设单位对生产和使用的需要

生产或使用急的工段或部位先施工。如建设单位需先期进入时所需要的办公场所等应先施工。

3. 施工的繁简程度

一般技术复杂、施工进度慢、工期较长的区段或部位应先施工。如高层现浇钢筋混凝土结构房屋，主楼部分应先施工，裙房部分后施工。

4. 工程现场条件和施工方案

施工场地的大小，道路布置和施工方案中采用的施工方法和机械是确定施工起点和流向的主要因素。如挖土和吊装机械的开行路线或布置位置便决定了基础挖土及结构吊装的施工流向，当土方工程边开挖边余土外运时，则施工起点应确定在离道路远的部位和由远及近的进展方向。

5. 房屋高低层或高低跨

如柱子的吊装应从高低跨并列处开始；高低层并列的多层建筑物中，应从层数多的区段开始。

6. 分部分项工程的特点及其相互关系

密切相关的分部分项工程的流水，一旦前导施工过程的起点流向确定，则后续施工过程也随其而定了。如单层工业厂房的挖土工程的起点流向决定桩基础施工过程和吊装施工过程的起点流向。

（二）室内装饰工程的施工起点流向

主体工程水平方向的起点流向一般根据上述因素确定，竖向上一般应按照自下而上的流程施工。装饰工程竖向的流程比较复杂，室外装修一般采用自上而下的流程以便保证质量；室内装修则有自上而下、自下而上及自中而下再自上而中三种流程。

1. 室内装饰工程自上而下的施工起点流向

主体结构工程封顶、屋面防水层完成后，从顶层开始逐层向下进行，如图 5-2 所示。其优点是，主体结构完成后有一定的沉降时间，且防水层已做好，容易保证装饰工程质量不受沉降和雨水影响，而且自上而下的流水施工，工序之间交叉少，便于施工和成品保护，垃圾清理也方便。不过，其缺点是不能与主体工程搭接施工，工期较长。因此当工期不紧时，应选择此种施工起点流向。

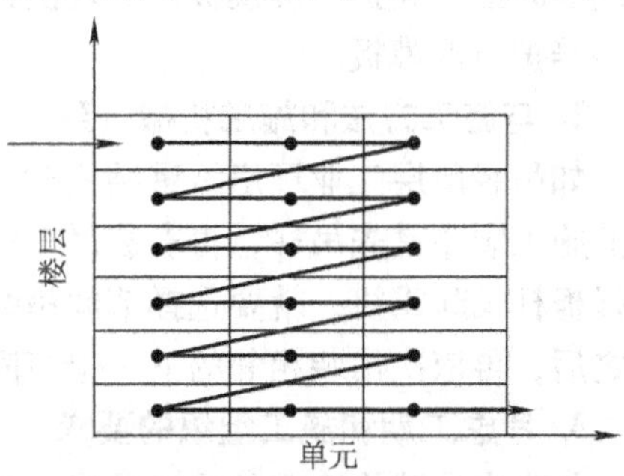

图 5-2　室内装饰工程自上而下的施工起点流向

2. 室内装饰工程自下而上的施工起点流向

主体结构工程施工到三层以上时，装饰工程从一层开始，逐层向上进行。如图 5-3 所示。优点是主体与装饰交叉施工，工期短。缺点是工序交叉多，成品保护难，质量和安全不易保证。因此如采用此种施工起点流向，必须采取一定的技术组织措施，来保证质量和安全。当工期紧时可采用此种施工起点流向。

3. 室内装饰工程自中而下再自上而中的施工起点流向

它综合了上述两种流向的优点，通常适于中、高层建筑装饰施工，如图5-4所示。

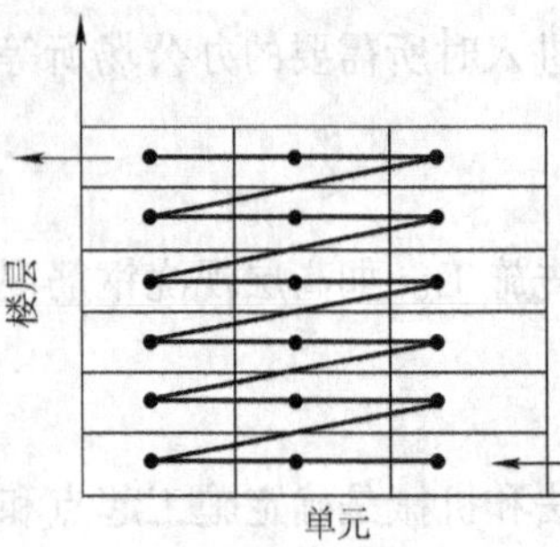

图5-3　室内装饰工程自下而上的施工起点流向

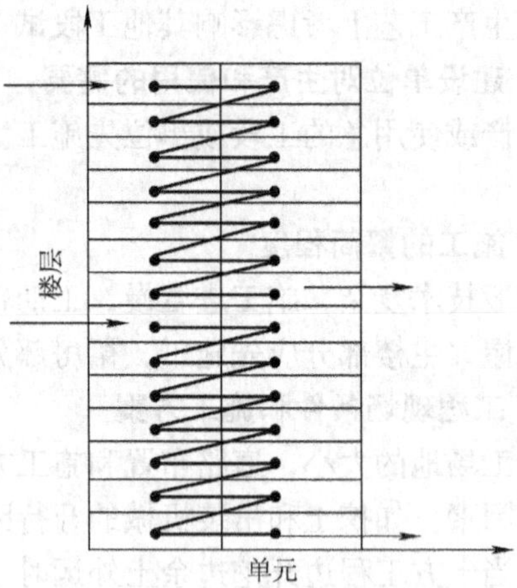

图5-4　室内装饰工程自中而下再自上而中的施工起点流向图

三、确定施工顺序

施工顺序是指分项工程或工序之间施工的先后次序。它的确定既是为了保证能够按照客观的施工规律组织施工，也是为了解决各分部分项工程之间在时间上的搭接利用问题。在保证质量与安全施工的前提下，实现缩短工期的目的。

（一）确定施工顺序应考虑的因素

合理地确定施工顺序是编制施工进度计划的需要。确定施工顺序时，一般应考虑以下因素：

1. 符合施工工艺

施工顺序应与施工工艺顺序相一致。如现浇混凝土楼板的施工顺序为：支模板→扎钢筋→浇混凝土→养护→拆模板；而现浇钢筋混凝土柱的施工顺序为：扎钢筋→支模板→浇混凝土→养护→拆模板。

2. 与施工方法和施工机械一致

如吊装单层工业厂房承重结构时，如果选择分件吊装、采用履带式起重机时，则吊装构件的施工顺序是先吊柱，再安装吊车梁、连系梁，最后吊一个节间的屋架及屋面构件；如果选择桅杆式起重机，就要选择节间吊装法，吊装构件的施工顺序是将一个节间的全部构件吊完之后，再依次吊装相邻的下一个节间的构件，直到全部吊装完成。

3. 考虑工期和施工组织的要求

如室内外装饰工程的施工顺序，当工期要求紧张时，可内外装饰工程同进行；当工期要求相对宽松时，则可按照施工组织相关要求依次进行。

4. 考虑施工质量和安全要求

如外墙装饰安排在屋面卷材防水施工后进行，以保证安全；楼梯抹面最好自上而下进行，以保证质量。同时，在安排施工顺序时，应力求各施工过程的搭接不致产生不安全因素，以避免安全事故的发生。

5. 考虑当地气候影响

如冬期室内装饰工程施工，应先安装门窗后做墙面装饰；夏期施工时，则应先做墙面装饰后安装门窗，这样更有利于墙面干燥。

（二）多层砖混结构的施工顺序

多层砖混结构的施工，一般可划分为基础工程、主体结构工程、屋面及装饰工程等施工阶段，其施工顺序如图 5-5 所示。

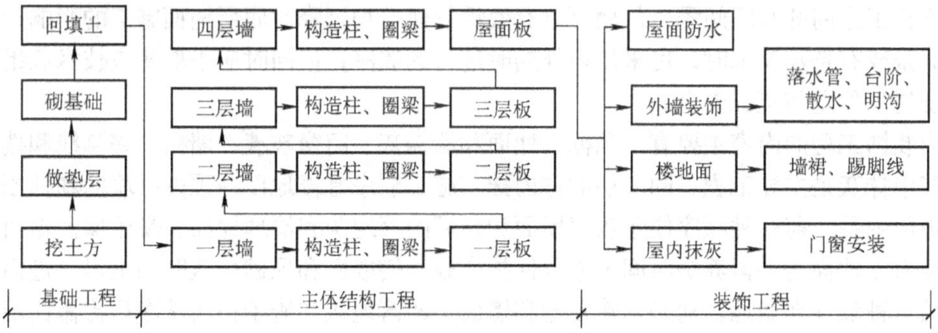

图 5-5　多层砖混结构施工顺序

1. 基础工程的施工顺序

基础工程施工顺序一般是：挖土方→做垫层→砌基础→回填土。如果有地下障碍物、坟穴、防空洞、软弱地基等问题，需先采取相应处理措施；如有桩基础，应先进行桩基础施工；如有地下室，则应在基础完成后或完成一部分后，施工地下室墙，在做完防潮层后施工地下室顶板，最后回填土。

基槽土方开挖与垫层施工要搭接紧凑，间隔时间不宜过长，以免雨后基槽内灌水而影响地基的承载能力。一般情况下，回填土应在基础完工后一次分层填筑完毕，保证基础的施工质量不受雨水等因素影响，也为后续工序及早提供工作面，增进施工进度。同时，地下管道施工应根据实际情况与基础工程施工配合进行。

2. 主体结构工程的施工顺序

主体结构工程施工阶段的工作，当构造柱、楼板、圈梁等构件为现浇时，其施工顺序应为扎构造柱筋→砌墙→安柱模板→浇柱混凝土→安梁、板、梯模板→扎梁、板、梯钢筋→浇梁、板、梯混凝土。现浇钢筋混凝土楼梯施工时，应注意其与楼层施工密切配合，否则，会因混凝土养护需要时间，使后续工序不能按期开始而延误工期。对于现浇楼板的支模板和扎钢筋可安排在墙体砌筑的最后一步插入，并在浇筑圈梁的同时浇筑楼板。当楼板为预制时，砌墙和安装楼板是主体结构工程的主导施工过程，应合理组织它们间的流水作业，以保证施工的连续性和均衡性。

3. 屋面和装饰工程的施工顺序

这个阶段具有施工内容繁杂、手工操作多、需要时间长、大量工序需交叉进行等特点。

屋面工程主要是卷材防水屋面和刚性防水屋面。卷材防水屋面一般按找平层→隔气层→保温层→找平层→防水层→保护层的顺序施工。对于刚性防水屋面，现浇钢筋混凝土防水层应在主体完成或部分完成后，尽快开始施工，从而为室内装饰工程创造条件。

装饰工程可分为室内装饰和室外装饰。室内外装饰工程的施工顺序通常有先内后外、先外后内、内外同时进行等三种顺序，具体选择应视施工条件和气候条件而定。如室外装饰施工应尽量避开冬、雨期。当室内采用水磨石楼面时，为防止楼面施工时水的渗漏对外墙面的影响，应优先选择先内后外的施工顺序；如果需要加速脚手架的周转或要赶在冬季、雨季到来之前完成室外装修，则应采取先外后内的顺序，同时由于这种方式加大了主体结构施工和室内装饰施工之间的时间间隔，从而可以有效缓解建筑物沉降对底层地面施工的影响；当工期要求紧张或有特殊要求时，可采用内外同时进行的顺序，但同时应采取相应技术和组织措施以保证施工质量和施工安全。

室内装饰工程的内容主要有：顶棚、地面和墙抹灰、门窗玻璃、墙裙、踢脚线和楼梯抹灰等。其中抹灰是主导工程。同一层的室内抹灰施工顺序有楼地面→顶棚→墙面和顶棚→墙面→楼地面两种。前一种顺序便于收集墙面和顶棚的落地灰和清理地面，易于保证地面施工质量，但由于地面需要留养护时间及采取保护措施，使墙面和顶棚抹灰时间推迟，进而影响工期；后一种顺序在做地面前必须将顶棚和墙面上的落地灰和渣子扫清洗净后再做面层，否则会影响楼面面层与楼板间的黏结，引起地面起鼓。顶层楼面应在屋面防水完成之后进行，底层地面应是在各层顶棚、墙面、楼面做好之后进行。楼梯间和踏步抹面，由于其在施工期间易损坏，通常是在其他抹灰工程完成后，自上而下施工。门窗玻璃安装一般在门窗扇油漆之后进行。

室外装饰工程应由上往下每层装饰，落水管等分项工程全部完成后，即开始拆除该层的脚手架，然后进行散水及台阶的施工。

4. 水、暖、电、卫等工程的施工顺序

水暖电卫不同于土建工程，可以分成几个明显的施工阶段，它一般与土建工程中有关分部分项工程进行交叉施工，紧密配合。在基础工程施工时，先将相应的上下水管沟和暖气管沟的垫层、管沟墙做好，然后回填土；在主体结构施工时，应在砌砖墙或现浇钢筋混凝土楼板同时，预留上下水管和暖气立管的孔洞、电线孔槽或预埋木砖和其他预埋件；在装饰工程施工前，安设相应的各种管线和电气照明用的附墙暗管、接线盒等。水暖电卫安装一般在楼地面和墙面抹灰前或后穿插施工。若电线采用明线，则应在室内粉刷后进行。

（三）装配式单层工业厂房的施工顺序

装配式单层工业厂房的施工可分为基础工程、预制工程、结构安装工程、围护工程和装饰工程等五个施工阶段，其施工顺序如图 5-6 所示。

1. 基础工程的施工顺序

基础工程的施工顺序通常是：挖土方→做垫层→扎钢筋→支模板→浇混凝土→养护→拆模→回填土。

单层工业厂房的柱基础一般为现浇钢筋混凝土杯形基础，适宜采用平面流水施工。对于厂房的设备基础，由于与厂房柱基础施工顺序的不同，故常常影响到主体结构的安装方法和设备安装投入的时间。因此，需根据具体情况决定其施工顺序。通常有三种方案：

1）当厂房柱基础的埋置深度大于设备基础埋置深度时，采用“封闭式”施工，即厂房柱基础先施工，设备基础后施工。当厂房施工处于雨期或冬期时，或设备基础不大，在厂房结构安装后对厂房结构稳定性并无影响时，或对于较大较深的设备基础采用了特殊的施工方法（如沉井时），可采用“封闭式”施工。

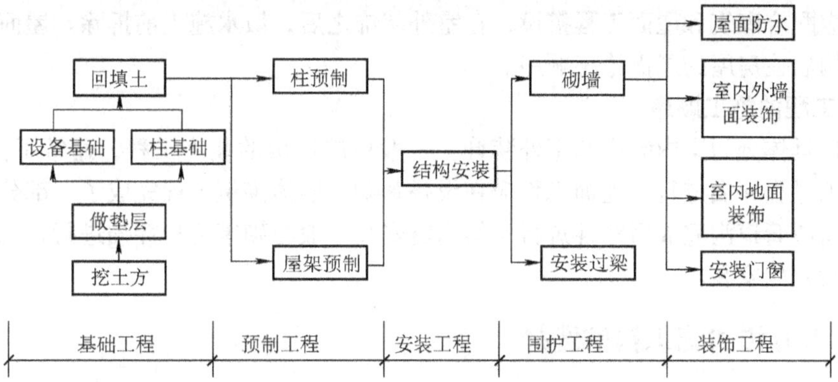

图 5-6 装配式单层工业厂房施工顺序图

2）当设备基础埋置深度大于厂房基础的埋置深度时，通常采用“开敞式”施工，即厂房柱基础和设备基础同时施工。

3）当设备基础较大较深，其基坑的挖土范围已经与柱基础的基坑挖土范围连成一片或深于厂房柱基础，以及厂房所在地点土质不佳时，方采用厂房柱基础与设备基础同时施工的顺序。

2. 预制工程的施工顺序

单层工业厂房构件的预制方式，一般采用加工厂预制和现场预制相结合的方法。在具体确定预制方案时，应结合构件技术特征、当地加工厂的生产能力、工程的工期要求、现场施工及运输条件等因素，经过分析之后确定。通常对于质量较大、尺寸较大，运输不便的大型构件，多采用拟建车间现场预制，如柱、托架梁、屋架、吊车梁等。数量较多的中小型构件可在加工厂预制。一般而言，预制构件的施工顺序根据结构吊装方案确定。

1）场地狭小、工期又允许时，构件制作可分别进行。先预制柱和吊车梁，待柱和梁安装完毕后再进行屋架预制。

2）场地宽敞时，柱、梁制完后即进行屋架预制。

3）场地狭小工期又紧时，可将柱和梁等构件在拟建车间内就地预制，同时在拟建车间外进行屋架预制。

3. 结构安装工程的施工顺序

结构安装工程是单层工业厂房施工中的主导工程。结构安装施工的顺序取决于吊装方法。采用分件吊装法时，顺序为第一次开行吊装柱，校正固定；混凝土强度达到 70% 后，第二次开行吊装吊车梁、连系梁和基础梁；第三次开行吊装屋盖构件。采用综合法时，顺序依次为吊装第一节间四根柱，校正固定后安装吊车梁及屋盖等构件，如此至整个车间安装完毕。

结构吊装的流向通常应与预制构件制作的流向一致。当厂房为多跨且有高低跨时，构件安装应从高低跨柱列开始，先安装高跨，后安装低跨，以适应安装工艺的要求。

4. 围护工程的施工顺序

围护工程阶段的施工包括内外墙体砌筑、搭脚手架、安装门窗框和屋面工程等。在厂房结构安装工程结束后，或安装完一部分区段后即可开始内外墙砌筑工程的分段施工。

脚手架应配合砌筑和屋面工程搭设，在室外装饰之后，散水施工前拆除。屋面工程的顺序同混合结构居住房屋的屋面施工顺序。

5. 装饰工程的施工顺序

装饰工程具体分为室内装饰和室外装饰。一般单层厂房的装饰工程，通常不占总工期，而与其他施工过程穿插进行。地面工程应在设备基础、墙体砌筑工程完成了一部分和埋入地下的管道电缆或管道沟完成后穿插进行；钢门窗安装一般与砌筑工程穿插进行，也可以在砌筑工程完成后开始安装。

四、施工方法和施工机械选择

施工方法和施工机械选择是施工方案中的关键问题。它直接影响施工进度、施工质量、施工安全以及工程成本。编制施工组织设计时，必须根据工程的建筑结构、抗震要求、工程量大小、工期长短、资源供应情况、施工现场条件和周围环境，制定出可行方案，并进行技术经济比较，确定最优方案。

（一）施工方法的选择

选择施工方法时应着重考虑影响整个单位工程施工的分部分项工程的施工方法，如在单位工程中占重要地位的分部分项工程，施工技术复杂或采用新技术、新工艺对工程质量起关键作用的分部分项工程，不熟悉的特殊结构工程或由专业施工单位施工的特殊专业工程的施工方法。而对于按照常规做法和工人熟悉的分项工程，只要提出应注意的特殊问题即可，不必详细拟定施工方法。

1. 选择施工方法的基本要求

1）要重点解决主要分部分项工程的施工方法。

2）要符合施工组织总设计的要求。

3）要满足施工技术的需要。

4）要争取提高工厂化和机械化程度。

5）要符合先进可行、经济合理的原则。

6）要满足工期、质量和安全的要求。

2. 主要分部分项工程施工方法的选择

（1）土石方工程

1）计算土石方工程量，确定土石方开挖或爆破方法。

2）确定放坡坡度系数或边坡支护形式。

3）选择排除地面、地下水的方法，确定排水沟、集水井或井点布置。

4）确定土石方调配方案。

（2）基础工程

1）基础中垫层、混凝土基础和钢筋混凝土基础施工的技术要求，以及地下室施工的技术要求。

2）桩基础的类型及施工方法。

(3) 砌筑工程

1) 砖墙的砌筑方法和质量要求。

2) 弹线及皮数杆的控制要求。

3) 确定脚手架搭设方法及安全网的挂设方法。

(4) 钢筋混凝土工程

1) 确定模板类型及支模方法，对于复杂的工程还需要进行模板设计及绘制模板放样图。

2) 选择钢筋的加工、绑扎和焊接方法。

3) 确定混凝土的类型，选择搅拌、输送、浇筑顺序和方法，确定施工缝的留设位置。

4) 确定预应力混凝土的施工方法。

(5) 结构安装工程

1) 确定结构安装方法。

2) 确定构件运输及堆放要求。

(6) 屋面工程

1) 屋面施工的操作要求。

2) 确定屋面构件的运输方式。

(7) 装饰工程

1) 各种装修的操作要求和方法。

2) 选择材料运输方式及储存要求。

(二) 施工机械的选择

施工机械的选择应主要考虑以下几个方面：

1) 应首先根据工程特点选择适宜的主导工程施工机械。如在选择装配式单层工业厂房结构安装用的起重机械类型时，若工程量大而集中，可以采用生产率较高的塔式起重机；若工程量较小或虽大但较分散时，则采用无轨自行式起重机械；在选择起重机型号时，应使起重机性能满足起重量、安装高度、起重半径和臂长的要求。

2) 各种辅助机械应与直接配套的主导机械的生产能力协调一致。为了充分发挥主导机械的效率，在选择与主导机械直接配套的各种辅助机械和运输工具时，应使其互相协调一致；如土方工程中自卸汽车的选择，应考虑使挖土机的效率充分发挥出来。

3) 在同一建筑工地上的建筑机械的种类和型号应尽可能少。在一个建筑工地上，如果拥有大量同类而不同型号的机械，会给机械管理带来困难，同时增加了对于工程机械转移的工时消耗。因此，对于工程量大的工程应采用专用机械；量小而分散的情况，应尽量采用多用途的机械。

4) 尽量选用施工单位的现有机械，以减少施工的投资额，提高现有机械的利用率，降低工程成本。若现有机械满足不了工程需要，如果此机械本工程利用时间长或将来工程经常要用，则可以考虑购置，否则可考虑租赁。

5) 确定各个分部工程垂直运输方案时应进行综合分析，统一考虑。如高层建筑施工时，可从下述几种组合情况选一种，进行所有分部工程的垂直运输：塔式起重机和施工电梯；塔式起重机、混凝土泵和施工电梯；塔式起重机、井架和施工电梯；井架和施工电梯；

井架、快速提升机和施工电梯。

五、主要技术组织措施

技术组织措施主要是指在技术、组织方面对保证质量、安全、节约和季节施工所采用的方法。根据工程特点和施工条件，主要制定以下技术组织措施：

（一）保证工程质量措施

保证质量的关键是对工程施工中经常发生的质量通病制定防治措施，以及对采用新工艺、新材料、新技术和新结构制定有针对性的技术措施，确保基础质量的措施，保证主体结构中关键部位质量的措施，以及复杂特殊工程的施工技术组织措施等。

（二）保证施工安全措施

保证安全的关键是贯彻安全操作规程，对施工中可能发生的安全问题提出预防措施并加以落实。保证安全的措施主要包括以下几个方面：

1）新工艺、新材料、新技术和新结构的安全技术措施。

2）预防自然灾害，如防雷击、防滑等措施。

3）高空作业的防护和保护措施。

4）安全用电和机具设备的保护措施。

5）防火防爆措施。

（三）冬雨期施工措施

雨期施工措施，要根据工程所在地的雨量、雨期、工程特点和部位，在防淋、防潮、防泡、防淹、防拖延工期等方面，采取改变施工顺序、排水、加固、遮盖等措施。

冬期施工措施，要根据所在地的气温、降雪量、工程内容和特点、施工单位条件等因素，在保温、防冻、改善操作环境等方面，采取一定的冬期施工措施。如暖棚法，先进行门窗封闭，再进行装饰工程的方法，以及混凝土中加入抗冻剂的方法等。

（四）降低成本措施

降低成本措施包括提高劳动生产率、节约劳动力、节约材料、节约机械设备费用、节约临时设施费用等方面的措施，它是根据施工预算和技术组织措施计划进行编制的。

六、施工方案的技术经济评价

施工方案的技术经济评价是选择最优施工方案的重要途径。它是从几个可行方案中选出一个工期短、成本低、质量好、材料省、劳动力安排合理的最优方案。常用的方法有定性分析、定量分析两种。

（一）定性分析评价

定性分析评价是结合工程施工实际经验对几个方案的优缺点进行分析和比较。通常主要从以下几个指标来评价：

1）工人在施工操作上的难易程度和安全可靠性。

2）为后续工作能否创造有利施工条件。

3）选择的施工机械设备是否易于取得。

4）采用该方案是否有利于冬雨期施工。

5）能否为现场文明创造有利条件等。

（二）定量分析评价

定量分析评价是通过对各个方案的工期指标、实物量指标和价值指标等一系列的技术经济指标，进行计算对比，从中选择技术经济指标最优方案的方法。定量分析评价通常分为两种方法。

1. 多指标分析法

它是用价值指标、实物指标和工期指标等一系列单个的技术经济指标，对各个方案进行分析对比从中选优的方法。定量分析的指标通常有：工期指标、劳动量消耗指标、主要材料消耗指标、成本指标等。在实际应用时，可能会出现指标不一致的情况，这时，就需要根据工程具体情况确定。如工期紧迫，就优先考虑工期短的方案。

（1）工期指标　当要求工程尽快完成以便尽早投入生产或使用时，选择施工方案就要在确保工程质量、安全和成本较低的条件下，优先考虑缩短工期。

（2）劳动量消耗指标　它能反映施工机械化程度和劳动生产率水平。通常，在方案中劳动消耗量越小，机械化程度和劳动生产率越高。劳动消耗指标以工日数计算。

（3）主要材料消耗指标　反映若干施工方案的主要材料节约情况。

（4）成本指标　反映施工方案的成本高低，一般需计算方案所用的直接费和间接费。

2. 综合指标分析法

综合指标分析方法是以多指标为基础，将各指标的值按照一定的计算方法进行综合后得到一个综合指标进行评价。

通常的方法是：首先根据多指标中各个指标在评价中重要性的相对程度，分别定出权值 W_i，再用同一指标依据其在各方案中的优劣程度定出其相应的分值 C_{ij}。设有 m 个方案和 n 种指标，则第 j 方案的综合指标值 A_j 的计算式如下

$$A_j = \sum_{i=1}^{n} C_{ij} W_i \tag{5-1}$$

第三节　单位工程施工进度计划的编制

单位工程施工进度计划是在确定了施工方案的基础上，根据规定工期和各种资源供应条件，按照施工过程的合理施工顺序及组织施工的原则，用图表的形式（横道图或网络图），对一个工程从开始施工到工程全部竣工的各个项目，确定其在时间上的安排和相互间的搭接关系。在此基础上，方可编制月、季度计划及各项资源需要量计划。所以，施工进度计划是单位工程施工组织设计中的一项非常重要的内容。

一、单位工程施工进度计划

（一）单位工程施工进度计划的作用

1）安排单位工程的施工进度，保证在规定工期内完成符合质量要求的工程任务。

2）确定单位工程中各个施工过程的施工顺序、持续时间、相互衔接和合理配合关系。

3）为编制各种资源需要量计划和施工准备工作计划提供依据。

4）为编制季度、月、旬生产作业计划提供依据。

（二）单位工程施工进度计划的编制依据

编制单位工程施工进度计划，主要依据下列资料：

1）经过审批的建筑总平面图、地形图、单位工程施工图、工艺设计图、设备基础图、采用的标准图集以及技术资料。

2）施工工期要求及开竣工日期。

3）施工组织总设计对本单位工程的有关规定。

4）主要分部分项工程的施工方案。

5）施工条件，劳动力、材料、构件及机械的供应条件，分包单位的情况等。

6）劳动定额及机械台班定额。

7）其他有关要求和资料。

（三）单位工程施工进度计划的表示方法

施工进度计划一般用图表表示，经常采用的有两种形式：横道图和网络图。这两种形式进度计划的编制详见本书前面相关章节。

（四）单位工程施工进度计划的编制方法和步骤

1. 划分施工过程

编制进度计划时，首先应按照图样和施工顺序将拟建单位工程的各个施工过程列出，并结合施工方法、施工条件、劳动组织等因素，加以适当调整，使其成为编制施工进度计划所需的施工过程。

通常施工进度计划表中只列出直接在建筑物或构筑物上进行施工的砌筑安装类施工过程以及占有施工对象空间、影响工期的制备类和运输类施工过程，如装配式单层工业厂房柱的预制等施工过程等。

在确定施工过程时，应注意以下几个问题：

1）施工过程划分的粗细程度，主要根据单位工程施工进度计划的客观作用而定。对于起控制性作用的施工进度计划，其施工项目的划分可以比较粗。一般可以按分部工程名称划分施工项目，如基础工程、预制工程、结构安装工程等。而对于实施性的施工进度计划，项目划分得要细一些，如屋面工程应进一步划分为找平层、隔气层、保温层、防水层等分项工程，这样便于掌握施工进度，起到指导的作用。

2）施工过程的划分要结合所选择的施工方案。如工业厂房基础工程施工，厂房柱基础和设备基础同时进行施工时，可以合并为一个施工项目；如果组织施工时，一个先做，另一个跟着施工，也可分列为两项。

3）要适当简化施工进度计划内容，避免工程项目划分过细，重点不突出。可将某些穿插性分项工程合并到主导分项工程中，或对在同一时间内，由同一专业工程队施工的过程，合并为一个施工过程。而对于次要的零星分项工程，可合并为其他工程一项。如各种油漆施工，包括钢木门窗油漆，铁栏杆、窗框油漆，钢支撑等金属面漆可合并为一项“油漆工程”列出。

4）水暖电卫工程和设备安装工程通常由专业工作队负责施工。因此，在一般土建工程施工进度计划中，只要反映出这些工程与土建工程的相互配合即可。

5）所有施工过程应基本按施工顺序先后排列，所采用的施工项目名称可参考现行定额手册上的项目名称。这样可以增强相关数据的通用性和可比性，提高信息的处理和利用效率

2. 计算工程量

可以直接采用施工图预算所计算的工程量数据，但应注意有些项目的工程量应按实际情况作适当调整。如土方工程施工中挖土工程量，应根据土壤的类别及具体的施工方案进行调整。计算时应注意以下几个问题：

1）各分部分项工程的内容、计算规则和计量单位应与现行定额一致，以避免计算劳动力、材料和机械数量时产生错误。

2）结合选定的施工方法和安全技术要求，计算工程量。

3）结合施工组织要求，分区、分项、分段、分层计算工程量。

4）计算工程量时，尽量考虑编制其他计划时使用工程量数据的方便，做到一次计算，多次使用。

3. 计算劳动量和机械台班量

根据各分部分项工程的工程量、施工方法套用企业定额，计算各分部分项工程的劳动量和机械台班量。计算式如下

$$P = \frac{Q}{S} \tag{5-2}$$

或

$$P = QH \tag{5-3}$$

式中 P——某施工过程所需的劳动量（工日）或机械台班数量（台班）；

Q——某施工过程的工程量；

S——某施工过程的产量定额；

H——某施工过程的时间定额。

在使用定额时，可能会出现以下几种情况：

1）当施工进度计划所列项目与定额项目内容不一致，且包含几个定额项目时，如某施工项目可能是由同一工种，但材料、做法都不相同的施工过程合并而成。如果各定额项目所对应工程量相等，则可以计算各定额项目的平均值，然后利用定额平均值计算劳动量，见式（5-4）。

$$P = Q \times \frac{H_1 + H_2 + H_3 + \cdots + H_n}{n} \tag{5-4}$$

式中 H_1、H_2、H_3、…、H_n——各定额项目的时间定额；

n——各定额项目的数量。

如果各定额项目所对应工程量不相等，则需分别计算各定额项目所对应劳动量，然后汇总得出总的劳动量，见式（5-5）。

$$P = Q_1H_1 + Q_2H_2 + Q_3H_3 + \cdots + Q_nH_n \tag{5-5}$$

式中 Q_1、Q_2、Q_3、…、Q_n——各定额项目所对应的工程量。

2）在实际施工中，如遇到采用新技术或特殊施工方法的分部分项工程，由于缺乏足够的经验和可靠的资料等，暂时未列入定额，计算时可参考类似项目的定额或经过实际测算，确定临时定额。

3）施工计划中“其他工程”项目所需的劳动量。可根据其内容和工地具体情况，以总

劳动量的一定百分比计算，一般取10%～20%。

4）水暖电卫、设备安装等工程项目，由专业工程队组织施工，在编制一般土建单位工程施工进度计划时，不考虑其具体进度，只需表示出与一般土建工程进度相配合的关系。

4. 确定各施工过程的施工天数

根据施工条件及施工工期要求不同，有定额法、工期倒推法和经验估计法等三种方法。

需特别注意在应用定额法时，通常先按一班制考虑，如果每天所需机械台数或工人人数，已超过施工单位现有人力、物力或工作面限制时，则应根据具体情况和条件从技术和施工组织上采取积极的措施，如增加工作班次，最大限度地组织立体交叉平行流水施工，加早强剂提高混凝土早期强度等。

5. 编制施工进度计划的初始方案

具体方法如下：

（1）确定主要分部工程并组织其流水施工　应首先确定主要分部工程，组织其中主导分项工程的流水施工，使主导分项工程连续施工。

（2）安排其他各分部工程流水施工　其他各分部工程施工应与主要分部工程相配合，并用与主要分部工程相类似的方法；组织其内部的分项工程，使其尽可能流水施工。

（3）按各分部工程的施工顺序编排初始方案　各分部工程之间按照施工工艺顺序或施工组织的要求，将相邻分部工程的相邻分项工程，按流水施工要求或配合关系搭接起来，组成单位工程进度计划的初始方案。

6. 检查与调整施工进度计划的初始方案、绘制正式进度计划

检查与调整的目的在于使初始方案满足规定的计划目标，确定理想的施工进度计划。其内容如下：

1）检查施工过程的施工顺序以及平行、搭接和技术间歇等是否合理。

2）检查初始方案的总工期是否满足规定工期。

3）检查主要工程工人是否连续施工，施工机械是否充分发挥作用。

4）检查各种资源需要量是否均衡。

经过检查，对不符合要求的部分进行调整。其方法一般有：增加或缩短某些分项工程的施工时间；在施工顺序允许的情况下，将某些分项工程的施工时间前后移动；必要时还可以改变施工方法或施工组织措施。最后，绘制正式进度计划。

二、资源需要量计划

各项资源需要量计划可用来确定建筑工地的临时设施，并按计划供应材料、构件，调配劳动力和机械，以保证施工顺利进行。在编制单位工程施工进度计划后，就可以编制各项资源需要量计划。

（一）劳动力需要量计划

它主要是作为安排劳动力、调配和衡量劳动力消耗指标、安排生活福利设施的依据，其编制方法是将施工进度计划表中所列各施工过程每天（或旬、月）劳动量、人数按工程汇总填入劳动力需要量计划表。其格式见表5-1。

表 5-1 劳动力需要量计划

<table>
<tr><th rowspan="3">序 号</th><th rowspan="3">工种名称</th><th>需要量</th><th colspan="6">需 要 时 间</th><th rowspan="3">备 注</th></tr>
<tr><th rowspan="2">（工 日）</th><th colspan="3">×月</th><th colspan="3">×月</th></tr>
<tr><th>上旬</th><th>中旬</th><th>下旬</th><th>上旬</th><th>中旬</th><th>下旬</th></tr>
<tr><td></td><td></td><td></td><td></td><td></td><td></td><td></td><td></td><td></td><td></td></tr>
<tr><td></td><td></td><td></td><td></td><td></td><td></td><td></td><td></td><td></td><td></td></tr>
<tr><td></td><td></td><td></td><td></td><td></td><td></td><td></td><td></td><td></td><td></td></tr>
</table>

（二）主要材料需要量计划

它主要作为备料、供料和确定仓库、堆场面积及组织运输的依据。其编制方法是，根据施工预算中工料分析表、施工进度计划表，材料的储备和消耗定额，将施工中需要的材料，按品种、规格、数量、使用时间计算汇总，填入主要材料需要量计划表，其格式见表5-2。

表 5-2 主要材料需要量计划

<table>
<tr><th rowspan="2">序 号</th><th rowspan="2">材料名称</th><th rowspan="2">规 格</th><th colspan="2">需要量</th><th rowspan="2">供应时间</th><th rowspan="2">备 注</th></tr>
<tr><th>单 位</th><th>数 量</th></tr>
<tr><td></td><td></td><td></td><td></td><td></td><td></td><td></td></tr>
<tr><td></td><td></td><td></td><td></td><td></td><td></td><td></td></tr>
<tr><td></td><td></td><td></td><td></td><td></td><td></td><td></td></tr>
</table>

（三）构件和半成品需要量计划

它主要用于落实加工订货单位，并按照所需规格、数量、时间组织加工、运输和确定仓库或堆场，可根据施工图和施工进度计划编制，其格式见表5-3。

表 5-3 构件和半成品需要量计划

<table>
<tr><th rowspan="2">序 号</th><th rowspan="2">构件半成品名称</th><th rowspan="2">规 格</th><th rowspan="2">图号、型号</th><th colspan="2">需要量</th><th rowspan="2">使用部位</th><th rowspan="2">加工单位</th><th rowspan="2">供应日期</th><th rowspan="2">备 注</th></tr>
<tr><th>单位</th><th>数量</th></tr>
<tr><td></td><td></td><td></td><td></td><td></td><td></td><td></td><td></td><td></td><td></td></tr>
<tr><td></td><td></td><td></td><td></td><td></td><td></td><td></td><td></td><td></td><td></td></tr>
<tr><td></td><td></td><td></td><td></td><td></td><td></td><td></td><td></td><td></td><td></td></tr>
</table>

（四）施工机械需要量计划

它主要用于确定施工机具类型、数量、进场时间，据此落实施工机具来源，组织进场。其编制方法是，将单位工程施工进度表中的每一个施工过程，每天所需的机械类型、数量和施工日期进行汇总，即得施工机械需要量计划。其格式见表5-4。

表 5-4 施工机械需要量计划

<table>
<tr><th rowspan="2">序 号</th><th rowspan="2">机械名称</th><th rowspan="2">类型、型号</th><th colspan="2">需要量</th><th rowspan="2">使用起止时间</th><th rowspan="2">备 注</th></tr>
<tr><th>单 位</th><th>数 量</th></tr>
<tr><td></td><td></td><td></td><td></td><td></td><td></td><td></td></tr>
<tr><td></td><td></td><td></td><td></td><td></td><td></td><td></td></tr>
<tr><td></td><td></td><td></td><td></td><td></td><td></td><td></td></tr>
</table>

第四节　单位工程施工平面图的设计

单位工程施工平面图设计是对一个建筑物的施工现场的平面规划和空间布置。它是根据工程规模、特点和施工现场的条件，按照一定的设计原则，来正确地解决施工期间所需各种暂设工程和其他业务设施等同永久性建筑物和拟建工程之间的合理位置关系。它是进行现场布置的依据，也是实现施工现场有组织有计划地进行文明施工的先决条件。编制和贯彻合理的施工平面图，可使施工现场井然有序，施工进行顺利；反之，则导致施工现场混乱，直接影响施工进度，造成工程成本增加等不良后果。

单位工程施工平面图的绘制比例一般为1:500～1:2000。

一、单位工程施工平面图的设计内容

1）建筑总平面图上已建和拟建的地上地下的一切房屋、构筑物以及其他设施（道路和各种管线等）的位置和尺寸。

2）测量放线标桩位置、地形等高线和土方取弃场地。

3）自行式起重机械开行路线、轨道布置和固定式垂直运输设备位置。

4）各种加工厂、搅拌站、材料、加工半成品、构件、机具的仓库或堆场。

5）生产和生活性福利设施的布置。

6）场内道路的布置和引入的铁路、公路和航道位置。

7）临时给水排水管线、供电线路、蒸汽及压缩空气管道等布置。

8）一切安全及防火设施的布置。

二、单位工程施工平面图的设计依据

在进行施工平面图设计前，应认真研究施工方案，并对施工现场进行深入细致的调查研究，对原始资料进行周密分析，使设计与施工现场的实际情况相符，从而使其确实起到指导施工现场空间布置的作用。设计所依据的资料主要有：

1. 建筑、结构设计和施工组织设计时所依据的有关拟建工程的当地原始资料

1）自然条件调查资料，包括气象、地形、水文及工程地质资料。主要用于布置地表水和地下水的排水沟，确定易燃、易爆及有碍人体健康的设施的布置，安排冬雨期施工期间所需设施的地点。

2）技术经济调查资料，包括交通运输、水源、电源、物资资源、生产和生活基地情况。它对布置水、电管线和道路等具有重要作用。

2. 建筑设计资料

1）建筑总平面图，包括一切地上地下拟建和已建的房屋和构筑物。它是正确确定临时房屋和其他设施位置，以及修建工地运输道路和解决排水等所需的资料。

2）一切已有和拟建的地下、地上管道位置。在设计施工平面图时，可考虑利用这些管道或需考虑提前拆除或迁移，并需注意不得在拟建的管道位置上面建临时建筑物。

3）建筑区域的竖向设计和土方平衡图。它们在布置水电管线和安排土方的挖填、取土或弃土地点时需要用到。

3. 施工资料

1）单位工程施工进度计划，从中可了解各个施工阶段的情况，以便分阶段布置施工现场。

2）施工方案。据此可确定垂直运输机械和其他施工机具的位置、数量和规划场地。

3）各种材料、构件、半成品等需要量计划，以便确定仓库和堆场的面积、形式和位置。

三、单位工程施工平面图的设计原则

1）在保证施工顺利进行的前提下，现场布置尽量紧凑，以节约土地。

2）合理布置施工现场的运输道路及各种材料堆场、加工厂、仓库、各种机具的位置，尽量使得运距最短，从而减少或避免二次搬运。

3）尽量减少临时设施的数量，降低临时设施费用。

4）临时设施的布置，尽量利于工人的生产和生活，使工人至施工区的距离最近，往返时间最短。

5）符合环保、安全和防火要求。

四、单位工程施工平面图的设计步骤

单位工程施工平面图的设计步骤如图 5-7 所示。

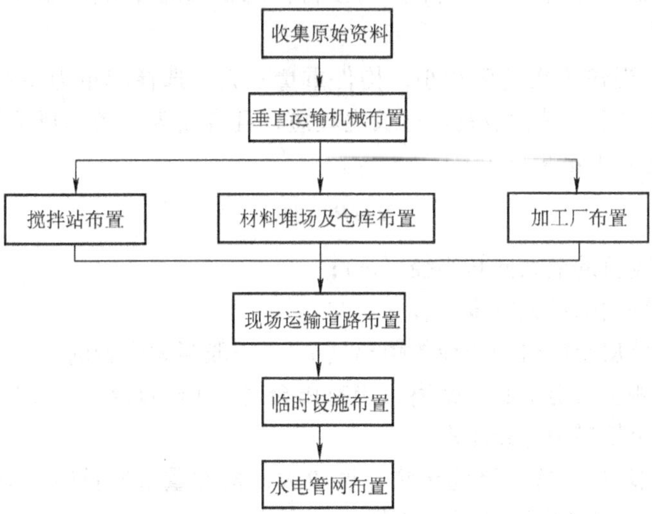

图 5-7　单位工程施工平面图的设计步骤

（一）确定垂直运输机械的布置

垂直运输机械的位置直接影响仓库、搅拌站、各种材料和构件等位置及道路和水、电线路的布置等，因此，它是施工现场布置的核心，必须首先确定。由于各种起重机械的性能不同，其布置方式也不相同。

1. 塔式起重机的布置

塔式起重机是集起重、垂直提升、水平运输三种功能为一身的机械设备。按其在工地上使用架设的要求不同可分为固定式、轨行式、附着式、内爬式四种。

轨行式塔式起重机可沿轨道两侧全幅作业范围内进行吊装，但占用施工场地大，路基工作量大，且使用高度受一定限制，通常只用于高度不大的多层建筑。一般沿建筑物长向布置，其位置、尺寸取决于建筑物的平面形状、尺寸、构件重量、起重机的性能及四周的施工场地的条件等。通常，轨道布置方式有以下四种布置方案，如图 5-8 所示。

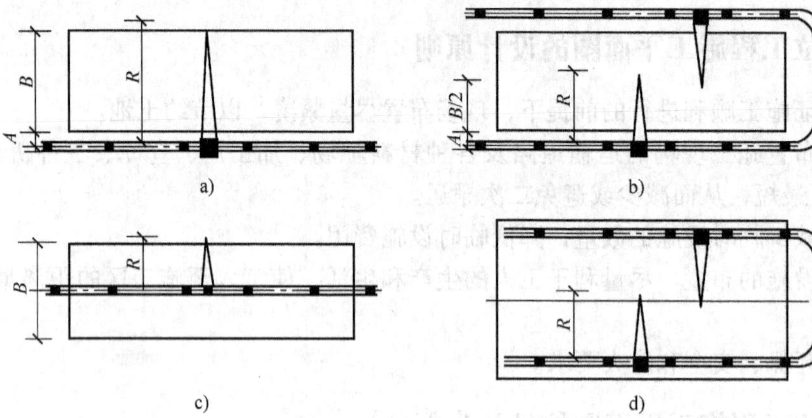

图 5-8　塔式起重机布置方案

a）单侧布置　b）双侧布置　c）跨内单行布置　d）跨内环行布置

（1）单侧布置　当建筑物宽度较小，构件重量不大，选择起重力矩在 450kN · m 以下时，可采用单侧布置方案。其优点是轨道长度较短，且有较为宽敞的场地堆放构件和材料。此时起重半径应满足下式要求

$$R \geqslant B + A \tag{5-6}$$

式中　R——塔式起重机的最大回转半径（m）；

B——建筑物平面的最大宽度（m）；

A——建筑外墙皮至塔轨中心线的距离（m）。一般当无阳台时，A = 安全网宽度 + 安全网外侧至轨道中心线距离；当有阳台时，A = 阳台宽度 + 安全网宽度 + 安全网外侧至轨道中心线距离。

（2）双侧布置或环形布置　当建筑物宽度较大，构件重量较重时，应采用双侧布置或环形布置，此时，起重半径应满足下式要求

$$R > B/2 + A \tag{5-7}$$

式中符号意义同前。

（3）跨内单行布置　由于建筑物周围场地狭窄，不能在建筑物外侧布置轨道，或由于建筑物较宽、构件较重时，塔式起重机应采用跨内单行布置，才能满足技术要求，此时最大起重半径满足下式要求

$$R > B/2 \tag{5-8}$$

式中符号意义同前。

（4）跨内环行布置　当建筑物较宽，构件较重，塔式起重机跨内单行布置不能满足构件吊装要求，且塔式起重机不可能在跨外布置时，则选择这种布置方案。

塔式起重机的位置及尺寸确定之后，应当复核起重量、回转半径、起重高度三项工作参数是否能够满足建筑物吊装技术要求。若复核不能满足要求，则调整上述各式中 A 的距离。若 A 已是最小安全距离时，则必须采取其他的技术措施。最后，绘制出塔式起重机服务范围。以塔轨两端有效端点的轨道中点为圆心，以最大回转半径画出两个半圆，连接两个半圆，即为塔式起重机服务范围，如图 5-9 所示。

固定式塔式起重机不需铺设轨道，但其作业范围较小；附着式塔式起重机占地面积小，且起重高度大，可自行升高，但对建筑物作用有附着力；而内爬式塔式起重机布置在建筑物中间，且作用的有效范围大。它们均适用于高层建筑施工，并且可与轨行式相类似的方法绘制出服务范围。

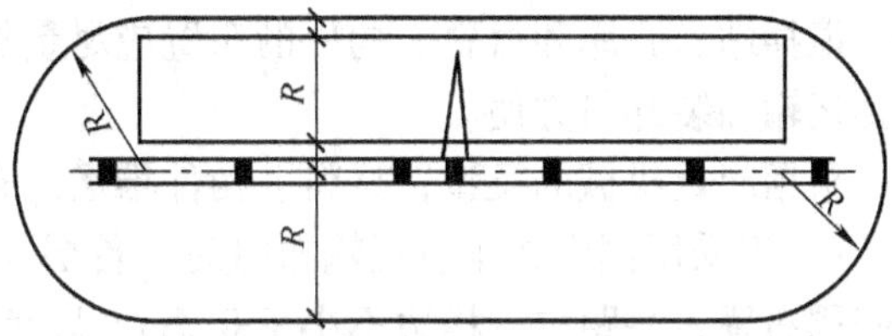

图 5-9　塔式起重机服务范围示意图

在确定塔式起重机服务范围时，最好将建筑物平面尺寸包括在塔式起重机服务范围内，以保证各种构件与材料直接吊运到建筑物的设计部位上，尽可能不出现死角；若实在无法避免，则要求死角越小越好，同时在死角上应不出现吊装最重、最高的预制构件，且在确定吊装方案时，提出具体的技术和安全措施，以保证这部分死角的构件顺利安装。如将塔式起重机和龙门架同时使用，以解决这个问题，如图 5-10 所示。但要确保塔式起重机回转时不能有碰撞的可能，确保施工安全。

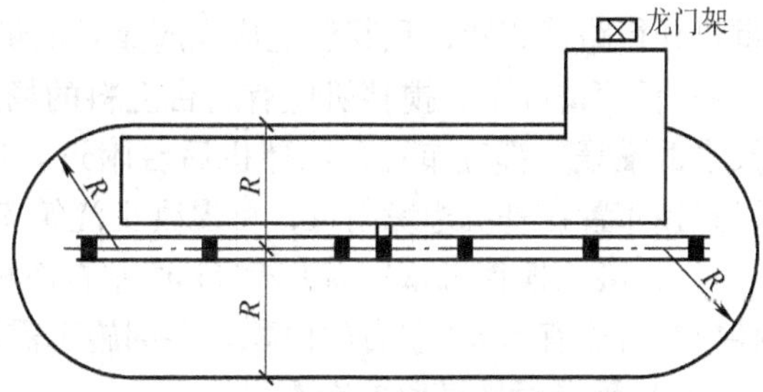

图 5-10　塔式起重机和龙门架配合示意图

此外，在确定塔式起重机服务范围时应考虑有较宽的施工用地，以便安排构件堆放以及使搅拌设备出料斗能直接挂钩起吊。同时也应将主要道路安排在塔式起重机服务范围之内。

2. 固定式垂直运输机械

固定式垂直起重设备，有钢井架、龙门架、桅杆式起重机等。布置时应充分发挥设备能力，使地面或楼面上运距短。故应根据超重机械的性能、建筑物的平面尺寸、施工段的划分、材料进场方向及运输道路而确定。

井架、龙门架一般布置在窗口处，以避免砌墙留槎和减少拆除井架后的修补工作。应特别注意固定式起重运输设备中的卷扬机的位置，不应距离起重机过近，阻挡驾驶人视线，应使驾驶人可观测到起重机的整个升降过程，以保证安全生产。

3. 自行无轨式起重机械

自行无轨起重机械分履带式、轮胎式和汽车式三种起重机。它一般不作垂直提升和水平运输之用。适用于装配式单层工业厂房主体结构的吊装，也可用于混合结构如大梁等较重构件的吊装方案等。

4. 混凝土泵和泵车

高层建筑施工中，混凝土的垂直运输量十分巨大，通常采用泵送方法进行。混凝土泵是在压力推动下沿管道输送混凝土的一种设备，它能一次连续完成水平运输和垂直运输，配以布料杆或布料机还可以有效地进行布料和浇筑。混凝土泵布置时宜考虑设置在场地平整、道路畅通、供料方便且距离浇筑地点近，便于配管、排水、供水、供电方便的地方，并且在混凝土泵作用范围内不得有高压线。

（二）确定搅拌站、仓库、材料和构件堆场以及加工厂的位置

搅拌站、仓库和材料、构件的布置应尽量靠近使用地点或在起重机服务范围以内，并考虑到运输和装卸料方便。

根据起重机械的类型，材料、构件堆场的布置有以下几种情况：

1）当采用固定式垂直运输机械时，首层、基础和地下室所有的砖、石等材料宜沿建筑物四周布置，并距坑、槽边不小于0.5m，以免造成槽、坑土壁的坍塌事故。二层以上的材料、构件布置时，对大宗的、重量大的和先期使用的材料，可布置得稍远一点。混凝土、砂浆搅拌站、仓库应尽量靠近垂直运输机械。

2）当采用塔式起重机时，材料和构件堆场位置以及搅拌站出料口的位置，应布置在塔式起重机有效服务范围内。

3）当采用自行无轨式起重机械时，材料、构件的堆场和仓库及搅拌站的位置，应沿着起重机开行路线布置，且其位置应在起重臂的最大起重半径范围内。

4）任何情况下，搅拌机应有后台上料的场地，所有搅拌站所用材料（水泥、砂、石子以及水泥罐等）都应布置在搅拌机后台附近。当混凝土基础的体积较大时，混凝土搅拌站可以直接布置在基坑边缘附近，待混凝土浇筑完后再转移，以减少混凝土的运输距离。

5）混凝土搅拌机每台需要有25m^2左右面积，冬期施工时，应有50m^2左右面积。砂浆搅拌机每台需有15m^2左右的面积，冬期施工需要30m^2左右的面积。

（三）现场运输道路的布置

现场运输道路分为单行道路和双行道路，单行道路宽为3～3.5m，双行道路宽为5.5～6m，为保证场内道路畅通，便于调车，按材料和构件运输的需要，沿着仓库和堆场成环行线路布置，布置时应尽量利用永久性道路。

（四）临时设施的布置

临时设施分为生产性临时设施，如钢筋加工棚和水泵房、木工加工房等，非生产性临时设施，如办公室、工人休息室、开水房、食堂、厕所等，布置的原则就是有利生产，方便生活，安全防火。通常采用以下布置方法：

1）生产性设施（如木工加工棚和钢筋加工棚）的位置，宜布置在建筑物四周较远位置，且有一定的材料、成品的堆放场地。

2）石灰仓库、淋灰池的位置应靠近搅拌站，并设在下风向。

3）沥青堆放场及熬制锅的位置应离开易燃品仓库或堆放场，并宜布置在下风向。

4）办公室应靠近施工现场，设在工地入口处；工人休息室应设在工人作业区；宿舍应布置在安全的上风向一侧；收发室宜布置在入口处等。

临时宿舍、文化福利、行政管理房屋最小面积参考值见表5-5。

表 5-5 临时宿舍、文化福利、行政管理房屋最小面积参考值

序　号	生活、行政、福利建筑物名称	单位	面积
1	办公室	m^2/人	3.5
2	单身宿舍	m^2/人	2.6~2.8
3	家属宿舍	m^2/户	16~25
4	食堂兼礼堂	m^2/人	0.9
5	医务室	m^2/人	0.06
6	理发室	m^2/人	0.03
7	浴室	m^2/人	0.1
8	开水房	m^2	10~40
9	厕所	m^2/人	0.02~0.07
10	休息室	m^2/人	0.15

(五) 水电管网布置

(1) 施工水网的布置　一般从建设单位的干管或自行布置的干管接到用水地点，应力求管网总长度最短。管径的大小和出水龙头的数目及设置，应视工程规模的大小通过计算确定。管道可埋于地下，也可铺于路上，以当地的气候条件和使用期限的长短而定。在工地内要设置消防栓，消防栓距建筑物应不小于5m，也不应大于25m，距路边不大于2m，条件允许时，可利用已有消防栓。

有时为了防止水的意外中断，可在建筑物旁布置简易的蓄水池，以储备一定的施工用水，高层建筑还应在水池边设泵站。

(2) 施工供电布置　施工临时用电线路的布置应尽量利用已有的高压电网或已有的变压器进行布线，线路应架设在道路一侧，且距建筑物水平距离大于1.5m，电杆间距为25~40m，分支线及引入线均由电杆处接出，在跨越道路时应根据电气施工规范的尺寸要求进行配置与架设。

在进行单位工程施工平面图设计时，必须强调指出，建筑施工是一个复杂的施工过程。各种施工设备、施工材料及构件均是随工程的进展而逐渐进场的，但又随工程的进展不断变动。因此在设计平面图时，要充分考虑到这一点，应根据各单位工程在各个施工阶段中的各项要求，将现场平面合理划分，综合布置，使各施工过程在不同的施工阶段具有良好的施工条件，指导施工顺利进行。

第五节　单位工程施工组织设计实例

一、工程概况

本工程为五层三单元混合结构住宅楼，长65.04m，宽9.54m，总建筑面积为3264.4m^2。

该工程采用钢筋混凝土条形基础，砖基础墙，20mm厚掺防水剂的水泥砂浆防潮层。建

筑物按8度抗震设防设计，结构为砖墙承重，外墙240mm，内墙240mm，隔断墙120mm，单元四个大角、楼梯间、内外墙交接处、楼梯间两侧墙均设抗震组合柱。每层设置圈梁。楼板为预应力圆孔板，屋顶板为加气混凝土屋面板，预制混凝土挑檐板。底层地面为灰土垫层，细石混凝土面层。外墙水泥砂浆抹灰，涂刷外墙涂料。内墙石灰砂浆抹灰，纸筋灰罩面，涂刷内墙涂料。

根据地质钻探资料，土壤为Ⅰ级湿陷性黄土，天然地基承载力为15t/m^2。现场地下水位较低，在地表下7.7～8m，故施工时基础底部不会出现地下水，可不考虑排水措施。基础持力层为Ⅰ级湿陷性黄土，为不使基础发生沉陷，应注意地坪处排水，以防水渗入基础。

建筑场地东、北两侧为城市主要道路，西南两侧均有已建成建筑物。现场以拟建建筑物为准一定区域内场地可以利用：东15m，南15m，西20m，北18m。

工期：240d。基础确保20d、主体确保90d、装饰120d完成，机动时间10d，总工期确保在240d完成任务。

质量：主体工程确保优良工程，单位工程确保市优工程。

安全：杜绝重大伤亡与火灾事故，一般事故频率控制在0.1%以内。

现场管理：坚持“标准化”长效管理，争创“市级文明工地”。

二、施工方案

（一）基础工程

1）基础施工顺序为：人工挖土→清槽钎探→验槽处理→基础砌砖→基础圈梁→暖气沟→回填土及室外管线。

2）基础墙内构造柱生根在基础圈梁上，插铁按轴线固定在模板上，以防位移。

3）纵横墙基同时砌筑，接槎处斜槎到顶，基础大放脚两侧要均匀收分，待砌到墙身时挂中线检查，以防偏轴。

4）基槽回填要两侧均匀下土，分步夯实。房心回填时，遇暖气沟要加支撑，以防挤偏基础墙身。最后一步2:8灰土要作干密度试验。暖气沟外侧回填土要夯填密实。

5）暖气沟盖板时，要复验标高，防止沟盖板冒出影响首层地面质量。

（二）结构工程

1. 砌砖

1）结构工程以瓦工为主，木工及混凝土工按工作量配备力量。分三段流水，每层砌砖为两步架，每层平均砌砖量为237m^3，配备瓦工16人（另加普工8人）。

2）结构工程主要施工顺序为：放线立皮数杆→绑组合柱钢筋→一步架砌砖→支组合柱模板、浇筑混凝土→二步架砌砖→支组合柱模板、浇筑混凝土→安装过梁→绑圈梁钢筋、支模板→安装楼板→板缝支模、整理钢筋→浇筑圈梁、板缝混凝土。

3）结构砌砖采用满丁满条法。首层要做好排砖撂底，前后檐第一层排条砖，山墙第一层排丁砖，门窗旁加七分头，两边对称一致，以防止产生阴阳膀。外墙大角要同时砌筑，内外墙接槎每步架留斜槎到顶。砌筑时控制灰缝厚度，不得超越皮数杆灰缝高度。240mm墙单面挂线。

4）砌砖使用平台架子（里脚手），建筑物外设桥式脚手架，随楼层升高，作挂安全网、勾缝、外檐装修用。砖用砖笼吊运，灰浆使用吊斗直接投入桶内。

5）砖墙与构造柱交接处留三进三出直槎，进出要标准整齐，以保证构造柱断面尺寸。门窗洞口使用标准顶杆，控制墙面平整及洞口尺寸。圈梁下用硬架支模，螺栓位置留 60mm ×60mm 孔，墙砌至圈梁底，最上一皮要砌条砖，以便圈梁模板贴墙面，减少跑浆现象。

2. 模板

1）圈梁支模除外墙外侧先砌 120mm 厚砖外，其他采用硬架支模，以保证楼板平整，并减少上板前抹找平层工序（图 5-11）。构造柱、板带采用定型模板，模板按一层用料配制，对号入座。

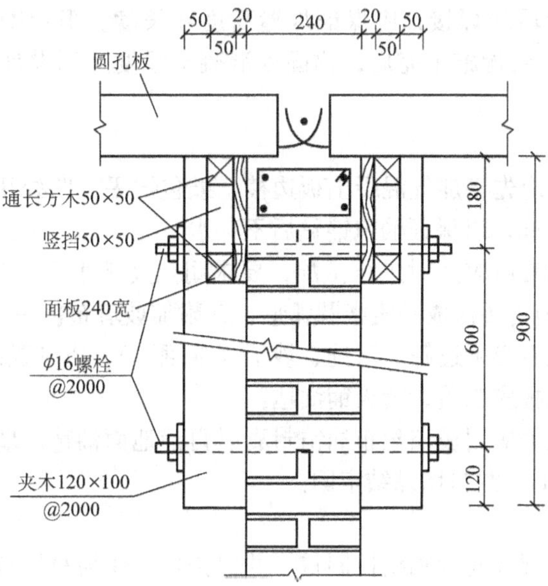

图 5-11　硬架支模示意图

2）楼板缝均凹进 15mm，构造柱外侧用脚手板贴 100mm ×50mm 方木支护，用 2ϕ16mm 螺栓加固。

3. 钢筋

1）隔断墙接槎及施工洞处每 8 皮砖埋入 2ϕ6mm 钢筋，长度不小于 1m，伸出 0.5m。

2）为保证 8 度抗震设防，组合柱钢筋生根在基础梁中，一直伸入屋顶圈梁，并保证锚固长度。

3）圈梁钢筋如是预制，在转角处应另加角筋，遇构造柱处另加箍筋固定，以保证组合柱钢筋位置准确。如系现场绑扎，钢筋接头要错开，箍筋尺寸要准确。

4）板带箍筋不得踩倒，板缝所加 ϕ6mm 锚筋应与楼板锚固筋绑扎。

4. 混凝土

1）混凝土采用机械搅拌和机械振捣，拌和料用灰斗吊运。构造柱和圈梁板缝可同时浇灌。外圈梁振捣时应防止挤动外侧砖墙。楼板接头处混凝土应振捣密实。

2）构造柱每层高一次浇灌和振捣，以防止外墙外鼓，浇筑前应将根部杂物清理干净。

3）4cm 板缝用豆石混凝土浇筑，以保证密实。

5. 构件安装

1）楼板进场后要检查板端是否堵孔（进入板端 4cm 堵孔），如未堵孔须补做。楼板有横向通裂者不得使用，板端锚固筋应上弯 45°。

2）楼板安装时要保证板两端搭墙均匀，板缝宽度不少于 4cm。楼板翘楞应垫平，吊装就位后，每间跨中支一道断面 100mm × 100mm 通长方木顶住，临时加固。

3）过梁、沟盖板、烟道等安装时必须坐浆。

4）阳台锚筋及楼梯段的焊接，应保证焊缝高度和长度。阳台安装后两角应加支柱顶撑，上下层支柱要对正。结构施工完后，锚固处混凝土强度达到设计要求 80% 时，顶层阳台支柱方能拆除。

（三）防水工程

1）作屋面油毡前，应先将加气混凝土板边棱、鼓包铲平，凹处用混合砂浆找平，雨水斗处应比屋面低 10 ~ 20mm，以保证油毡铺贴后不存水。

2）沥青胶结材料到货后应及时进行试配，要求耐热度不小于 70℃。铺卷材时遇风道、烟道根部和雨水口处阴阳角要抹成平缓半圆弧形，并附加玻璃布毡一层。

3）保护油毡的小豆石必须过筛、清洗、炒干（或晒干），以利黏结牢固。

4）雨期施工时加气板应遮盖，晴天铺油毡。

5）厕所管道穿楼板处应用玻璃丝布油毡封裹后再铺地面油毡。墙与地面阴角应抹小圆角，油毡裹到墙上 200mm，并与墙黏结牢固。

（四）抄平放线

1）建筑物四大角和楼梯间设轴线控制桩，并保护好，作为每层放线的依据。每层各条轴线均由控制轴线上引，并用钢直尺实量其间距，校正后再开始该层的其他工序施工。

2）水平线由楼梯间向上引。每层楼板或墙身完成后，将由下层引上的标高点引至室内砖墙上，在砖墙上测设一条地面以上 +0.5m 的标高线，并弹出墨线，作为地面抹灰或室内装修的依据。

3）每层画线杆误差控制在 0 ~ −10mm 以内，不允许超高。

4）圈梁模板上口标出板位和板号，楼板安装时对号入座。

（五）装修工程

1）外装修顺序自上而下进行，内装修顺序自下而上进行。室内先做楼地面后作抹灰，接着刷内墙涂料，然后安钢窗，油漆，安玻璃；外墙先勾缝，后抹灰，最后刷外墙涂料，两道工序连续进行，以便落下桥式架。

2）装修阶段，垂直运输采用井字架，运输砂浆等装修材料；室内水平运输采用手推车。

3）内装修主要施工工序为：放线→立门窗口→楼地面→养护→贴饼子→冲筋→门窗口护角→门窗口塞缝→混凝土窗台板→水管设备管线安装→水泥墙裙→炉片后抹白灰→安装炉片→墙面抹灰→刷内墙涂料→安装门窗扇→安装玻璃→油漆→灯具安装。木门窗安装前，要先刷好底漆。

4）门窗口用水泥砂浆塞缝，楼面施工前要做好清理，并浇水湿润，以防地面空鼓。混凝土地面做好后要浇水养护，防止过早上人，以防起砂裂缝。为避免水泥踢脚板空鼓，踢脚板应在墙面抹灰前施工。

5）外挑檐和窗台下要做好滴水线，不得遗漏。

（六）水、暖、电、卫工程

1）在基础回填土同时，做好上、下水和管沟内管线的敷设。

2）吊装楼板后，插入下层下水立管和回水干管安装。屋顶油毡铺设前，先安装污水透气管，使屋顶油毡一次成活。

3）室内抹灰前应将所有立管的穿楼板孔和横管的穿墙孔按设计位置剔出，并将上水、暖气的管卡及炉片钩安装好。

4）电气管线、立管随砌墙进度设置，不得事后剔凿。水平管应采用塑料软管，在安装楼板时配合埋设。

5）水暖立管穿过楼板时，应按准确位置剔孔，严禁随意扩大剔凿，损伤圆孔板肋。

（七）冬雨期施工措施

冬期施工时，混凝土掺早强剂，用0.5t小锅炉加热水，设热砂坑一个，搅拌机棚及建筑物门窗均封闭，进出料口挂麻袋草帘，桥式架沿西北侧挂风挡。雨期施工前，做好道路两侧和构件堆放场地周围排水沟，道路修整垫实，塔式起重机轨道两侧钉脚手板挡石渣，塔轨中心修排水沟。

三、施工进度计划

施工进度计划如图5-12所示。

四、施工平面图

现场除南、西两侧已有建筑物外，无其他建筑物可以利用，施工场地较为宽敞。根据设计总平面，因建筑物位于中部，故将整个现场基本分成五个区域，东、南、西面为生产区，北面为生活区（休息室、办公室、材料库等），中部为拟建建筑物。

1）垂直运输：结构阶段选用一台QT1—2型塔式起重机，塔高为25m，塔臂长19.6m，立于拟建建筑物北部，待主体结构完成后拆除此塔。当回转半径为19.6m时，塔式起重机起重量为10kN，本工程结构施工中最大构件重量为0.91t，小于2t，塔式起重机能满足要求。根据砂浆、混凝土、模板、钢筋、楼板、过梁等构件和平台架子吊次的计算，每台班平均为80吊次左右，可以满足使用要求。混凝土构件一般安排在夜班进场，用塔式起重机卸车。装修阶段在楼南侧立一卷扬机井架，用作运输装修材料和灰浆等。

2）东南侧设一个出入口，按轮式起重机行走要求，做4m宽道路，道路转弯半径要大于10m，并形成循环路。搅拌机内的灰浆、混凝土由翻斗车运至塔式起重机下卸入吊斗内。

3）砖排子和构件位于塔轨北侧，拟建建筑物东侧，南侧布置在井架附近。构件堆放于塔用回转半径内。此范围可存放圆孔板200块，可供二层楼使用；现场存砖8万块，可使用10d，其他构件配套于塔下和场内堆放。

4）在现场设3个消火栓。

其他见施工平面图（图5-13）。

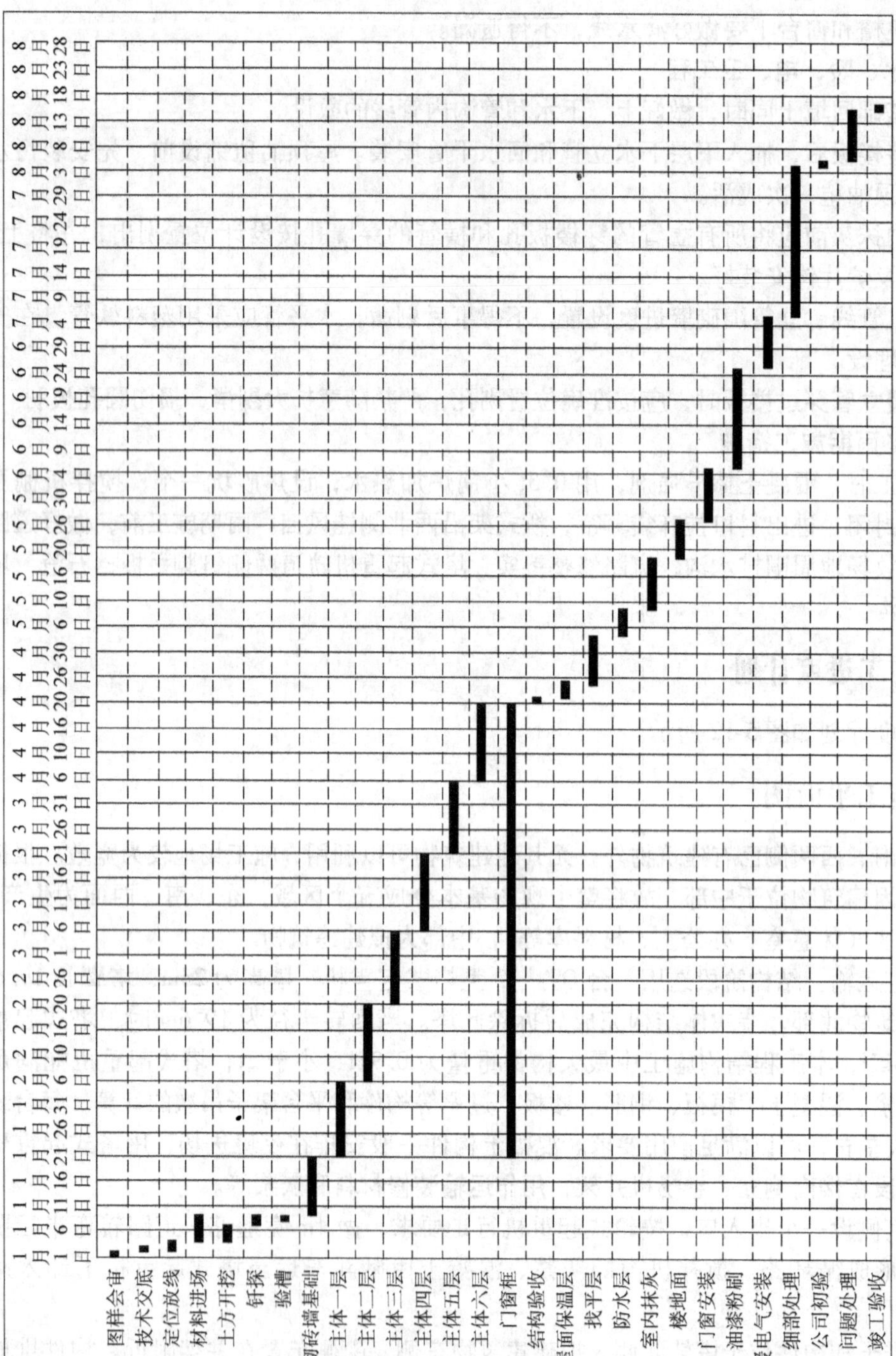
图样会审
技术交底
定位放线
材料进场
土方开挖
钎探
验槽
砌砖墙基础
主体一层
主体二层
主体三层
主体四层
主体五层
主体六层
门窗框
结构验收
屋面保温层
找平层
防水层
室内抹灰
楼地面
门窗安装
油漆粉刷
水暖电气安装
细部处理
公司初验
问题处理
竣工验收

图5-12 施工进度计划

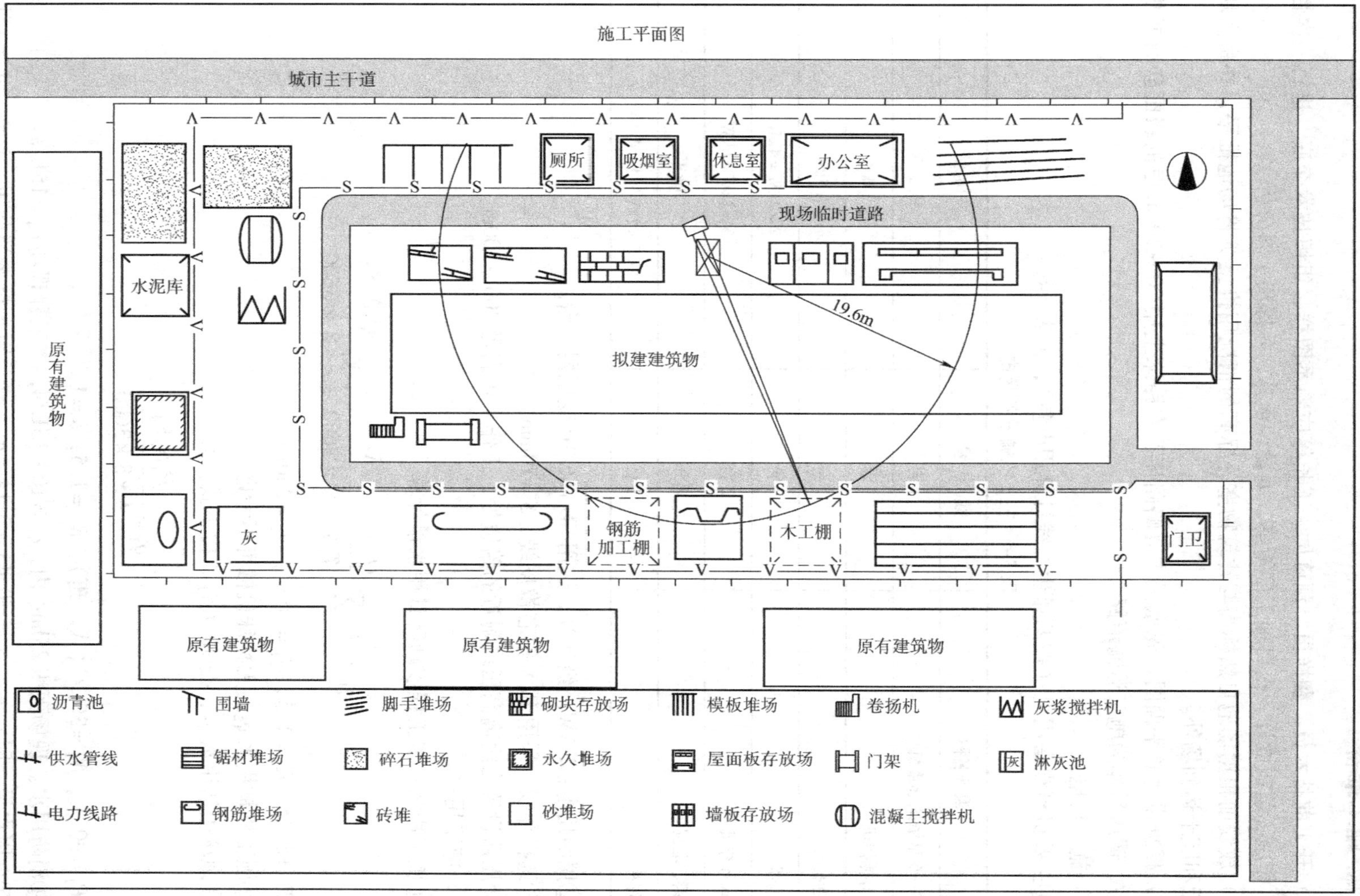
施工平面图
城市主干道
原有建筑物
水泥库
灰
厕所
吸烟室
休息室
办公室
现场临时道路
19.6m
拟建建筑物
钢筋
加工棚
木工棚
门卫
原有建筑物
原有建筑物
原有建筑物
沥青池
围墙
脚手堆场
砌块存放场
模板堆场
卷扬机
灰浆搅拌机
供水管线
锯材堆场
碎石堆场
永久堆场
屋面板存放场
门架
淋灰池
电力线路
钢筋堆场
砖堆
砂堆场
墙板存放场
混凝土搅拌机

图5-13 施工平面图

五、施工准备

1）开工前技术员、翻样员、预算员、工长等应熟悉图样，组织技术交底，进行一次性洽商。作施工组织设计，提出加工订货单，编设计预算，并提出工料分析。

2）放线前根据场地自然标高与建筑物室外标高的情况用推土机将场地推平，并将大块的垃圾和废土运到场外。

3）根据设计总平面图，先做正式道路路床，在路床上用20~30cm厚的级配砂石或焦渣铺散，辗压后作为施工运输道路。

4）施工用电。

①主要机械设备用电（按两条生产线计算用电量），见表5-6。

表5-6　主要机械设备用电

设备名称	数　量	用电量
QT1—6型塔式起重机	1台	55.5kW
400L搅拌机	1台	10kW
3t卷扬机	1台	7.5kW
振捣器	2台	2×2kW=4kW
蛙式打夯机	2台	3×2kW=6kW
电锯、电刨等	若干	30kW
电焊机	1台	20.5×2kV·A=41kV·A

②照明用电：25kW。经计算，选用$SL_1$166/10变压器一台。

③选择导线。采用BLX铝芯橡皮线，$S=70mm^2$。

变压器设置在距离高压线附近的路边处，工作半径满足300~700m。

5）施工用水。

①施工用水：本工程按砌砖日用水量计算

$$q_1 = K_1 \sum \frac{Q_1 N_1}{T_1 b} \cdot \frac{K_2}{8 \times 3600} = K_1 \frac{Q_1 N_1 K_2}{8 \times 3600}$$

式中$K_1=1.15$，$K_2=1.5$，$Q_1=30m^3$，$N_1=250L/m^3$。

②施工机械用水q_2，无特殊机械可不考虑。

③现场生活用水q_3，按90人计，按下式计算

$$q_3 = \frac{P_1 N_3 K_4}{b \times 8 \times 3600}$$

式中$P_1=90$人，$N_3=30L/$（人·班），$K_4=1.5$，$b=1$。

④消防用水。现场面积$25hm^2$内，$q_4=10\sim15L/s$，本工程现场$q_4=15L/s$。

⑤总用水量。因$q_1+q_2+q_3=0.45+0.14<q_4$，故总用水量按消防用水计算，$q_4=15L/s$。

⑥供水管径 $D=\sqrt{\dfrac{4Q}{\pi v\times 1000}}$，式中 $v=1.5\text{m/s}$，则

$$D=\sqrt{\frac{4\times 15}{3.14\times 1.5\times 1000}}\text{m}=0.113\text{m}$$

确定选用 ϕ120mm 上水铸铁管。上水由干线接至消火栓，由消火栓引至砂石料场，消火栓为 ϕ100mm 铸铁管，其他支管用 ϕ50mm 的钢管。

6）现场临时设施。根据临时设施参考定额指标，确定本工程临时设施，见表 5-7。

表 5-7　临 时 设 施

序　号	暂设名称	规格/m（长×宽）	单　位	数　量
1	搅拌机棚	3×4	m^2	12
2	水泥库	4×6	m^2	24
3	木工棚	6×7	m^2	42
4	钢筋棚	6×7	m^2	42
5	水电操作间	6×3	m^2	18
6	工具材料库	6×6	m^2	36
7	办公室	6×11	m^2	66
8	工人休息室	6×7	m^2	42
9	水房吸烟室	6×5	m^2	30
10	厕所	2.5×6	m^2	15
11	合计		m^2	327

7）其他。根据工程情况垂直运输采用 QT1—6 型塔式起重机；砌砖采用内脚手，外部用桥式脚手架。

冬期施工用砂子热炕和 1 台 0.5t 热水锅炉供给搅拌机热水。雨期施工前做好临时道路路床和排水沟，以保证运输道路畅通。塔式起重机道床两侧钉脚手板挡渣石。塔道中作排水沟排水。

六、工具、机械、设备计划

工具、机械、设备计划见表 5-8。

表 5-8　工具、机械、设备计划

机具名称	规　格	数　量	用　途
QT1—6 型塔式起重机	R=19.6m 起吊高度 28.3m	1 台	结构阶段垂直运输
400L 搅拌机	滚筒式	1 台	砂浆混凝土搅拌
3t 单筒卷扬机	—	1 台	装修阶段垂直运输
电焊机	BX3—300	1 台	楼梯、阳台焊接
插入式振捣器	HZ—50	2 台	浇筑混凝土
蛙式打夯机	HW—20	2 台	基础、房心回填等
电锯	MJ104	1 台	—
电刨	MB103	1 台	—

（续）

机具名称	规　格	数　量	用　途
平台架子	—	10 个	砌砖内脚手架
桥式脚手架	—	桥长 150m	外脚手和装修架子
机动翻斗车	$0.5m^3$	2 台	混凝土和砂浆水平运输
热水锅炉	0.5t	1 台	冬施供热水

七、质量、安全、技术节约措施

（一）质量措施

1）施工前做好技术交底，并认真检查执行情况，做好钢筋、模板和轴线等隐预检。

2）现场推行样板制和三上墙制度，贯彻自检、互检、交接检制度。

3）严格执行原材料检验和混凝土试配制度。混凝土、砂浆配合比要准确，并按要求留足试块。回填土、房心填土要分步作干密度试验。

4）工具模板应先进行验收检查，合格后方能使用。

5）做好成品保护。楼梯安装后随即钉木护套保护踏步楞角。装修时应在门口车轴高度钉 150mm 宽的薄钢板保护。屋顶铺油毡后小车应用胶皮包铁脚。屋面上铺用的脚手板不得钉铁钉，铺豆石后不准再走车。

（二）安全措施

1）施工人员进入现场要戴安全帽，高空作业要戴安全带。严禁高空扔物。楼梯、阳台安装后要加护身栏。首层出入口搭安全棚。安全网固定并张挂于首层桥架上。高车架运料口设护身栏。顶层楼梯口及瓦工砌筑所在层的楼梯口均应加临时栏杆。楼层孔洞大于 20cm 者，应加临时木盖防护。

2）各类架木搭设后，应由安全员会同架子工及使用组长检查验收，合格后方能使用。桥式架应严格按操作规定使用，并与墙身拉接好。

3）非机电人员不准动用机电设备，机电设备防护措施要完善。高车架应设接地防雷装置。

4）现场道路保持畅通。消火栓要设明显标记，附近不准堆物，消防工具不得随意挪用。明火作业必须专人看火，并申请用火证。现场吸烟应到吸烟室。

5）构件码放要垫稳，每垛不得超过 10 块。

（三）技术节约措施

1）灰土、回填土尽量利用挖槽土，存放于现场平衡使用，节约运费和购土费。

2）砌筑砂浆掺粉煤灰和塑化剂，节约白灰和水泥。装修用水泥砂浆采用重量配合比，控制水泥用量。

3）圈梁构造柱采用定型模板，硬架支模，以节约木材。

4）工地尽量使用散装水泥，以节约材料费用。

5）砌砖使用定型平台架，外脚手使用桥式脚手架，以节约人工和木材。

6）砌砖首层二步架不用塔式起重机。用 1 台塔式起重机为建筑物服务，减少大型机械台班费和进出场费。

复习思考题

1. 单位工程施工组织设计的编制依据有哪些?
2. 单位工程施工组织设计由哪些内容组成?
3. 确定施工顺序时应考虑哪些因素?
4. 单位工程施工方案由哪些内容组成?
5. 单位工程施工进度计划的编制依据有哪些?
6. 简述单位工程施工进度计划的编制步骤。
7. 全面施工阶段通常应遵循的基本程序主要有哪些?
8. 单位工程施工平面图的设计内容有哪些?
9. 在单位工程施工组织设计中应编写的主要技术组织措施有哪些?

第六章　建设项目管理

建设项目管理主要包括工程建设程序及建设法规、建设项目的招标投标、工程项目管理、建设监理以及建设工程施工现场管理。要求掌握工程建设程序、我国建设法规体系构成、工程项目招标投标程序、工程项目管理的内涵、基本原理以及建设监理工作程序；熟悉建设程序各阶段内容、工程项目管理内容、合同签订与标段划分、建设监理工作内容；了解我国政府对招标投标的监督管理、工程项目管理的发展趋势、建设工程施工现场管理的内容。

第一节　工程项目管理

一、工程项目管理的内涵

工程主要是指土木工程、建筑工程以及线路、管道和设备安装工程，是狭义的工程的概念。

工程项目管理（PM）是工程管理的一个主要的组成部分。正如英国皇家特许建造学会（CIOB）对其做出的表述：自项目开始至项目完成，通过项目策划（Project Planning）和项目控制（Project Control），使项目的费用目标、进度目标和质量目标得以实现。此解释得到许多国家建造师组织的认可，在工程管理业界具有相当的权威性。其中，“自项目开始至项目完成”指的是项目的实施期。

工程管理的内涵涉及工程项目全过程的管理，包括决策阶段的管理、实施阶段的管理（PM，即工程项目管理）和运营阶段或使用期的管理，涉及参与工程项目的各个单位的管理，即包括投资方、开发方、设计方、施工方、供货方和项目使用期的管理方的管理。

二、工程项目管理的基本原理

（一）目标的系统管理

目标的系统管理就是把整个项目的工作任务和目标作为一个完整的系统加以统筹、控制管理。系统管理包括两个方面。一方面是首先确定工程项目总目标，采用工作分解结构（Work Breakdown Structure，WBS）方法将总目标层层分解成若干个子目标和可执行目标，并将它们落实到工程项目建设周期的各个阶段和各个责任人，并建立由上而下，由整体到局部的目标控制系统。另一方面，要做好整个系统中各类目标（如质量目标、进度目标和费用目标）的协调平衡和各分项目标的衔接和协作工作，使整个系统步调一致，有序进行，从而保证总目标的实现。

系统控制强调运用价值工程的方法，考虑工程项目整个寿命周期的影响，制定最佳资源配置和实现最优目标的工程项目计划。

（二）过程控制管理

上面讲述了系统的目标管理，但无论总目标还是各项子目标的实现都有一个投入到产出成果实现目标的过程，利用过程控制的原理，通过工作流（或业务流）对实现目标的过程及相关资源和投入过程进行动态管理，预先安排好过程最佳步骤、流程、控制方法以及资源需求，规定好组织内各部门之间的关键活动的接口，及时测量、统计关键活动的成果并及时反馈，不断改进，可以更有效地使用资源，既满足顾客的要求，又降低成本，保证质量和进度，使相关方受益。

ISO 和 FIDIC 都推荐采用国际通用的 PDCA（Plan-Do-Check-Act）循环方法。

1. 计划（Plan）

即为完成项目目标而编制一个可操作的运转程序和作业计划。

2. 实施（Do）

实施过程就是资源投入到成果实现的过程，主要就是协调人力和其他资源以执行工程项目计划。

3. 检查（Check）

就是通过对进展情况进行不断的监测和分析，以预防质量不合格、预防工期拖延、预防费用超支，确保工程项目目标的实现。

4. 处理（Act）

处理措施包含两个方面。一方面是客观情况变化，必须采取必要的措施，调整计划，特别是变更影响到费用、进度、质量、风险等方面，必须做出相应的变更。另一方面，通过分析发现管理工作有缺陷就应提出改进管理的措施，使管理工作持续改进。

工程项目的实现过程不是一个单一的过程，而是许多分过程和子过程的集合体。有些过程是顺序性的，前一过程的结束是后一过程的开始，而相当多的过程是可以平行、交叉或相互渗透、相互结合的。因此，工程项目的过程管理实际是对结合在一起的交叉互动过程进行管理。

三、工程项目管理的内容与类型

（一）工程项目管理的内容

美国项目管理协会（PMI）2008 年出版的在项目管理领域具权威性的《项目管理知识体系指南（PMBOK 指南）》（第 4 版）指出项目管理知识领域包括项目整体管理、项目范围管理、项目时间管理、项目费用管理、项目质量管理、项目人力资源管理、项目沟通管理、项目风险管理、项目采购管理。工程项目管理是采用项目管理的方法对工程项目进行管理的规程，故项目管理的知识体系与涉及的管理范畴适用于工程项目管理。

GB/T 50326—2006《建设工程项目管理规范》指出对工程项目管理的内容主要包括项目范围管理、项目合同管理、项目采购管理、项目进度管理、项目质量管理、项目职业健康安全管理、项目环境管理、项目成本管理、项目资源管理、项目信息管理、项目风险管理、项目沟通管理，与 PMI 的项目管理内容基本一致。

（二）工程项目管理的类型

按建设工程生产组织的特点，一个工程项目往往由许多参与单位承担不同的建设任务，因各参与单位的工作性质、工作任务和利益不同而形成了不同类型的项目管理。由于业主方是建设工程项目生产过程的总组织者，对于一个建设项目而言，虽然有代表不同利益方的项目管理，但业主方的项目管理是管理的核心。

按工程项目不同参与方的工作性质和组织特征划分，工程项目管理有四种类型，即业主方的项目管理、设计方的项目管理、施工方的项目管理和建设项目总承包方的项目管理。

投资方、开发方和由咨询公司提供的代表业主方利益的项目管理都属于业主方的项目管理。施工总承包方和分包方的项目管理都属于施工方的项目管理。建设项目总承包有多种方式，如设计和施工任务综合承包，设计、采购和施工任务的综合承包（简称 EPC 承包）等，它们都属于建设项目总承包方的项目管理。

1. 业主方项目管理的目标和任务

业主方项目管理服务于业主的利益，其项目管理的目标包括项目的投资目标、进度目标和质量目标。

其中投资目标是指项目的总投资目标。进度目标指的是项目动用的时间目标，即项目交付使用的时间目标，如工厂建成可以投入生产、道路建成可以通车、办公楼可以启用、旅馆可以开业的时间目标等。项目的质量目标不仅涉及施工的质量，还包括设计质量、材料质量、设备质量和影响项目运行或运营的环境质量等。

工程项目的全寿命周期包括项目的决策阶段、实施阶段和使用阶段。项目的实施阶段包括设计前的准备阶段、设计阶段、施工阶段、动用前准备阶段和保修期。

业主的项目管理工作涉及项目实施阶段的全过程，即在设计前的准备阶段、设计阶段、施工阶段、动用前准备阶段和保修期分别进行安全管理、投资控制、进度控制、质量控制、合同管理、信息管理和组织与协调。

2. 设计方项目管理的目标和任务

设计方作为项目建设的一个参与方，其项目管理主要服务于项目的整体利益和设计方本身的利益。其项目管理的目标包括设计的成本目标、设计的进度目标和设计的质量目标以及项目的投资目标。项目的投资目标能否实现与设计工作密切相关。

设计方的项目管理工作主要在设计阶段进行，但它也涉及设计前的准备阶段、施工阶段、动用前准备阶段和保修期。

设计方项目管理的任务包括：

1）与设计工作有关的安全管理。

2）设计成本控制和与设计工作有关的工程造价控制。

3）设计进度控制。

4）设计质量控制。

5）设计合同管理。

6）设计信息管理。

7）与设计工作有关的组织和协调。

3. 施工方项目管理的目标和任务

施工方作为项目建设的一个参与方，其项目管理主要服务于项目的整体利益和施工方本身的利益。其项目管理的目标包括施工的成本目标、施工的进度目标和施工的质量目标。

施工方的项目管理工作主要在施工阶段进行，但它也涉及设计准备阶段、设计阶段、动用前准备阶段和保修期。在工程实践中，设计阶段和施工阶段往往是交叉的，即施工方的项目管理工作也涉及设计阶段。

施工方项目管理的任务包括：

1）施工安全管理。

2）施工成本控制。

3）施工进度控制。

4）施工质量控制。

5）施工合同管理。

6）施工信息管理。

7）与施工有关的组织与协调。

4. 建设项目总承包方项目管理的目标和任务

建设项目总承包方作为项目建设的一个参与方，其项目管理主要服务于项目的整体利益和建设项目总承包方本身的利益。其项目管理的目标包括项目的总投资目标和总承包方的成本目标、项目的进度目标和项目的质量目标。

建设项目总承包方项目管理工作涉及项目实施阶段的全过程，即设计前的准备阶段、设计阶段、施工阶段、动用前准备阶段和保修期。

建设项目总承包方项目管理的任务包括：

1）安全管理。

2）投资控制和总承包方的成本控制。

3）进度控制。

4）质量控制。

5）合同管理。

6）信息管理。

7）与建设项目总承包方有关的组织和协调。

四、工程项目管理的发展趋势

随着工程项目管理理论与知识体系的逐渐完善，特别是工程建设规模的扩大、对项目管理效益与效率要求的提高以及经营管理理念的创新，工程项目管理领域出现了许多新的发展趋势。包括：

（一）工程项目全寿命管理（Life-cycle Management）

随着工程项目管理理论的发展，越来越多的人士注意到对工程项目全过程管理的重要性，逐渐提出了工程项目全寿命管理的理论，即为建设一个满足功能需求和经济上可行的工程项目，对其从工程项目前期策划，直至工程项目拆除的项目全寿命的全过程进行策划、协调和控制，以使该项目在预定的建设期限内、在计划的投资范围内顺利完成建设任务并达到所要求的工程质量标准，满足投资商、项目的经营者以及最终用户的需求；在项目运营期进行物业的财务管理、空间管理、用户管理和运营维护管理，以使该项目创造尽可能大的有形和无形的效益。

（二）工程项目总控（Project Controlling）**概念的出现**

工程项目总控是工程项目管理中新出现的一个术语，我国于1998年首次引进工程项目总控模式。工程项目总控是指以独立和公正的方式，对工程项目实施活动进行综合协调，围绕工程项目的费用、进度和质量等目标进行综合系统规划，以使工程项目的实施形成一种可靠安全的目标控制机制。它通过对工程项目实施的所有环节的全过程进行调查、分析、建议和咨询，提出对工程项目实施切实可行的建议方案，供工程项目的高级管理层决策参考。

工程项目总控包括费用控制（Cost Controlling）、进度控制（Time Controlling）、质量控制（Quality Controlling）、合同控制（Contract Controlling）和资源控制（Resource Controlling）。合同控制是工程项目总控的核心，所有的控制任务可围绕合同控制展开，在此基础上提出控制报告。控制报告分定期与不定期两种，覆盖工程项目总控的方方面面，按照总体控制、过程控制和界面控制的不同可进一步细分，是工程项目总控的成果之所在。工程项目总控的主要特点包括：

（1）工程项目总控方是指挥部的高级参谋部　工程项目总控独立于工程项目实施班子，它不直接面对工程项目设计、材料供应单位，不介入各方之间的矛盾，只面对业主方决策层。工程项目总控方的核心任务是发现工程项目实施过程中存在的问题，分析产生问题的原因，提出工程项目“诊断”报告，制定解决方案。

（2）工程项目总控是高层次的工程项目管理咨询活动　项目总控班子围绕工程项目目标控制，科学运用大型建设工程项目管理的经验及现代组织协调技术、计算机信息处理技术等，在工程项目实施全过程中对工程项目管理工作进行系统分析、科学论证，以使工程项目的实施形成一个可靠安全的目标控制机制。其工作主要是通过对工程项目实施全过程进行目标跟踪、调查和分析，及时向指挥部提出工程项目实施的有关信息与咨询建议，以供决策者参考。

（3）工程项目总控的重要工作是进行大量的信息处理　按照国外的成功试验，完整及时的信息来源是工程项目控制的前提，准确、深入地处理信息是工程项目控制的日常工作。项目总控的成果就是向决策者和实施者提供高质量、有价值的信息，如定期的工程项目控制报告（月度、季度、年度等），范围包括项目资金运用情况、项目进展情况、项目质量、合同执行情况，组织协调问题、项目目标的风险预测与控制建议等。

（三）信息技术及网络技术在工程项目管理中的应用

随着信息技术和网络技术的发展，其在工程项目管理中的应用也越来越广泛，出现了以下四种新的趋势：

1）工程项目管理信息系统（PMIS）软件的开发。主要包括费用控制、进度控制、质量控制和合同管理四个子系统，这是计算机技术在工程项目管理中最基础的应用。

2）基于局域网（LAN）的工程项目管理。

3）基于Internet的工程项目管理。基于Internet的工程项目管理有两种实现方式：一种是自行设计并建立本工程项目的网站同时提供相应功能；第二种是利用现有提供专门服务的商业网站。前一种方式实行起来比较复杂而且投资较大，因此一般采用第二种方式。在第二种方式中，各工程项目管理单位或部门通过商业网站进行信息交流，而不需要工程项目网站投资，整个信息网的建立有很大的便利性和灵活性。不管采取何种方式，相应的工程项目网站应提供基于Internet的工程项目管理的各种功能。

4）虚拟建设（Virtual Construction）。虚拟建设的概念是从虚拟企业引申而来的，只是虚拟企业针对的是所有的企业，而虚拟建设针对的是工程项目。1996年美国发明者协会第一个提出了虚拟建设的概念。此概念可以分为三个部分来理解：设计和施工相结合；通过电子信息技术进行沟通；业主方、工程项目管理方、设计方、供货方横向联系的管理技巧。

其他如工程项目合作伙伴（Partnering）管理模式、CM管理模式也是工程项目管理领域的研究热点。

第二节　建设工程招标投标

一、建设工程招标投标概述

建设工程招标指招标人用招标文件将委托的工作内容和要求告之有兴趣参与竞争的投标人，让他们按规定条件提出实施计划和价格，然后通过评审比较选出信誉可靠、技术能力强、管理水平高、报价合理的单位（勘察单位、设计单位、监理单位、施工单位、供货单位），以合同形式委托其完成。各投标人依据自身能力和管理水平，响应招标文件的要求，编制投标文件进行投标，争取获得承包资格。

招标投标方式在我国的发展主要经历了三个阶段：

第一阶段，招标投标制度初步建立阶段（1984～1991 年）。1984 年 9 月 18 日，国务院颁发了《关于改革建筑业和基本建设管理体制若干问题的暂行规定》，提出大力推行工程招标承包制，改变单纯用行政手段分配建设任务的老办法。该阶段招标方式以议标为主，有关招标投标的管理制度和操作程序建设处于探索阶段。

第二阶段，招标投标制度规范发展阶段（1992～1999 年）。1992 年建设部第 23 号令《工程建设施工招标投标管理办法》发布，对招标投标行为进行了规范。1997 年正式发布《中华人民共和国建筑法》（以下简称《建筑法》），对全国规范工程招标投标行为和制度起到极大的推动作用。特别是各地有关招标投标的管理细则陆续出台，招标投标交易程序逐步规范化，为招标投标行为创造公开、公平、公正的法律环境。

第三阶段，招标投标制度发展完善阶段（2000 年至今）。2000 年 1 月 1 日《中华人民共和国招标投标法》（以下简称《招标投标法》）正式施行，标志招标投标进入了一个新的发展阶段。该阶段招标投标管理全面纳入建筑市场管理体系，建设工程招标的覆盖面进一步扩大，法律、法规和规章不断完善，招标文件范本、清单计价、评标办法等规范性文件的陆续出台使招标投标的规范化程度和管理水平得到全面提高。

二、政府对招标投标的监督管理

我国政府行政主管部门对建设工程招标投标活动实行监督管理的主要法律依据包括《建筑法》、《招标投标法》和《中华人民共和国政府采购法》。

（一）招标投标行政监督机构

《招标投标法》明确提出，国务院规定的有关行政监督部门有权依法对招标投标活动中的违法行为进行查处。视情节和对招标的影响程度，承担后果责任的形式可以为：判定招标无效，责令改正后重新招标；对单位负责人或其他直接责任者给予行政或纪律处分；没收非法所得，并处以罚金；构成犯罪的，依法追究刑事责任。

根据国务院办公厅《关于国务院有关部门实施招标投标活动行政监督的职责分工的意见》[国办发（2000）34 号]，发展改革委员会指导和协调全国招标投标工作；违法活动行政监督分工为：

1）工业、水利、交通、铁道、民航、信息产业等行业和产业项目由各自行政主管部门负责。

2）各类房屋建筑及其附属设施的建造和与其配套的线路；管道、设备的安装项目和市政工程项目的招投标活动的监督执法，由建设行政主管部门负责。

3）进口机电设备采购项目的招标投标活动的监督执法，由外经贸行政主管部门负责。

对于招标投标过程（包括招标、投标、开标、评标、中标）中泄露保密资料、泄露标底、串通招标、串通投标、歧视排斥投标、超越资质投标等违法活动，按现行的职责分工，分别由有关行政主管部门负责受理投标人和其他利害关系人的投诉。

（二）依法核查必须招标的建设项目

根据《招标投标法》规定，任何单位和个人不得将必须进行招标的项目化整为零或者以其他任何方式规避招标。根据该法属于必须以招标方式进行工程项目建设的范畴包括：

1）大型基础设施、公用事业等关系社会公共利益、公众安全的项目。

2）国家投资、融资的项目。

3）使用国际组织或者外国政府贷款、援助资金的项目。

依据《招标投标法》的基本原则，国家发改委2000年5月1日颁布实施的《工程建设项目招标范围和规模标准规定》，对必须招标的范围作出了进一步规定。要求上述各类建设项目包括勘察、设计、施工以及与工程建设有关的重要设备、材料等的采购，达到下列标准之一者，必须进行招标：

1）施工单项合同估算价在200万元人民币以上。

2）重要设备、材料等货物的采购，单项合同估算价在100万元人民币以上。

3）勘察、设计、监理等服务的采购，单项合同估算价在50万元人民币以上。

为了防止将应该招标的工程项目化整为零规避招标，即使单项合同估算价低于上述第3项规定的标准，但项目总投资在3000万元人民币以上的勘察、设计、施工、监理以及与工程建设有关的重要设备、材料等的采购，也必须采用招标方式委托工作任务。

依法必须进行招标的项目，全部使用国有资金投资或者国有资金投资占控股或者主导地位的，应公开招标。

（三）招标备案

工程建设应按照建设管理程序进行，为了保证工程项目的建设符合国家或地方总体发展规划以及使招标后工作顺利进行，建设项目招标需满足相应的条件。

1. 前期准备应满足的要求

1）建设工程已批准立项。

2）向建设行政主管部门履行了报建手续，并取得批准。

3）建设资金能满足建设工程的要求，符合规定的资金到位率。

4）建设用地已经依法取得，并领取了建设工程规划许可证。

5）技术资料能满足招标投标的要求。

6）法律、法规、规章规定的其他条件。

2. 招标文件备案审查

依法必须招标的建设工程项目，无论是招标人自行组织招标还是委托代理招标，均应按照法规，在发布招标公告或者发出招标邀请书前，持有关材料到县级以上地方人民政府建设行政主管部门备案。备案审查的主要内容包括：

1）招标文件的组成是否包括招标项目的所有实质性要求和条件以及拟签订合同的主要条款，以使投标人明确承包工作范围和责任。

2）招标文件是否有限制公平竞争的条件。在文件中不得要求或标明特定的生产供应者以及含有倾向或排斥潜在投标人的其他内容。

3）审查法律、法规规定招标应包括或禁止的其他内容。

三、建设工程招标方式与程序

（一）招标方式

为了规范招标投标活动，保护国家利益和社会公共利益以及招标投标活动当事人的合法权益，《招标投标法》规定招标方式分为公开招标和邀请招标两大类。

1. 公开招标

招标人通过新闻媒体发布招标公告，凡具备相应资质符合招标条件的法人或组织不受地域和行业限制均可申请投标。招标人可以在较广的范围内选择中标人，有利于选择有竞争力的中标人和取得竞争性报价。

2. 邀请招标

招标人向预先选择的若干家具备相应资质、符合招标条件的法人或组织发出邀请函，邀请他们参加投标竞争。邀请对象的数目以 5～7 家为宜，但不应少于 3 家。邀请招标由于对投标人以往的业绩和履约能力比较了解，减小了合同履行过程中承包方违约的风险。

（二）招标程序

招标是招标人选择中标人并与其签订合同的过程，而投标则是投标人力争获得实施合同的竞争过程，招标人和投标人均需遵循招标投标法律和法规的规定进行招标投标活动。按照招标人和投标人参与程度，可将招标过程粗略划分成招标准备阶段、招标投标阶段和定标签约阶段。图 6-1 所示为我国建设工程招标投标基本程序。

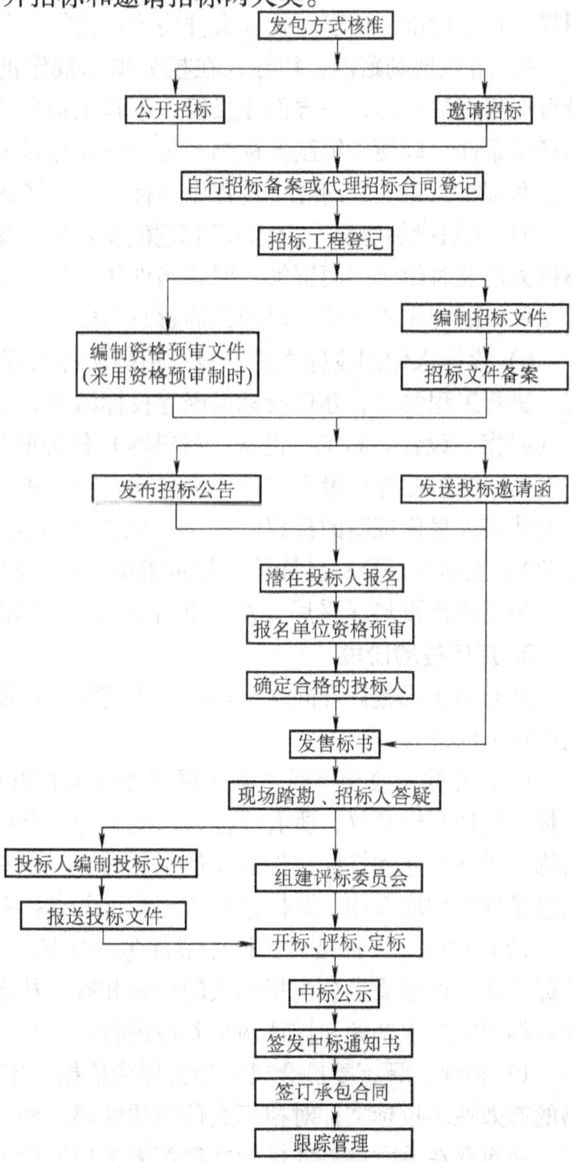

图 6-1　我国建设工程招标投标基本程序

1. 招标准备阶段

招标准备阶段的工作由招标人单独完成，投标人不参与。主要工作包括：

（1）选择招标方式

（2）办理招标备案

（3）编制招标有关文件等

2. 招标投标阶段的主要工作内容

公开招标时，从发布招标公告开始（若为邀请招标，则从发出投标邀请函开始）到投标截止日期为止的期间称为招标投标阶段。主要工作包括：

1）发布招标公告。

2）进行资格预审。

3）编制招标文件。招标人根据招标项目特点和需要编制招标文件，它是投标人编制投标文件和报价的依据，应包括招标项目的所有实质性要求和条件。不同性质（勘察、设计、施工、设备、材料等）任务招标文件内容不同，对于施工招标通常包括：招标公告（或投标邀请书）；投标人须知及投标人须知前附表；评标办法；合同条款及格式；工程量清单；图样；技术标准和要求；投标文件格式；投标人须知前附表规定的其他材料。

4）组织现场踏勘。招标人在投标须知规定的时间组织投标人自费进行现场踏勘考察。设置此程序的目的，一方面让投标人了解工程项目的现场情况、自然条件、施工条件以及周围环境条件，以便于编制投标书；另一方面也是要求投标人通过自己的实地考察确定投标的原则和策略，避免合同履行过程中投标人以不了解现场情况为理由推卸应承担的合同责任。

5）组织投标答疑。投标人研究招标文件和现场考察后以书面形式提出某些质疑问题，招标人应及时给予书面解答。回答函件作为招标文件的组成部分，如果书面解答的问题与招标文件中的规定不一致，以函件的解答为准。

6）投标人编制投标文件。根据招标文件及现场踏勘答疑，投标人组织完成编制技术方案、进行工程估价、办理投标保函等投标活动，最终形成响应招标文件的投标文件。不同性质（勘察、设计、施工、设备、材料等）任务的投标文件内容不同。

对于施工招标的投标文件通常包括：投标函及投标函附录；法定代表人身份证明或附有法定代表人身份证明的授权委托书；联合体协议书（若招标文件不接受联合体投标时，无此项）；投标保证金；已标价工程量清单；施工组织设计；项目管理机构；拟分包项目情况表；资格审查资料（采用资格后审时）；投标人须知前附表规定应提交的其他材料。

3. 定标签约阶段

从开标日到签订合同这一期间称为定标签约阶段，是对各投标书进行评审比较，最终确定中标人的过程。

（1）开标　公开招标和邀请招标均应举行开标会议。在投标须知规定的时间和地点由招标人主持开标会议，所有投标人均应参加。开标时招标工作人员应当众拆封，宣读投标人名称、投标价格和投标文件的其他主要内容。所有在投标函中提出的附加条件、补充声明、优惠条件等均应宣读，开标过程应记录，并存档备查。

（2）评标　评标是对各投标书优劣的比较，以便最终确定中标人，由评标委员会负责评标工作，评标委员会由招标人的代表和有关技术、经济等方面的专家组成。大型工程项目的评标通常分成初评和详评两个阶段进行。

1）初评。评标委员会以招标文件为依据，审查各投标书是否为响应性投标，确定投标书的有效性。投标文件对招标文件实质性要求和条件响应的偏差分为重大偏差和细微偏差两类。所有存在重大偏差的投标文件都属于初评阶段应该淘汰的投标书。

2）详评。评标委员会以招标文件规定的评标标准对各投标书实施方案、投标报价等评标要素进行实质性评价与比较，量化评分。由于勘察、设计、监理、施工、设备采购的标的性质不同，故评标方法各具特点，可检索查阅有关资料。

3）评标报告。评标报告是评标委员会经过对各投标书评审后向招标人提出的结论性报告，作为定标的主要依据。评标报告应包括评标情况说明；对各个合格投标书的评价；推荐合格的中标候选人等内容。

（3）定标

1）定标程序。招标人应该根据评标委员会提出的评标报告和推荐的中标候选人确定中标人，也可以授权评标委员会直接确定中标人并向中标人发出中标通知书。

中标通知书发出后，双方应按照招标文件和投标文件订立书面合同，不得作实质性修改。招标人不得向中标人提出任何不合理要求作为订立合同的条件，双方也不得私下订立背离合同实质性内容的协议。

2）定标原则。《招标投标法》规定，中标人的投标应符合下列条件之一：能够最大限度地满足招标文件中规定的各项综合评价标准；能够满足招标文件各项要求，并经评审的价格最低，但投标价格低于成本的除外。

四、工程招标的标段划分与合同打包

项目标段划分是工程招标以及项目管理的重要内容，项目标段划分结果是合同打包的直接依据，对项目实施效率乃至成败有重大影响。

（一）标段划分与合同打包概念

项目的标段划分与合同打包就是对项目的实施阶段（如勘察、设计、施工等）和范围内容进行科学地分类，各分类的子项或单独或组合，形成若干标段，然后将每个标段分别打包，由投标人对每个标段或者合同包展开竞争，以标段（即合同包）为基本单位确定相应的承包商或供应商。

（二）标段划分与合同打包原则

1. 遵守相关法规

我国法律法规对项目标段划分有一些基本要求，标段划分首先应该符合法律法规的规定。

如《建筑法》第二十四条规定："不得将应由一个承包单位完成的建筑工程肢解成若干部分发包给几个承包单位。"第二十九条规定："建筑工程主体结构的施工必须由总承包单位自行完成。"

2. 责任明确和便于管理

标段是作为工程招标的主要实体对象，将直接构成项目合同的标的。如果承包商在履行合同中，其责任与业主或其他承包商的责任不清，则直接影响承包商应尽义务的履行和应有权利的行使。责任明确包括质量责任明确、成本责任明确、工期责任明确、安全责任明确等。承包商的上述基本职责在一个标段中应能够被明确地认定。

3. 经济高效

标段划分得越细，业主对项目的直接控制权力就越大，通过竞争性招标采购获得最大的经济效益，同时各个标段间的协调管理更加困难，协调风险增加。如果业主有能力全面协调复杂项目之间的协调问题，则可以采用比较细的标段划分。如果业主对复杂项目之间众多的承包商协调缺乏信心，则采用项目总承包模式的标段划分更容易取得项目管理的高效率。

4. 有利于投标人竞争和可操作性

标段划分后的可操作性包括：

（1）招标的可操作性　即划分后的标段在市场上有一定的竞标对象，可以形成合理的价格竞争。从规模效应角度考虑，分标太小使承包商获利空间减少，很难吸引具有综合实力的承包商参与竞争。

（2）业主管理的可操作性　即业主有相应的管理力量或能委托有资质的咨询工程师协调好各个标段承包商之间在工程界面及质量、工期、成本、安全、环保等方面的衔接关系。

（3）确定标底的可操作性　即在全部设计图样尚未具备的情况下，通过划分标段，业主能够客观地确定标底，以控制工程的造价。

（4）其他　如资金供应上的可操作性等。

5. 考虑相关影响

标段的划分还要充分考虑到潜在的竞标对象的具体情况、建设单位的财务支付能力、分期投产与项目产品市场的情况、上级主管部门的要求、政府相关部门的影响等因素。

（三）标段划分与合同打包的实践方法

工程项目标段划分与合同打包的具体实践方法应该符合法律法规要求，鼓励投标人竞争，通过有效竞争提高投资效益。

1. 将类似的产品或服务打包

通过专业化招标投标和批量采购，可以获得更加优惠的报价。如果将不同专业的工程作为一个合同包，虽然跨专业的合同包可以降低招标人在实施阶段的协调工作量，仍由于跨专业资质能力的投标人数量有限，可能因投标人竞争不足而导致投标价格过高甚至流标。

2. 合同打包和招标计划与工程进度计划适应

计划先实施的工程或先安装的设备要先招标，采购工作量要适当均衡，不能过于集中。

3. 合理考虑地理因素

有些土木工程，如公路、铁路等要考虑将地理位置比较集中的工程放在一起采购，避免过于分散。

4. 合同额度适中

合同额度不至于过大或过小，以吸引优秀投标人积极竞争投标。如果合同额太大，会限制投标人的条件（如投标保证与履约保函门槛过高），导致够格的投标人数量太少；如果太小，则许多承包商缺乏投标的兴趣，也会导致竞争不足。

建设工程招标必须根据项目特点，尽可能周密地考虑项目实施过程中可能出现的影响，如不可预见因素及承包责任界定、各种责任是否便于落实、资金供应情况、现场组织协调难易以及进度要求与生产使用的衔接等。可以说，建设工程招标是对建设项目的管理进行系统策划的过程。

第三节　建设工程施工合同管理

一、合同法概述

广义：合同法是指调整平等主体的自然人、法人、其他组织之间设立、变更、终止民事权利义务关系的法律规范的总称。

狭义：1999 年实施的《中华人民共和国合同法》。

合同形式：包括口头形式、书面形式（合同书、信件和数据电文）、其他形式（推定和默示）。

（一）合同的订立要素

当事人订立合同，采取要约、承诺方式。

1. 要约

所谓要约是指希望和他人订立合同的意思表示。

1）要约邀请：是希望他人向自己发出要约的意思表示，也称要约引诱。

2）要约的生效：要约于到达受要约人时生效。

①专人递送：以签收时间为准。

②邮寄：邮戳为准；受要约人签收信件为准。

③数据电文：进入该特定系统的时间为准。

3）要约的撤回与撤销。撤回要约的通知应当在要约到达受要约人之前或者与要约同时到达受要约人。撤销要约的通知应当在受要约人发出承诺通知之前到达受要约人。

2. 承诺

承诺是指受要约人同意要约的意思表示。承诺的期限要求承诺应当在要约确定的期限内到达要约人。要约没有确定承诺期限的，承诺应当依照下列规定到达：

1）要约以对话方式作出的，应当即时作出承诺，但当事人另有约定的除外。

2）要约以非对话方式作出的，承诺应当在合理期限内到达。

承诺生效时合同成立。承诺通知到达要约人时生效。承诺不需要通知的，根据交易习惯或者要约的要求作出承诺的行为时生效。

（二）合同效力

合同效力即已经成立的合同的法律效力。合同成立是合同生效的前提。依法成立的合同，成立与生效在时间上具有同一性。

1. 有效合同

有效合同即依法成立并符合合同生效条件的合同。有效合同要求：

1）合同的主体合格。

2）意思表示真实。

3）不违反法律和社会公共利益。

2. 效力待定的合同

是指合同虽然已经成立，但因并不完全符合有关合同生效要件的规定，能否生效，尚未确定，一般须经追认才能生效的合同。包括的种类有：

1）限制民事行为能力人订立的合同。

2）行为人无权代理订立的合同（追认、撤销通知必须采取明示的方式）。

3）没有处分权的行为人订立的合同。

3. 无效合同

含有下列情形之一的合同无效：

1）以欺诈、胁迫的手段订立合同。

2）恶意串通。

3）以合法形式掩盖非法目的。

4）损害社会公共利益。

5）违反法律、行政法规的强制性规定。

4. 有效合同的无效条款

1）造成对方人身伤害的。

2）因故意或者重大过失造成对方财产损失的。

（三）合同履行与合同变更

合同履行以合同的有效为前提。遵循全面履行原则、诚实信用原则。我国的合同变更界定为合同内容的变更。

1. 双务合同履行的抗辩权

《中华人民共和国合同法》规定的履行抗辩权的种类有三种，具体是：

1）同时履行抗辩权。当合同的当事人互负债务，没有先后履行顺序的，应当同时履行。一方在对方履行之前有权拒绝其履行要求。一方在对方履行债务不符合约定时，有权拒绝其相应的履行要求。

2）先履行抗辩权。当合同的当事人互负债务，有先后履行顺序，先履行一方未履行的，后履行一方有权拒绝其履行要求。先履行一方履行债务不符合约定的，后履行一方有权拒绝其相应的履行要求。

3）不安履行抗辩权。当合同的当事人一方应当先履行债务，但是其有确切的证据证明对方有如下情形之一的，可以中止履行。

①经营状况严重恶化。

②转移财产、抽逃资金，以逃避债务。

③丧失商业信誉。

④有丧失或者可能丧失履行债务能力的其他情形。

2. 合同的保全

合同的保全，是指法律为防止因债务人的财产不当减少或不增加而给债权人的债权带来损害，允许债权人行使撤销权或代位权，以保护其债权。

1）代位权。是指因债务人有能力偿还债务，但是怠于履行债务，并且损害到了债权人的权利，债权人可以向法院提出代位债务人来行使债务人债权的权利。

2）撤销权。是指债权人向人民法院提起撤销债务人为逃避债务恶意使债务减少的行为的权利。

二、建设工程合同概述

（一）建设工程合同的概念及分类

1. 合同的概念

合同是指平等主体的自然人、法人、其他组织之间设立、变更、终止民事权利义务关系的协议。

建设工程合同是指在工程建设过程中发包人和承包人依法订立的、明确双方权利义务关系的协议。

2. 建设工程合同类别划分

按完成承包的范围和内容分类，建设工程合同分为勘察、设计和施工合同。按发包承包人签订合同时约定方式分类。可划分为总价合同、单价合同和成本加酬金合同三大类型。

（1）总价合同　总价合同包括固定总价合同和可调总价合同。总价合同应用的前提：工程范围必须清楚明确，报价的工程量准确。工程设计程度较深，设计图样完整、详细、清楚。工程量小、工期短，估计施工过程中环境因素变化小。工程结构、技术简单，风险小，报价估算方便。工程投标期相对宽裕，承包商可详细调查。合同条件中双方的权利和义务十分清楚，合同条件完备。

总价合同中承包商要承担的风险：价格风险。报价计算错误；漏项；由于物价和人工费涨价所带来的风险。工作量风险。计算错误；工程范围不确定或预算时工程项目未列全造成；投标报价时设计深度不够。

1）固定总价合同。固定总价合同特点：指在约定的风险范围内价格不再调整的合同，其价格不因环境的变化和工程量的增减而变化。承包商承担了全部的工作量和价格的风险。业主没有风险，所以干预工程的权力较小，只负责工程总的目标和要求。

2）可调总价合同。由于通货膨胀造成的市场价格浮动等因素引起工程成本的增加时，可对合同工程总价进行相应调整的一种合同。常用的调价依据有：政策法规、定额标准、票据价格、合同协议等。

（2）单价合同　承包人只承担工程单价、费用方面的风险，工程量方面的风险发包人承担。单价合同大多用于工期长、技术复杂、实施过程中发生各种不可预见因素较多的大型复杂工程的施工，以及业主为了缩短项目建设周期，初步设计完成后就进行施工招标的工程。

常用的单价合同有估计工程量单价合同、纯单价合同、单价与包干混合合同。

估计工程量单价合同：是以业主方面提供的工程量为基础，以投标人自行确定并填写工程单价表中的各分部分项工程单价为依据，计算工程价格的合同。

纯单价合同：指承包人在业主拟定的工程单价表上填写的分部分项工程单价，按项目实际完成的工程量确定工程总价的合同。

（3）成本加酬金合同　工程最终合同价格按承包商的实际成本加一定比例的酬金计算。有以下几种形式：成本定比费用合同、成本固定费用合同、成本浮动酬金合同。

（二）建设工程施工合同的特点

1. 施工合同的概念

建设工程施工合同，是发包人和承包人为完成特定的建筑安装工程，明确相互权利、义务关系的协议。建设工程建设过程中的主要主体包括：建设单位、承包商、咨询（监理）单位、勘察设计单位、供应商。

2. 建设工程施工合同的特点

1）合同主体的严格性。

2）合同标的特殊性。

3）合同履行期限的长期性。

4）投资和程序的严格性。

5）合同形式的特殊要求。

（三）建筑工程施工合同管理

合同管理是通过掌握合法原理后，通过对施工合同种类、计价方式及合同约定方式等多方面的剖析，全面培养合同管理实务能力。合同管理的目标是保证项目三大目标的实现。

1. 建筑工程施工合同管理的种类

1）行政主管部门从市场管理角度进行合同管理。

2）业主对合同总体策划与控制，确立中标人，提供合同实施的条件的合同管理。

3）承包商从实施合同的角度进行合同管理。

4）律师通常协助合同一方进行合同合法性审查控制、解决争议。

5）监理工程师以公正的第三者的立场实施合同管理。

2. 施工合同在实施中的管理

1）对不可抗力事件的管理。不可抗力包括合同当事人不能预见、不能避免并不能克服的客观情况。管理程序要求承包方迅速采取措施，结束后48h内向监理工程师报告损失情况和费用。如继续发生则每隔7d报告一次，并于事件结束后14d内向监理工程师提供受损及费用最终报告。

2）保险管理。保险是一种受法律保护的分散危险、消化损失的法律制度。

危险因素包括：

①财产危险——财产因意外或自然灾害而遭毁损或灭失的危险。

②人身危险——生、老、病、死和失业招致财产损失。

③法律责任危险——对他人的财产、人身实施不法侵害、依法应负的责任。

3）担保管理。我国法定的担保形式有保证、抵押、质押、留置和定金五种。

①保证：是指保证人和债权人约定，当债务人不履行债务时，保证人按照约定履行债务或者承担责任的行为。保证有两种方式：一般保证和连带责任保证。一般保证中的保证人享有先诉抗辩权，连带责任保证的保证人不享有先诉抗辩权。一般保证是履行期满后承担责任；连带责任保证是履行期满前承担责任。

②抵押：是指债务人或者第三人不转移对用于抵押物的特定财产的占有，而将该财产作为债权的担保。

③质押：有动产质押和权利质押两种类型，权利质押是指债务人或第三人将其特定的权利凭证交付给债权人占有，作为债权的担保。

④留置：指债权人按照合同约定占有债务人的动产（合同标的物）。

⑤定金：定金是指当事人一方为了证明合同的订立和保证合同的履行而在合同成立后履行前先支付给对方一定数额的货币。以书面形式约定。

4）工程转包和分包的管理。工程转包是指工程承包方未获得发包方的同意，以赢利为目的，将与承包范围相一致的工程转让给其他建筑安装单位并不对所承包工程的技术、管理、质量和经济承担责任的行为。工程分包是指工程承包方按与发包方商定的方案将承包范围内的非主要部分及专业性较强的工程另行发包给具有相应资质的建筑安装单位承包的行为。

5）合同争议、合同解除的管理。合同争议可以采用和解、调解、仲裁、诉讼等途径解决。施工合同的解除方式有协商解除、约定解除。

三、建设工程施工合同示范文本

(一) 建设工程施工合同示范文本的制定和组成

1. 制定

在 1991 年原《建设工程施工合同示范文本》的基础上结合国际施工合同条件及《建筑法》、《中华人民共和国合同法》等法律法规，建设部、国家工商行政管理局于 1999 年 12 月 24 日印发了新范本。

适用于各类公用建筑、民用住宅、工业厂房、交通及线路管道设施的施工和设备安装。

2. 组成

《建设工程施工合同示范文本》由三部分组成：

协议书——总纲性的文件。

通用条款——根据建设工程施工的需要而制定的，通用于所有建设工程项目施工的条款。

专用条款——双方结合实际协商达成一致意见的条款。是对通用条款的具体化、补充或修改。通用条款和专用条款的条款号是一一对应的。

范本中附三个附件《承包人承揽工程项目一览表》、《发包人供应材料设备一览表》、《工程质量保修书》。

(二) 施工合同文件的解释

组成合同的各个文件应能互相解释，互为说明。根据法律约束力和结束顺序确定合同的优先解释顺序：协议书（包括补充协议）；中标通知书；投标书及其附件；专用合同条款；通用合同条款；标准、规范及技术文件；图样；工程量清单；工程报价单或预算书等。

(三) 施工合同示范文本的主要内容

1. 施工承包合同中承发包双方的责任与义务

1）施工承包合同中发包方的责任与义务。办理土地征用、拆迁补偿、平整场地、施工许可证，具备施工条件（水、电、通信、道路等）、组织图样会审和技术交底等。

2）施工承包合同中承包方的责任与义务。完成项目施工及配套的设计，提供不同阶段的进度计划，提供生活办公设施、噪声、环境和安全生产的管理规定等。

2. 进度控制的主要条款内容

（1）合同工期的约定　工期指发包人承包人在协议书中约定，按总日历天数（包括法定节假日）计算的承包天数。开工日期是指发包人承包人在协议书中约定，承包人开始施工的绝对或相对的日期。竣工日期是指发包人承包人在协议书中约定，承包人完成承包范围内工程的绝对或相对的日期。

（2）进度计划　将进度计划提交监理工程师，监理工程师对进度计划予以确认或者提出修改意见，确认后实施。监理工程师对进度计划的检查和监督，承包人自身原因导致实际与计划进度不符时，所有的后果都应由承包人自行承担，承包人无权就改进措施追加合同价款，监理工程师也不对改进措施的效果负责。

（3）暂停施工　监理工程师认为确有必要暂停施工时，应当以书面形式要求承包人暂停施工，并在提出要求后 48h 内提出书面处理意见。承包人应当按监理工程师要求停止施工，并妥善保护已完工程。承包人实施监理工程师作出的处理意见后，可以书面形式提出复工要求，监理工程师应当在48h内给予答复。监理工程师未能在规定时间内提出处理意见，或收到承包人复工要求后48h内未予答复，承包人可自行复工。因发包人原因造成停工的，由发包人承担所发生的追加合同价款，赔偿承包人由此造成的损失，相应顺延工期；因承包人原因造成停工的，由承包人承担发生的费用，工期不予顺延。

（4）工期延误　因以下原因造成工期延误，经监理工程师确认，工期相应顺延：

1）发包人未按约定提供图样及开工条件。

2）发包人未按约定日期支付工程预付款、进度款，致使施工不能正常进行。

3）监理工程师未按约定提供所需指令、批准等，致使施工不能正常进行。

4）设计变更和工程量增加。

5）一周内非承包商的原因停水、停电、停气造成停工累计超过8h的。

6）不可抗力。

7）专用条款中约定的其他情况。

（5）工程竣工　承包人必须按照协议书约定的竣工日期或监理工程师同意顺延的工期竣工。因承包人原因不能按照协议书约定的竣工日期或监理工程师同意顺延的工期竣工的，承包人承担违约责任。施工中发包人如需提前竣工，双方协商一致后应签订提前竣工协议，作为合同文件组成部分。提前竣工协议应包括承包人为保证工程质量和安全采取的措施、发包人为提前竣工提供的条件以及提前竣工所需的追加合同价款等内容。

3. 质量控制的主要条款内容

工程质量应当达到协议书约定的质量标准，质量标准的评定以国家或行业的质量检验评定标准为依据。因承包人原因工程质量达不到约定的质量标准，承包人承担违约责任。双方对工程质量有争议，由双方同意的工程质量检测机构鉴定，所需费用及因此造成的损失，由责任方承担。双方均有责任，由双方根据其责任分别承担。

（1）检查和返工　承包人应认真按照标准、规范和设计图样要求以及监理工程师依据合同发出的指令施工，随时接受监理工程师的检查检验，为检查检验提供便利条件。工程质量达不到约定标准的部分，按监理工程师的要求拆除和重新施工，直到符合约定标准。因承包人原因达不到约定标准，由承包人承担拆除和重新施工的费用，工期不予顺延。监理工程师的检查检验不应影响施工正常进行。如影响施工正常进行，检查检验不合格时，影响正常施工的费用由承包人承担。除此之外影响正常施工的追加合同价款由发包人承担，相应顺延工期。因监理工程师指令失误或其他非承包人原因发生的追加合同价款，由发包人承担。

（2）隐蔽工程和中间验收　工程具备隐蔽条件或达到专用条款约定的中间验收部位，承包人进行自检，并在隐蔽或中间验收前48h以书面形式通知监理工程师验收。通知包括隐蔽和中间验收的内容、验收时间和地点。承包人准备验收记录，验收合格，监理工程师在验收记录上签字后，承包人可进行隐蔽和继续施工。验收不合格，承包人在监理工程师限定的时间内修改后重新验收。监理工程师不能按时进行验收，应在验收前24h以书面形式向承包人提出延期要求，延期不能超过48h。监理工程师未能按以上时间提出延期要求，不进行验收，承包人可自行组织验收，监理工程师应承认验收记录。经监理工程师验收，工程质量符合标准、规范和设计图样等要求，验收24h后，监理工程师不在验收记录上签字，视为监理工程师已经认可验收记录，承包人可进行隐蔽或继续施工。

（3）竣工验收　工程具备竣工验收条件，承包人按国家工程竣工验收有关规定，向发包人提供完整竣工资料及竣工验收报告。双方约定由承包人提供竣工图的，应当在专用条款内约定提供的日期和份数。发包人收到竣工验收报告后28d内组织有关单位验收，并在验收后14d内给予认可或提出修改意见。承包人按要求修改，并承担由自身原因造成修改的费用。发包人收到承包人送交的竣工验收报告后28d内不组织验收，或验收后14d内不提出修改意见，视为竣工验收报告已被认可。发包人收到承包人竣工验收报告后28d内不组织验收，从第29天起承担工程保管及一切意外责任。

工程竣工验收通过，承包人送交竣工验收报告的日期为实际竣工日期。工程按发包人要求修改后通过竣工验收的，实际竣工日期为承包人修改后提请发包人验收的日期。工程未经竣工验收或竣工验收未通过的，发包人不得使用。发包人强行使用时，由此发生的质量问题及其他问题，由发包人承担责任。

（4）质量保修　承包人应按法律、行政法规或国家关于工程质量保修的有关规定，对交付发包人使用的工程在质量保修期内承担质量保修责任。承包人应在工程竣工验收之前，与发包人签订质量保修书，质量保修书的主要内容包括：质量保修项目内容及范围；质量保修期；质量保修责任；质量保修金的支付方法。

4. 合同价款与支付的主要条款内容

（1）合同价款及调整　招标工程的合同价款由发包人承包人依据中标通知书中的中标价格在协议书内约定。非招标工程的合同价款由发包人承包人依据工程预算书在协议书内约定。合同价款在协议书内约定后，任何一方不得擅自改变。下列三种确定合同价款的方式，双方可在专用条款内约定采用其中一种：

1）固定价格合同。双方在专用条款内约定合同价款包含的风险范围和风险费用的计算方法，在约定的风险范围内合同价款不再调整。风险范围以外的合同价款调整方法应当在专用条款内约定。

2）可调价格合同。合同价款可根据双方的约定而调整，双方在专用条款内约定合同价款调整方法。可调价格合同中合同价款的调整因素包括：法律、行政法规和国家有关政策变化；工程造价管理部门公布的价格调整；一周内非承包人原因停水、停电、停气造成停工累计超过8h；双方约定的其他因素。

3）成本加酬金合同。合同价款包括成本和酬金两部分，双方在专用条款内约定成本构成和酬金的计算方法。

（2）工程预付款　实行工程预付款的，双方应当在专用条款内约定发包人向承包人预付工程款的时间和数额，开工后按约定的时间和比例逐次扣回。预付时间应不迟于约定的开工日期前7d。发包人不按约定预付，承包人在约定预付时间7d后向发包人发出要求预付的通知，发包人收到通知后仍不能按要求预付，承包人可在发出通知后7d停止施工，发包人应从约定应付之日起向承包人支付应付款的贷款利息，并承担违约责任。

（3）工程量的确认　承包人应按专用条款约定的时间，向监理工程师提交已完工程量的报告。监理工程师接到报告后7d内按设计图样核实已完工程量（以下称计量），并在计量前24h通知承包人，承包人为计量提供便利条件并派人参加。承包人收到通知后不参加计量，计量结果有效，作为工程价款支付的依据。监理工程师收到承包人报告后7d内未进行计量，从第8天起，承包人报告中开列的工程量即视为被确认，作为工程价款支付的依据。监理工程师不按约定时间通知承包人，致使承包人未能参加计量，计量结果无效。对承包人超出设计图样范围和因承包人原因造成返工的工程量，监理工程师不予计量。

（4）工程款（进度款）支付　在确认计量结果后14d内，发包人应向承包人支付工程款（进度款）。按约定时间发包人应扣回的预付款，与工程款（进度款）同期结算。发包人超过约定的支付时间不支付工程款（进度款），承包人可向发包人发出要求付款的通知，发包人收到承包人通知后仍不能按要求付款，可与承包人协商签订延期付款协议，经承包人同意后可延期支付。协议应明确延期支付的时间和从计量结果确认后第15天起应付款的贷款利息。发包人不按合同约定支付工程款（进度款），双方又未达成延期付款协议，导致施工无法进行，承包人可停止施工，由发包人承担违约责任。

四、FIDIC 土木工程施工合同简介

1. 概述

1）FIDIC 是“国际咨询工程师联合会”的缩写。1913 年欧洲三个国家的咨询工程师协会成立的，现全球有 60 多个国家和地区的成员加入了 FIDIC，我国已于 1996 年正式加入。

FIDIC 文件中应用较广的有以下几个合同条件：适用于施工承包的有《土木工程施工合同条件》、《土木工程施工分包合同条件》、《电气与机械工程合同条件》、《设计、建造及交钥匙合同条件》。适用于工程咨询的《业主与咨询工程师标准服务协议书》。

2）FIDIC《土木工程施工合同条件》是单价合同，通过验工计价的方式来支付工程款。FIDIC《施工合同条件》由通用条件、专用条件构成。合同体系完整严密，责任明确。

3）1999 年国际咨询工程师联合会在原合同基础上进行了重新编写（简称新编 FIDIC 合同条件）。主要合同条件有《施工合同条件》、《生产设备和设计——施工合同条件》、《设计采购施工（EPC）/交钥匙工程合同条件》与《简明合同格式》等。

4）FIDIC 下设五个专业委员会：工程咨询、合同管理、风险管理、质量管理、环境委员会。

2. FIDIC 合同条件的适用范围

1）施工合同条件（简称“新红皮书”）。该合同主要用于由发包人设计的或由咨询工程师设计的房屋建筑工程和土木工程。施工合同条件的主要特点表现为，以竞争性招标投标方式选择承包商，合同履行过程中采用以监理工程师为核心的工程项目管理模式。

2）永久设备和设计——建造合同条件（简称“新黄皮书”）。在新黄皮书条件下，承包人的基本义务是完成永久设备的设计、制造和安装。

3）EPC/交钥匙项目合同条件（简称“银皮书”）。银皮书又可译为“设计—采购—施工交钥匙项目合同条件”。它适于工厂建设之类的开发项目。

4）合同的简短格式。该合同条件主要适于价值较低的或形式简单、或重复性的、或工期短的房屋建筑和土木工程。

3. FIDIC 合同文件组成

1）通用合同条件（Conditions of Contract for Works of Civil Engineering Construction，Part I General Conditions）。

2）专用合同条件（Conditions of Contract for Works of Civil Engineering Construction，Part II Conditions of Particular Application with Guidelines for Preparation of Part II Clauses）。

3）标书、标书附录与投标保证（Tender，Appendix to Tender and Tender security）。

4）协议书（Agreement）。

5）技术条款（Specifications）。

6）图样（Drawings）。

7）填写了价钱的工程量清单（Priced Bills of Quantities）。

8）中标通知书或称中标函（Letter of Acceptance）。

9）其他明确列入中标函和合同协议书中的文件。如劳务费、材料供应协议；补遗；招标期间业主和承包商的来往信件；澄清会议纪要；现场条件资料；水文地质及气候资料等。

4. FIDIC 合同条件的应用

FIDIC 合同的最大特点是：程序公开、公平竞争、机会均等，一切都是透明的。有人比喻操作时就如同人们看着玻璃鱼缸里的金鱼在游动一样，这是它的合理部分，对任何人都不持偏见。从理论上讲，FIDIC 合同对承包商、对业主、对咨询工程师（尽管不是合同的签约方）都是平等的，谁也不能凌驾于谁之上。因此，作为承包商，应尽量选用 FIDIC 合同，这样才能更好地保护自己的经济利益及合法权利。

在国际承包工程中土建类的项目一般用到的都是 FIDIC 合同新红皮书，但是搞机电设备供货，使用信用证付款方式的项目一般多用 FIDIC 合同新黄皮书。如亚洲开发银行贷款的输电线工程和几个变电站项目，用的就都是 EIDIC 合同新黄皮书，因为这类工程的供货成分大。若土建部分比重大，就要用新红皮书。

FIDIC 合同新红皮书的特点是土建部分为单价合同，通过验工计价方式支付工程款。而 FIDIC 合同新黄皮书的付款方式大部分是采用信用证方式，这种合同更类似于贸易合同。按国际惯例，FIDIC 合同新红皮书条款中规定，签约后业主应向承包商支付一笔预付款，用于项目的初期准备工作，而预付款的最大极限为 15%，然后再从将来履约的验工计价款中分次扣回。如可以在承包商验工计价款达到合同额的 20% 时开始逐次扣还预付款，每次占验工计价款的 25%，直到扣完为止。FIDIC 合同新红皮书的条件几乎对各种土木工程均适用，如房建、桥梁、公路、铁路、水利、港口等项目。FIDIC 合同新黄皮书规定，供货的材料和产品，在经制造现场验收或出示了装船证明、形式发票后，承包商可以拿到 80% 左右的资金。

五、建筑工程施工索赔

（一）工程索赔概念

索赔：英文为 Claim，其原意是取回或索回本来就属于自己的东西或费用。

索赔就是索取赔偿或补偿，是指在合同的实施一方因对方不履行或未能履行合同所规定的义务而受到损失，向对方提出补偿的要求。

工程索赔一词的英文为 Construction Claim，是指当事人在合同实施过程中，根据法律、合同规定及惯例，对并非由于自己的过错，而是属于应由合同对方承担责任的情况造成，而且实际发生了的损失，向对方提出给予补偿要求。

（二）索赔的依据、原因

1. 工程索赔的依据

1）工地（地盘）会议记录和有关工程的来往信件，都必须全部保存妥当，直到合同全部履行完毕、所有索赔项目获得解决为止。

2）各种施工进度表，包括业主代表和分包编制的进度表。

3）施工备忘录（日记），在施工中发生影响工期和索赔有关的事项，都要及时做好记录。按时间顺序号存档，以便查找。

4）做好建筑师和监理工程师的口头指示记录，及时以书面形式报告建筑师予以确认。将他们的书面指示按时间顺序编号存档。

5）工程照片需有专人管理，照片都应标明拍摄的日期，最好购买带有日期的相机。将照片按工程进度整理编排。

6）收集记录每天的气象报告和实际气候情况。

7）整理保存工人和雇员的工资与薪金单据、材料物资购买单据，按时间编号归档。

8）完整的工程会计资料，包括工卡、人工分配表、注销工资薪金支票、材料购买订货单、收讫发票、收款票据、账目及有关图表、财务信件、经会计师核证的财务决算表等。

9）所有的合同标书文件、合约图样、修改增加图样、计划工程进度表、人工日报表、材料设备进场报表及账单（工程付款单）等需归类保存入档。

以上资料是施工索赔的原始依据，承包商必须重视做好，否则，索赔无依据，一切都是空谈。

2. 工程索赔的原因

1）业主违约的原因：提供具备施工条件的场地延误；提交图样延误，包括设计图样；延迟支付工程预付款；拖期支付工程进度款；业主负责提供的材料、设备延误；业主指令延迟；业主提供设计数据或工程数据延误；业主检查、检验延误；业主指定的分包商、供应商或其他由业主负责的第三方引起的工程延误；业主认可材料、设备样品延误；业主违约，承包商减缓工程进度引起的延误；业主下令为其他承包商提供服务引起的延误；业主验收工程延误，如推迟办理验收交工手续；业主下令暂时停工导致的延误。

2）合同文件缺陷的原因。

3）勘察、设计的原因：更改工程有关部分的标高、基线、位置和尺寸；增减合同中约定的工程量；改变有关工程的施工时间和顺序。

4）监理工程师的原因。

5）不可抗力的原因。

（三）索赔的分类及处理程序

索赔的分类如图 6-2 所示。

1. 工程索赔程序

发包人未能按合同约定履行自己的各项义务或发生错误以及应由发包人承担责任的其他情况，造成工期延误和（或）承包人不能及时得到合同价款及承包人的其他经济损失，承包人可按下列程序以书面形式向发包人索赔：

1）索赔事件发生后 28d 内，向监理工程师发出索赔意向通知。

2）发出索赔意向通知后 28d 内，向监理工程师提出延长工期和（或）补偿经济损失的索赔报告及有关资料。

3）监理工程师在收到承包人送交的索赔报告和有关资料后，于 28d 内给予答复，或要求承包人进一步补充索赔理由和证据。

4）监理工程师在收到承包人送交的索赔报告和有关资料后 28d 内未予答复或未对承包

人作进一步要求，视为该项索赔已经认可。

5）当该索赔事件持续进行时，承包人应当阶段性向监理工程师发出索赔意向，在索赔事件终了后 28d 内，向监理工程师送交索赔的有关资料和最终索赔报告。

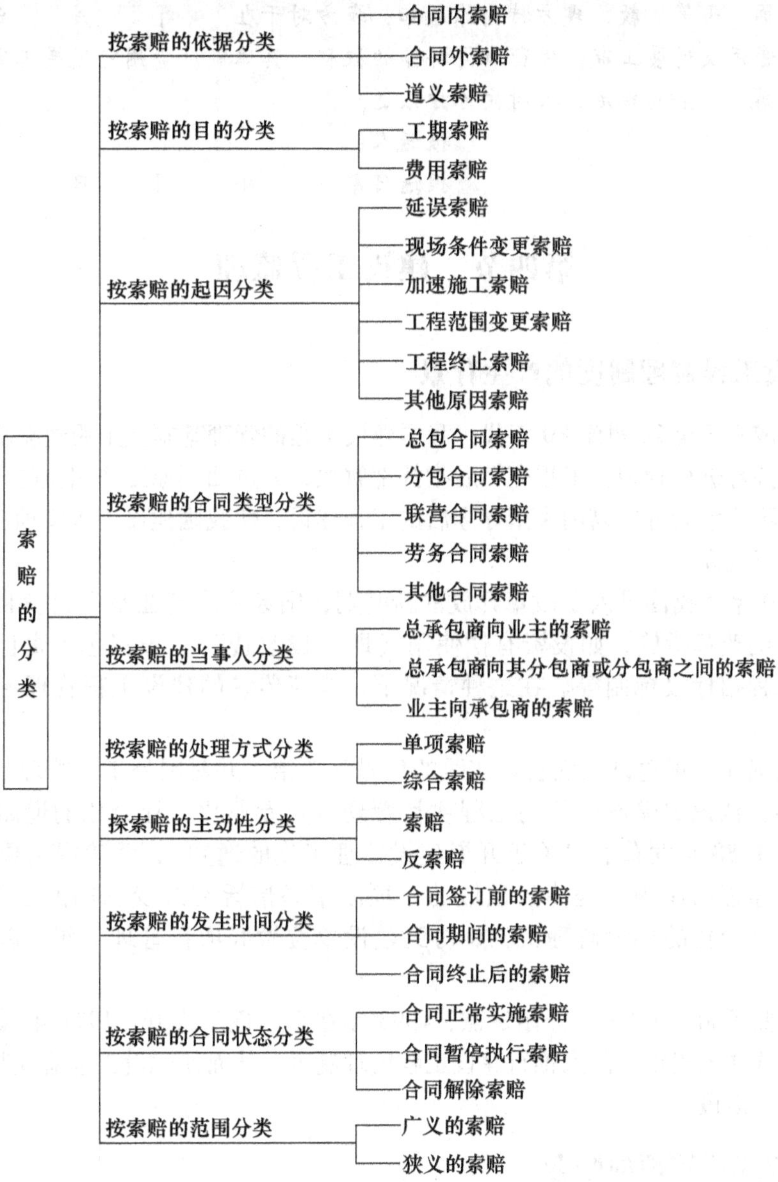

图 6-2　索赔的分类

2. 索赔通知书包括的内容

1）通知的时间：应该在情况发生后或相应工作开始的多长时间内提出通知（没有规定具体时间的则应尽可能早或在合理时间内）。

2）向谁通知：一般都是通知监理机构。

3）通知的方式：虽然也可以口头通知或者书面通知，但最好是采用书面通知。

4）有关后续文件资料的提供：及时提供该情况的最新发展动态及其对工期和成本的影响。

下面给出索赔通知书的格式，供参考。

索赔通知书　　　　　　　　第　　号

尊敬的　　先生（或女士）：

根据合同第　条第　款，我方特向你通知，我方对于在　　年　　月　　日实施的工程所发生的额外费用及延展工期，保留取得补偿的权利。具体额外费用与延展工期的数量，我们将按照合同第　　条的规定，按时向你方报送。

报送人：

报送日期：　　年　　月　　日

第四节　建设工程监理

一、建设工程监理制度的产生背景

从新中国成立直至20世纪80年代，我国建设工程的管理基本上采用建立临时工程建设指挥部，由指挥部进行管理，工程完工后指挥部解散，人员回到原工作岗位的方式。建设工程管理的经验不能承袭升华以用来指导今后的工程建设，使我国建设工程管理水平长期在低水平徘徊，难以提高。

20世纪80年代我国进入了改革开放的新时期，国务院决定在基本建设和建筑业领域采取一些重大的改革措施，如投资有偿使用（即"拨改贷"）、投资包干责任制、投资主体多元化、工程招标投标制等。在这种情况下，改革传统的建设工程管理形式，已经势在必行。

通过对我国几十年建设工程管理实践的反思和总结，并对国外工程管理制度与管理方法进行了考察，认识到建设单位的工程项目管理应走专业化、社会化的道路。在此基础上，建设部于1988年发布了"关于开展建设监理工作的通知"，明确提出要建立建设监理制度。建设监理制作为工程建设领域的一项改革举措旨在改变陈旧的工程管理模式，建立专业化、社会化的建设监理机构，协助建设单位做好项目管理工作，以提高建设水平和投资效益。

建设工程监理制于1988年开始试点，1993年在全国逐步推开。1997年《建筑法》以法律制度的形式作出规定，国家推行建设工程监理制度，从而使建设工程监理制在全国范围内进入全面推行阶段。

二、建设工程监理的概念

（一）概念

从其主要属性来说，大体上可作如下表述：所谓建设工程监理，是指具有相应资质的工程监理企业，接受建设单位的委托，承担其项目管理工作，并代表建设单位对承建单位的建设行为进行监控的专业化服务活动。

建设单位，也称为业主、项目法人，是委托监理的一方。建设单位在工程建设中拥有确定建设工程规模、标准、功能以及选择勘察、设计、施工、监理单位等工程建设重大问题的决定权。

（二）概念要点

1. 建设工程监理的行为主体

《建筑法》明确规定，实行监理的建设工程，由建设单位委托具有相应资质条件的工程监理企业实施监理。建设工程监理只能由具有相应资质的工程监理企业来承担，建设工程监理的行为主体是工程监理企业。

建设工程监理不同于建设行政主管部门的监督管理。后者的行为主体是政府职能部门，它具有明显的行政强制性，是行政监督管理，它的任务、职责、内容不同于建设工程监理。

2. 建设工程监理实施的前提

《建筑法》明确规定，建设单位与其委托的工程监理企业应订立书面建设工程委托监理合同。也就是说，建设工程监理的实施需要建设单位的委托和授权。工程监理企业应根据委托监理合同和有关建设工程合同的规定实施监理。

3. 建设工程监理的依据

建设工程监理的依据包括工程建设文件、有关的法律法规规章和标准规范、建设工程委托监理合同和有关的建设工程合同。

4. 建设工程监理的范围

建设工程监理范围可以分为监理的工程范围和监理的建设阶段范围。

（1）工程范围　根据《建筑法》，国务院公布的《建设工程质量管理条例》对实行强制性监理的工程范围作了原则性的规定，建设部在《建设工程监理范围和规模标准规定》中对实行强制性监理的工程范围作出具体规定。如项目总投资额在3000万元以上的供水、供电、供气、供热等市政工程项目；科技、教育、文化等项目；学校、影剧院、体育场馆项目等。

（2）阶段范围　建设工程监理可以适用于工程建设投资决策阶段和实施阶段，但目前主要集中在建设工程实施阶段的施工安装阶段。

三、建设工程监理工作内容

1. 建设项目前期立项阶段监理工作内容

1）开展可行性研究咨询。

2）参加技术经济论证。

3）编制或审核建设工程投资匡算等。

2. 设计阶段监理工作的主要内容

1）编写设计要求文件。

2）组织建设工程设计方案竞赛或设计招标，协助业主选择好勘察设计单位。

3）拟定和商谈设计委托合同内容。

4）审核工程概算、施工图预算，组织设计单位开展技术经济分析和设计优化。

5）组织各设计单位之间的协调工作等。

3. 施工招标阶段监理工作的主要内容

1）拟定建设工程施工招标方案并征得业主同意。

2）准备建设工程施工招标条件。

3）协助业主办理施工招标申请。

4）组织建设工程施工招标工作。

5）协助业主与中标单位签订施工合同等。

4. 施工准备阶段监理工作的主要内容

1）审查施工单位选择的分包单位的资质。

2）监督检查施工单位质量保证体系及安全技术措施，完善质量管理程序与制度。

3）组织图样会审和设计单位向施工单位的技术交底。

4）审查施工单位上报的实施性施工组织设计，重点对施工方案、劳动力、材料、机械设备的组织及保证工程质量、安全、工期和控制造价等方面的措施进行监督，并向业主提出监理意见，监督落实其他各项施工条件等。

5. 施工阶段监理工作的主要内容

（1）施工阶段的质量控制

1）对所有的隐蔽工程在进行隐蔽以前进行检查和办理签证，对重点工程要派监理人员驻点跟踪监理，签署重要的分项工程、分部工程和单位工程质量评定表。

2）检查确认运到现场的工程材料、构件和设备质量，并应查验试验、化验报告单、出厂合格证是否齐全、合格，监理工程师有权禁止不符合质量要求的材料、设备进入工地和投入使用。

3）监督施工单位严格按照施工规范、设计图样要求进行施工，严格执行施工合同等。

（2）施工阶段的进度控制

1）监督施工单位严格按施工合同规定的工期组织施工。

2）对控制工期的重点工程，审查施工单位提出的保证进度的具体措施，如发生延误，应及时分析原因，采取对策。

（3）施工阶段的投资控制

1）审查施工单位申报的月、季度计量报表，认真核对其工程数量，不超计、不漏计，严格按合同规定进行计量支付签证。

2）按业主授权和施工合同的规定审核工程变更。

（4）施工阶段的安全管理

根据《建设工程安全生产管理条例》规定，工程监理单位和监理工程师应按照法律、法规和工程建设强制性标准实施监理，并对建设工程安全生产承担监理责任。工程监理单位应审查施工组织设计中的安全技术措施或者专项施工方案是否符合工程建设强制性标准。

6. 竣工验收阶段监理工作的主要内容

1）督促施工单位及时整理竣工文件和验收资料，并进行检查，受理单位工程竣工验收报告，提出监理意见。

2）组织工程预验收，参加业主组织的竣工验收，提出工程质量评估报告。

3）参加业主组织的正式验收，提出监理验收意见。

7. 业主委托的其他服务

以上监理工作内容有些属于建设法规要求监理单位的必须履行的责任（如施工质量控制和安全管理责任），有些则取决于监理合同中的业主委托或授权。

四、工程施工监理的实施程序

1. 确定项目总监理工程师、成立项目监理机构

监理单位应根据建设工程的规模、性质、业主对监理的要求，委派称职的人员担任项目总监理工程师，代表监理单位全面负责该工程的监理工作。

监理机构的人员构成是监理投标书中的重要内容，是业主在评标过程中认可的，总监理工程师在组建项目监理机构时，应根据监理大纲内容和签订的委托监理合同内容组建，并在监理规划和具体实施计划执行中进行及时的调整。

2. 编制建设工程监理规划

建设工程监理规划是开展工程监理活动的纲领性文件，其主要内容参见 GB 50319—2000《建设工程监理规范》。

3. 制定各专业监理实施细则

在监理规划的指导下，为具体指导投资控制、质量控制、进度控制的进行，还需结合建设工程实际情况，制定相应的实施细则。主要内容参见 GB 50319—2000《建设工程监理规范》。

4. 规范化地开展监理工作

根据国家法律、法规与建设监理合同的约定，项目监理机构在总监理工程师的领导下按监理规划和实施细则对建设工程的施工质量、安全、进度、造价等进行控制并负责业主委托的现场组织协调工作。

5. 参与验收、签署建设工程监理意见

建设工程施工完成以后，监理单位应在正式验交前组织竣工预验收，在预验收中发现的问题，应及时与施工单位沟通，提出整改要求。监理单位应参加业主组织的工程竣工验收，签署监理单位意见。

6. 向业主提交建设工程监理档案资料

建设工程监理工作完成后，监理单位向业主提交的监理档案资料应在委托监理合同文件中约定。如在合同中没有作出明确规定，监理单位一般应提交：设计变更、工程变更资料，监理指令性文件，各种签证资料等档案资料。

7. 监理工作总结

监理工作完成后，项目监理机构应及时从两方面进行监理工作总结。

1）向业主提交的监理工作总结，其主要内容包括：委托监理合同履行情况概述，监理任务或监理目标完成情况的评价等。

2）向监理单位提交的监理工作总结，其主要内容包括：监理工作的经验、监理工作中存在的问题及改进的建议等。

第五节　建设工程施工现场管理

一、施工现场管理的概念与任务

施工现场是指从事工程施工活动经批准允许占用的施工场地。该场地既包括红线以内占用的建筑用地和施工用地，也可能包括红线以外现场附近经批准占用的临时施工用地。

施工项目现场管理是指项目经理部按照有关施工现场管理的规定和城市建设管理的有关法规，科学、合理地安排使用施工现场，协调各项施工活动，为创建施工现场人流、物流畅通的施工秩序和安全文明的施工环境所开展的一系列管理活动。

施工项目现场管理的基本任务是以具体工程的施工现场为对象，妥善处理施工过程中的劳动力、劳动对象和劳动手段的相互关系，使其在时间安排和空间布置上达到最佳配合，组织均衡施工与连续施工，多快好省地完成施工任务，提高施工效率和效益。

二、施工现场管理的主要内容

1. 合理规划施工用地

1）根据建筑总平面图、单位工程施工平面图、拟定的施工方案、现场地理位置及政府有关部门的管理标准，充分考虑现场布置的科学性、合理性、可行性，合理使用施工现场场内占地。

2）现场布置是动态的过程，在基坑施工阶段和主体结构施工阶段以及装修阶段，现场布置不完全相同，在进行现场布置时要综合考虑各个施工阶段的要求，分别对不同施工阶段的现场进行布置。

2. 建立施工现场管理组织

1）项目经理全面负责施工过程的现场管理，建立施工项目现场管理组织。包括土建、设备安装、质量技术、进度控制、成本管理、要素管理、行政管理等各职能部门并配置相应项目管理人员。

2）建立施工项目现场管理规章制度、管理标准、实施措施、监督办法和奖惩制度。

3）根据工程规模、技术复杂程度和施工现场的具体情况，遵循“谁生产，谁负责”的原则，建立按专业、岗位、区片的施工现场管理责任制，并组织实施。

3. 建立文明施工现场

文明施工是指保持施工场地整洁、卫生、施工组织科学、施工程序合理的综合体现，是现代施工生产管理的一个重要组成部分。实现文明施工，不仅要着重做好现场的场容管理工作，而且还要做好现场材料、机械、安全、技术、保卫、消防和生活卫生等管理工作。

文明施工的重点内容包括现场围挡、封闭管理、施工场地规划、材料堆放、现场临时设施、现场防火等。

4. 做好施工现场管理评价

企业及项目部应对施工现场管理进行总结和综合评价。评价内容应包括经营行为管理评价、工程质量管理评价、施工安全管理评价、文明施工管理评价及施工队伍管理评价五个方面。现场管理综合评价作为项目经理承包责任制的重要内容，可用作企业对项目实行动态考核的依据之一。

三、施工现场文明施工管理要点

文明施工是指在施工现场管理中，要按现代化施工的要求，使施工现场保持良好的施工环境和施工秩序，是施工现场管理的一项综合性基础管理工作。

1. 施工现场标志要求

施工项目现场要有明显的标志，原则上所有施工现场均应设置围墙，凡设置出入口的地方均应设门卫，以利于管理。如在施工现场主要进出口处醒目位置应设置施工现场公示牌和施工总平面图；施工区域设置安全作业牌（设在相应的施工部位、作业点、高空施工区及主要通道口）。

2. 严格按施工总平面图定位置

严格按照已批准的施工总平面图或单位工程施工平面图确定的位置，布置施工项目的主要机械设备、脚手架、模板；各种加工厂，如钢筋加工厂、木材加工厂、混凝土搅拌站等；施工临时道路及进出口；水、电、气管线；材料制品堆场及仓库；土方及建筑垃圾；变配电间、消防设施；门卫室、现场办公室；生产、生活和办公用房等临时设施、加工场地、周转使用场地等，做到平面布置合理有序。

3. 实行现场封闭管理

建设单位或施工单位应做好施工现场安全保卫工作，非施工人员不得擅自进入施工现场。施工现场在市区的，周围应设置遮挡围栏，临街的脚手架应设置相应的防护设施。

4. 实行物料分类管理

施工物料器具除应按照施工总平面图指定的位置就位布置外，尚应根据不同特点和性质，规范布置方式和要求，做到位置合理、码放整齐、限宽限高、规格分类、挂牌标识，便于来料验收、清点、保管和出库使用。大宗材料应根据使用时间有计划地分批进场，尽量靠近使用地点，减少二次搬运。

5. 现场给水、排水

施工现场的排水工作十分重要，尤其是在雨季，场地排水不畅，会影响施工和运输的顺利进行。在施工现场应设置排水沟系统，工地道路及堆场地面宜做硬化处理；场地不积水，不堆积泥浆，保持道路干燥坚实。施工现场用水一般与当地的市政水源连接，保证施工用水。

6. 流水作业组织

流水施工最主要的组织特点是施工过程（工序或项目）的作业连续性和节奏性。施工过程应合理有序，尽量避免前后反复，影响施工；在平面和空间上也要进行合理分块分区，尽量避免各分包或各工种交叉作业、互相干扰，维持正常的施工秩序。

7. 现场分区管理

应将施工现场的办公、生活区与作业区分开设置，并保持安全距离；办公、生活区的选址应符合安全性要求。职工的膳食、饮水、休息场所等应符合卫生标准。不得在尚未竣工的建筑物内设置员工集体宿舍。通过划分区域，各区明确管理负责人，实行挂牌制。

四、施工现场安全管理要点

施工现场安全管理的内容，大体可归纳为安全组织管理、场地与设施管理（文明施工）、行为控制和安全技术管理四个方面，分别对生产中的人、物、环境的行为与状态进行管理与控制。

1. 施工现场安全组织管理

施工现场应建立健全各类人员的安全生产责任制、安全技术交底、安全宣传、安全教育、安全培训、安全检查、安全设施验收和事故报告等管理制度。

2. 施工现场的安全设施管理

（1）施工现场的安全设施　安全设施如安全网、洞口盖板、护栏、防护罩、各种限制保险装置都必须齐全有效，并且不得擅自拆除或移动。

（2）安全标牌　施工现场应设置安全宣传标语牌，危险部位必须悬挂按照 GB 2893—2008《安全色》和 GB 2894—2008《安全标志及其使用导则》规定制作的标牌。夜间有人经过的坑洞等处应设红灯示警。

3. 特殊工程施工安全措施

特殊工程指工程本身有特殊性或工程所在区域有特殊性或采用的施工工艺、方法有特殊要求的工程，应根据特殊工程的性质、施工特点及要求制定有针对性的安全管理和安全技术措施。基本要求是：编制特殊工程施工现场安全管理制度并向参加施工的职工进行安全教育和交底；特殊工程施工现场周围要设置围护，要有出入制度并设值班人员；对一些危险作业（如爆破、吊装等）要进行设备安全检测和人员的安全防护；对深基坑开挖与边坡支护要组织专家论证和编制应急预案。

4. 加强安全检查与考核

各作业部门及人员都必须认真遵照经审定批准的措施方案和有关安全技术规范进行施工作业。各项安全设施（如脚手架、龙门架、模板、塔式起重机、安全网、施工用电、洞口等）的搭设及其防护，设置完成后必须组织验收，合格后才准使用。在使用过程中，要进行经常性的检查维修，确保安全有效。

安全考核也是安全管理和安全控制的一种重要手段。通过建立安全奖惩制度，实行严格考核，加强安全责任意识，提高安全管理水平。

复习思考题

1. 简述我国基本建设程序以及施工阶段涉及的主要建设法规，适当列出相关条款内容。
2. 实践调研某实际项目的招标投标过程与合同包划分情况，写出该项目承发包状况调研报告。
3. 结合工程相关各方面的利益和期望，分析他们工程管理的工作内容。
4. 简述建设工程监理的工作内容和工作程序。
5. 选择施工项目进行实践调研，写出该项目施工现场管理状况的调研报告。
6. 搜集阅读建设项目管理实务方面的书籍，如《××项目工程建设管理理论与实践》。
7. 阅读相关研究论文或著作，了解国内外工程项目管理的发展趋势与最新前沿。

参 考 文 献

[1] 陈守兰. 建筑施工技术[M]. 北京: 科学出版社, 2003.

[2] 杨和礼. 土木工程施工[M]. 武汉: 武汉大学出版社, 2003.

[3] 丁克胜. 土木工程施工[M]. 武汉: 华中科技大学出版社, 2007.

[4] 阎西康. 土木工程施工[M]. 北京: 中国建材工业出版社, 2000.

[5] 中华人民共和国住房和城乡建设部. GB/T 50502—2009 建筑施工组织设计规范[S]. 北京: 中国建筑工业出版社, 2009.

[6] 中国建筑工业出版社. 现行建筑施工规范大全[M]. 北京: 中国建筑工业出版社, 2005.

[7] 张长友. 土木工程施工组织与管理[M]. 北京:中国电力出版社, 2009.

[8] 田兵权. 工程项目管理学[M]. 成都:西南交通大学出版社, 2009.

[9] 钱大行, 孙成城. 建筑施工组织[M]. 大连:大连理工大学出版社, 2009.

[10] 蔡雪峰. 建筑施工组织[M]. 武汉:武汉理工大学出版社, 2008.

[11] 彭尚银. 施工组织设计编制[M]. 北京:中国建筑工业出版社, 2006.

[12] 齐宝库. 工程项目管理[M]. 大连:大连理工大学出版社, 2007.

[13] 梁世连. 工程项目管理[M]. 北京:中国建材工业出版社, 2004.

[14] 周建国. 工程项目管理[M]. 北京:中国电力出版社, 2006.